COURS

DE

PHYSIQUE

ENSEIGNEMENT SECONDAIRE CLASSIQUE. — COLLECTION PAUL DUPONT.

COURS
DE
PHYSIQUE

CONFORME AU PROGRAMME OFFICIEL DU 4 AOUT 1880

PAR

M. SEGUIN

Ancien Professeur et Doyen de Faculté, — Ancien Recteur.

CLASSE DE TROISIÈME

PESANTEUR, HYDROSTATIQUE ET CHALEUR

PARIS

SOCIÉTÉ D'IMPRIMERIE ET LIBRAIRIE ADMINISTRATIVES ET DES CHEMINS DE FER

Paul DUPONT

41, RUE JEAN-JACQUES-ROUSSEAU (HOTEL DES FERMES)

1882

PROGRAMME DE PHYSIQUE

DU

COURS DE TROISIÈME

PESANTEUR — ÉQUILIBRE DES LIQUIDES — CHALEUR

Définition et exemples de mouvements uniformes et de mouvements variés. — Inertie.

Divers états de la matière.

PESANTEUR

Direction de la pesanteur. — Centre de gravité.

Poids. — Balances.

Chute des corps.

ÉQUILIBRE DES LIQUIDES ET DES GAZ

Surface libre des liquides en équilibre.

Vases communiquants ; applications.

Pressions sur les parois des vases.

Principe d'Archimède. — Poids spécifiques. — Notions sur les aréomètres à poids constant.

Presse hydraulique.

Pesanteur de l'air. — Baromètres à cuvette et à siphon.

Loi de Mariotte.

Machines pneumatiques. — Pompes. — Siphon.

Aérostats.

CHALEUR

Dilatation des corps par la chaleur.

Thermomètre. — Définition du degré.

Fusion. — Solidification.

Vaporisation. — Vapeurs saturantes et non saturantes. — Maximum de tension.

Définition de l'état hygrométrique. — Pluie. — Neige. — Rosée.

Evaporation. — Ebullition. — Distillation.

Notions expérimentales de calorimétrie.

Machine à vapeur.

Conductibilité.

INTRODUCTION

1. Phénomènes physiques. — Phénomènes chimiques. — On appelle *phénomène* (φαίνομαι, je parais) tout ce qui se manifeste à nous par un mouvement ou par un changement : une pierre qui tombe, la limaille de fer attirée par l'aimant, la teinture bleue de tournesol rougie par l'huile de vitriol, voilà des phénomènes.

Certains phénomènes n'affectent pas la nature des corps, ils n'en modifient pas le poids : c'est le cas d'un corps qui tombe, d'un morceau de glace qui fond et passe de l'état solide à l'état liquide. Dans d'autres cas, au contraire, le changement éprouvé par le corps est durable, le poids est modifié : le morceau de fer qui, exposé à l'air, se recouvre de rouille, a augmenté de poids ; le morceau de calcaire qui, soumis à une forte chaleur, est devenu de la chaux, pèse moins qu'auparavant et ses propriétés ne sont plus les mêmes. De là cette distinction :

On appelle *phénomènes physiques* ceux qui ne produisent dans les corps qu'une modification passagère et n'en changent pas le poids. — Les *phénomènes chimiques* sont ceux qui entraînent une modification durable du corps, et en changent le poids.

Les phénomènes physiques sont indépendants de la nature des corps; quel que soit le corps, ils se produisent de la même façon ; les phénomènes chimiques dépendent, au contraire, de la nature des corps; tous les corps augmentent de volume quand on les chauffe; mais tous les corps ne donnent pas les mêmes produits, quand ils sont chauffés au contact de l'air.

2. Objet de la physique. — L'étude des phénomènes physiques définis comme on vient de le dire, sera l'objet de la physique.

La chimie se réserve l'étude des phénomènes où la nature des corps est à considérer.

Nous définirons donc la *physique : l'étude des phénomènes physiques et des lois qui les régissent.*

3. Loi physique. — On appelle *loi*, en physique, toute relation entre les différentes quantités variables d'un même phénomène. Si l'on comprime un gaz, le volume diminue, et la relation qui existe entre le volume et la pression correspondante, voilà une loi. — Dans le cas d'un corps qui tombe, la relation qui lie l'espace parcouru au temps employé à le parcourir, voilà encore une loi.

On découvre les lois physiques par l'observation et par l'expérience.

4. Observation. — Expérience. — L'observation est l'étude des phénomènes naturels tels qu'ils se présentent à nous. L'expérience a pour but de susciter les phénomènes dans les conditions les plus avantageuses pour l'examen qu'on veut en faire. — Le physicien dispose tout pour faciliter son étude, il choisit le meilleur moment et élimine toutes les causes étrangères au phénomène dont il s'occupe.

Dans l'observation, le physicien peut être surpris par la production inattendue du phénomène, et embarrassé pour en démêler les vraies lois au milieu de mille complications : c'est ce qui nous explique que la météorologie, qui est une science d'observation pure, soit moins avancée que la plupart des autres parties de la physique.

5. La méthode expérimentale. — La physique n'a fait de progrès réels qu'à partir du jour où l'expérience a été mise en honneur et pratiquée par Bacon (1561-1626) et Galilée (1564-1642). — L'expérience et l'observation ne conduisent à des résultats précis qu'autant qu'elles sont accompagnées de mesures aussi rigoureuses que possible. Nous devrons donc nous proposer deux choses dans l'étude d'un phénomène : 1° le phénomène en lui-même (pierre qui tombe); 2° la mesure des diverses quantités qui s'y rapportent (dans le cas de la chute des corps, mesure du temps, mesure de l'espace parcouru).

Les appareils dont nous ferons usage pourront donc être classés en deux groupes, les uns qui constateront le phénomène, le reproduiront (crève-vessie, qui prouve la pression exercée par l'air), les autres qui nous permettront de faire des mesures (baromètre, qui donne la valeur de la pression atmosphérique).

La connaissance des lois ainsi trouvées nous mettra à même de prévoir et d'indiquer à l'avance toutes les circonstances des phénomènes qui se manifesteront à nous ou que nous voudrons produire.

La connaissance des lois n'entraîne pas du tout la connaissance de la cause première des phénomènes.

6. Division de la physique. — Les phénomènes étudiés en physique ont été réunis en plusieurs groupes d'après leur analogie; c'est ce qui a conduit aux grandes divisions adoptées, savoir :

1° Pesanteur;
2° Chaleur;
3° Acoustique;
4° Optique;
5° Magnétisme et électricité.

CHAPITRE PREMIER.

MOUVEMENT UNIFORME ; MOUVEMENT VARIÉ. — INERTIE.

7. Les corps sont inertes. — L'observation journalière nous montre qu'un corps brut en repos y reste indéfiniment, si aucune cause ne vient agir sur lui ; en d'autres termes, il ne peut se mettre en mouvement de lui-même. Prenons une boule et lançons-la sur une table à l'aide d'un ressort ; nous la voyons rouler, puis s'arrêter ; faisons varier la nature de la table, recouvrons-la de sable puis de drap ; puis prenons une table de marbre ou de glace bien polie et lançons la boule toujours de la même manière, en employant le même ressort que nous tendons de la même façon : nous reconnaissons que la boule s'arrête presque aussitôt sur le sable, qu'elle va plus loin sur le drap, beaucoup plus loin encore sur le marbre. Si nous faisions l'expérience dans l'eau, au lieu de la faire dans l'air, la boule s'arrêterait beaucoup plus tôt encore.

Nous devons conclure de ces faits que l'arrêt du mobile est dû au *frottement* qui se produit sur nos tables, et à la *résistance* des milieux, air et eau, dans lesquels nous avons fait l'expérience. Si nous pouvions supprimer tout frottement, et faire mouvoir le mobile dans le vide, il marcherait indéfiniment, toujours en ligne droite, en parcourant toujours le même espace dans le même temps. La résistance des milieux est prouvée par des faits que nous observons à chaque instant : Par exemple, nous éprouvons une certaine difficulté à mouvoir un éventail ;

nous nous fatiguons beaucoup plus à courir dans l'eau que dans l'air, et s'il y a grand vent, nous avons souvent beaucoup de peine à avancer. Dans les cours on peut mettre en évidence cette résistance des milieux à l'aide de l'expérience suivante : Deux pendules aussi identiques que possible peuvent osciller l'un dans l'air, l'autre dans l'eau ; on les écarte de la même façon et l'on reconnait que le pendule qui oscille dans l'eau s'arrête presque immédiatement, tandis que l'autre oscille longtemps après.

Si le mobile, au lieu d'être mis en mouvement sur une table, est lancé dans l'air, comme un boulet de canon, par exemple, il ne se meut plus en ligne droite, il atteint le sol au bout d'un certain temps, après avoir décrit une ligne courbe. A chaque instant sollicité par la pesanteur, il est dévié de la ligne droite qu'il devrait parcourir et attiré vers la terre où il vient s'arrêter. Nous appuyant sur tous ces faits, nous pouvons donc dire que tous les corps bruts sont *inertes*, c'est-à-dire ne peuvent d'eux-mêmes modifier ni leur état de repos ni leur état de mouvement. Ils restent en repos indéfiniment, si rien n'agit sur eux, et quand ils sont en mouvement, ils y persistent, marchant toujours en ligne droite et parcourant des espaces égaux dans des temps égaux. C'est Galilée qui a reconnu cette propriété de l'*inertie* des corps bruts.

8. Force. — Toute cause de mouvement ou de modification de mouvement est une *force*. La pesanteur qui fait tomber les corps, voilà une force ; l'attraction exercée par l'aimant sur la limaille de fer, encore une force. Nous ferons remarquer qu'en définissant ainsi la force nous n'indiquons absolument rien sur la cause et la nature de la force.

9. Mouvement rectiligne, curviligne, circulaire. — Quand un mobile est en mouvement, quelle que soit la cause de ce mouvement, on dit que le mouvement est *rectiligne* ou *curviligne*, suivant que le mobile parcourt une ligne droite ou une ligne courbe. Un corps qui tombe a un mouvement *rectiligne ;* la pierre que nous lançons obliquement a un mouvement *curviligne.* Dans le cas où le mobile décrit un cercle, le mouvement est dit *circulaire.*

10. Mouvement uniforme. — En vertu du principe de l'inertie, un corps, qui a reçu une impulsion, puis est abandonné à lui-même, doit toujours parcourir des espaces égaux en des temps égaux ; un pareil mouvement est dit *uniforme.* D'après ce que nous avons indiqué, ce mouvement doit être extrêmement rare dans la nature ; nous en avons cependant un exemple dans le mouvement de rotation de la terre autour de son axe. Nous pouvons comprendre aussi que, dans la pratique, on obtienne des mouvements qui sont très près d'être uniformes, s'ils ne le sont pas d'une manière absolue. Ce qui fait que le mouvement d'un corps lancé n'est pas uniforme, c'est qu'à chaque instant il est soumis à des forces, frottement et résistance des milieux, qui modifient son mouvement. Ces forces, nous ne pouvons les détruire, mais nous pouvons à chaque instant soumettre le corps à une force qui, étant égale aux deux autres, leur fera constamment équilibre (1) et le mouvement du corps deviendra uniforme. C'est ce qu'on cherche à faire dans l'industrie, où toutes les machines ont autant que possible un mouvement uniforme. Considérons un train en marche depuis quelque temps ; son mouvement devient uniforme, comme il est facile de s'en assurer en notant qu'il faut toujours le même temps pour parcourir le même espace, les poteaux kilométriques ou même les poteaux du télégraphe placés à égales distances les uns des autres permettent de faire l'observation ; c'est qu'à ce moment la force fournie par la machine fait juste équilibre et à la

---

(1) On dit que deux ou plusieurs forces applliquées à un corps se font équilibre, quand elles ne produisent aucun effet sur ce corps, qu'elles ne modifient ni son état de repos, ni son mouvement.

résistance de l'air et au frottement des roues contre les rails.

11. Vitesse. — L'espace parcouru pendant chaque unité de temps s'appelle *vitesse du mouvement uniforme*. Un mobile animé d'un mouvement uniforme, avec une vitesse de 7 mètres, parcourt :

pendant la première seconde. 7^m
pendant 2 secondes. . . . . $7 \times 2 = 14$
pendant 3 secondes. . . . . $7 \times 3 = 21$
pendant t. . . . . $7 \times t$

Et, en général, si on représente par e l'espace parcouru pendant le temps t et par v la vitesse, on a les formules simples $e = vt$ et $v = \frac{e}{t}$.

Quand on observe le mouvement d'un mobile, il est facile de reconnaître si le mouvement est uniforme, en mesurant l'espace parcouru pendant un certain temps et en calculant la vitesse, qui devra toujours être la même, quel que soit le temps considéré. Pour qu'un corps ait un mouvement uniforme, il ne doit être soumis à aucune force, ou les forces qui agissent sur lui doivent à chaque instant se faire équilibre.

12. Mouvement varié. — Abandonnons un corps quelconque, une pierre ; elle tombe, sollicitée à chaque instant par la pesanteur ; son mouvement n'est pas uniforme, elle va de plus en plus vite : son mouvement est dit *varié* et *accéléré*. Considérons un train, au moment du départ ; la force produite par la vapeur est de beaucoup plus considérable que la résistance du milieu et le frottement : aussi le mouvement du train n'est pas *uniforme ;* il est *varié* et tout d'abord *accéléré*. Mais la résistance de l'air allant en augmentant à mesure que le train marche de plus en plus vite, il arrive un moment où la force produite par la machine fait équilibre à la résistance de l'air et au frottement : le mouvement est alors uniforme. Que le mécanicien arrête l'action de la vapeur ; le train n'est plus soumis qu'à la résistance de l'air et au frottement qui agissent en sens contraire du mouvement : le mouvement est *varié* et *retardé*, puisque le mobile va de moins en moins vite.

Tout mouvement qui n'est pas uniforme est un *mouvement varié*. Les exemples abondent.

13. Vitesse moyenne. — Si un corps animé d'un mouvement varié a parcouru 250 mètres en 5 secondes, le quotient 50 de 250 par 5 est ce qu'on appelle la *vitesse moyenne* du mobile, c'est-à-dire la vitesse du mouvement uniforme qu'aurait dû avoir le mobile pour parcourir le même espace 250 mètres, dans le même temps 5 secondes. C'est ainsi qu'on évalue la vitesse des trains de chemin de fer. Par exemple, dire que la vitesse d'un train est de 40 kilomètres à l'heure, c'est dire que pour parcourir 200 kilomètres il lui faudra 5 heures, et non pas qu'il parcourra toujours 40 kilomètres par heure.

14. Vitesse à un instant donné. — Un corps est animé d'un mouvement varié, lorsqu'il est à chaque instant soumis à une force ; c'est ce que nous avons fait voir un peu plus haut. Si, à un instant donné, la cause qui fait varier le mouvement vient à disparaître, le mouvement devient uniforme : la vitesse de ce mouvement uniforme qui succède ainsi au mouvement varié est ce qu'on appelle la vitesse du mouvement varié au moment considéré. Si la vitesse va en augmentant, le mouvement est dit *accéléré*. Exemple : pierre qui tombe, train au départ. Si la vitesse va en diminuant, le mouvement est dit *retardé*. Exemple : corps lancé de bas en haut, train à l'arrivée.

CHAPITRE II.

DIVERS ÉTATS DE LA MATIÈRE.

15. Les trois états. — Corps solides. — Les corps se présentent à nous sous trois états, *solide liquide* et *gazeux*.

Un corps *solide* est celui dont les différentes parties sont fixes les unes par rapport aux autres et dont la forme et le volume sont constants. Une pierre, un morceau de fer, voilà des corps solides.

16. Fluides. Les *fluides* sont des corps dont les différentes parties sont mobiles les unes par rapport aux autres. Exemples : Eau, air.

17. Liquides. — Les *liquides* sont des fluides dont la forme est variable et le volume constant. L'eau, l'huile sont des liquides ; un litre d'eau ou un litre d'huile aura toujours le même volume, dans quelque vase qu'on le place, mais il prendra toujours la forme du vase où on l'introduira.

18. Gaz. — Compressibilité des gaz. — Les *gaz* sont des fluides qui n'ont de constant ni la forme ni le volume. Exemple : air. Ce qui caractérise les gaz, c'est leur compressibilité et leur expansibilité.

La compressibilité des gaz se démontre au moyen du *briquet à air*. Il consiste en un tube de verre à parois épaisses (fig. 1), fermé à l'une de ses extrémités, dans lequel peut pénétrer un piston *P*, bien graissé. On introduit le piston, et en le poussant, on peut diminuer de

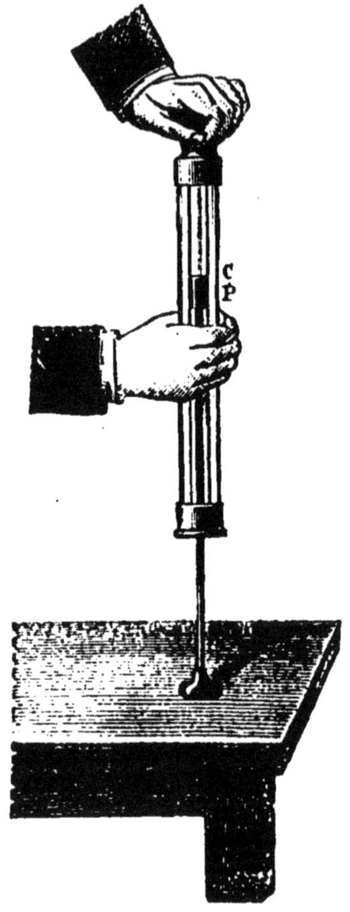

Fig. 1. — Briquet à air.

beaucoup le volume occupé par l'air compris entre le fond du briquet et le piston ; quelle que soit la pression exercée, jamais le volume de l'air ne peut être réduit à zéro.

Si, dans une petite cavité *c* creusée à l'extrémité du piston, on place un morceau d'amadou et qu'on enfonce brusquement le piston, l'amadou s'allume; de là le nom de *briquet à air* donné à cet instrument. L'inflammation de l'amadou est due, comme nous le verrons plus tard, à l'arrêt brusque du piston à l'extrémité du tube.

19. Expansibilité des gaz. — On démontre l'expansibilité des gaz au moyen de l'expérience suivante : On prend une vessie fermée par un robinet et renfermant une petite quantité d'air; on la place sous le récipient de la machine pneumatique (fig. 2), et à mesure qu'on enlève l'air

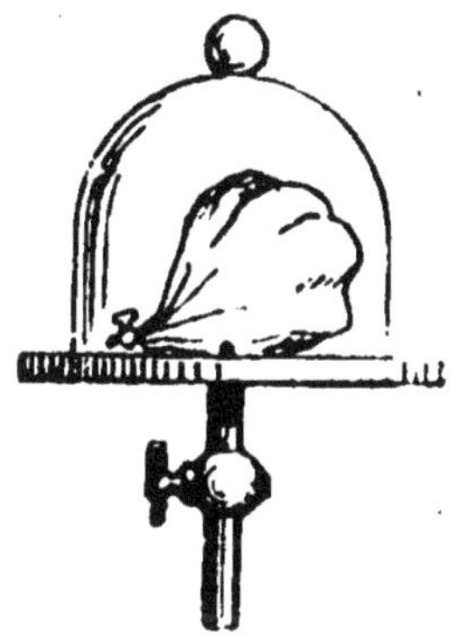

Fig. 2. — Vessie sous le récipient de la machine pneumatique.

contenu dans la cloche on voit la vessie se gonfler, la pression du gaz intérieur devenant plus forte que celle du gaz extérieur. Dès qu'on laisse rentrer l'air sous le récipient, la vessie reprend son volume primitif.

20. Les solides et les liquides sont aussi compressibles. — Les corps solides sont aussi compressibles, comme le prouvent la diminution de volume qu'éprouvent les monnaies sous le balancier, le tassement des matériaux de construction sous la charge des parties supérieures. Pendant longtemps on a regardé les liquides comme incompressibles. Une ancienne expérience due à Bacon, et répétée par les Académiciens de Florence (1661), justifiait cette opinion. Bacon prit une sphère creuse de plomb de la capacité de deux litres environ, qu'il remplit complètement d'eau et qu'il ferma ensuite avec du plomb. En la comprimant d'abord à coups de marteau, puis avec une presse, il vit l'eau suinter sous forme d'une rosée fine. Elle n'avait donc pu éprouver une diminution de volume égale à celle de la sphère de plomb. Des expériences faites plus tard avec beaucoup de soin ont démontré que les liquides, comme les solides et les gaz, sont compressibles, mais ils le sont très peu.

Les corps solides, liquides et gazeux ont des volumes variables. Nous venons de voir que le volume d'une quantité donnée d'un corps gazeux, solide ou liquide, pouvait être diminué; nous verrons plus tard, à propos de la chaleur, que tous les corps, quels qu'ils soient, se dilatent quand on les chauffe. Nous savons d'ailleurs par expérience que nous pouvons, par la traction, allonger un morceau de caoutchouc.

21. Molécules. — Pour nous rendre compte de ces variations de volume dans un sens ou dans l'autre nous devons considérer les corps, quels qu'ils soient, solides, liquides ou gaz, comme composés de très petites parties placées les unes à côté des autres. On les désigne ordinairement sous le nom de *molécules* (diminutif du mot latin *moles* masse). Ces molécules échappent à tous nos moyens d'observation; elles sont plus petites que tout ce que nous pouvons obtenir avec nos instruments les plus parfaits et tout ce que nous pouvons observer avec les microscopes les plus puissants. 30 grammes d'or suffisent pour dorer un fil d'argent de 110 kilomètres de longueur; ce fil peut être partagé en 11 billions de parties, et la quantité d'or qui se trouvera sur chacune de ces parties sera elle-même composée d'un grand nombre de ces molécules dont nous parlons.

22. Pores. — Nous regarderons donc tous les corps

comme étant composés de molécules placées les unes à côté des autres, mais non en contact : s'il en était ainsi, en effet, aucune diminution de volume ne pourrait avoir lieu. Les petits intervalles qui séparent les molécules les unes des autres ont reçu le nom de *pores*. Ces pores échappent à notre observation, nous ne pouvons pas plus les voir que les molécules ; aussi nous ne donnons pas ce nom aux espaces vides plus ou moins grands que nous voyons dans l'éponge, le bois, etc. ; nous avons une preuve de l'existence des pores dans le plomb par le suintement de l'eau à travers la paroi de la sphère de Bacon; les métaux chauffés, le cuivre, par exemple, se laissent traverser par les gaz, comme l'a montré M. Deville. Il y a donc dans ces corps des pores par où se fait le passage des gaz. Si les petits ballons rouges gonflés avec l'hydrogène se vident rapidement, c'est encore parce que le gaz s'échappe par les pores.

23. Forces moléculaires. — Cohésion. — Les molécules qui composent les corps étant voisines les unes des autres sont soumises à une force attractive et en même temps aussi à une force répulsive, puisqu'elles ne se touchent pas. On a donné à ces forces le nom de *forces moléculaires*. Quand ces forces se font équilibre, le volume du corps reste invariable ; si l'une devient prépondérante, le volume du corps varie, augmente ou diminue. Quand un corps est déformé d'une manière quelconque, ce sont ces forces qui tendent à le ramener à sa forme primitive; c'est ce qui explique l'élasticité des corps. On a appelé *cohésion* la force attractive : elle est grande dans les solides, nous en sommes avertis par l'effort que nous sommes obligés de faire pour séparer leurs parties; dans les liquides, elle est moindre, sans être nulle, comme le prouve la suspension d'une goutte de liquide à l'extrémité d'une baguette de verre; dans les gaz elle est nulle, les molécules s'écartent les unes des autres jusqu'à ce qu'elles soient arrêtées par un obstacle contre lequel elles exercent une pression. La chaleur qui dilate tous les corps augmente la force répulsive.

En faisant varier ces forces dans un corps on le fait passer d'un état à un autre. Grâce aux moyens puissants d'expérience qu'on a imaginés depuis quelques années, il y a aujourd'hui très peu de corps qu'on ne puisse avoir sous les trois états. L'eau est solide à l'état de glace; chauffons-la, augmentons la chaleur, elle devient liquide; chauffons-la encore et l'eau devient vapeur ou gaz; enlevons, au contraire, la chaleur, refroidissons le corps, la vapeur repasse à l'état liquide, puis à l'état solide. On pourrait obtenir le même effet en rapprochant les molécules en comprimant la vapeur. C'est parce qu'on a pu produire des pressions considérables et de très grands froids qu'on est parvenu dernièrement à liquéfier et même à solidifier l'hydrogène ; à l'heure qu'il est, il n'existe plus de gaz qui n'ait été liquéfié.

LIVRE PREMIER.

PESANTEUR. ÉQUILIBRE DES LIQUIDES ET DES GAZ

CHAPITRE PREMIER.

DIRECTION DE LA PESANTEUR. — CENTRE DE GRAVITÉ.

21. Direction de la pesanteur. Fil à plomb. — La pesanteur est la cause qui fait tomber les corps vers la terre dès qu'ils sont abandonnés à eux-mêmes : c'est un cas particulier de l'attraction universelle.

La direction de la pesanteur, c'est-à-dire, celle suivant laquelle les corps sont sollicités à tomber et tombent réellement, ne peut être obtenue directement. Elle est donnée par *le fil à plomb*. Le fil à plomb consiste essentiellement en un fil parfaitement flexible (fig. 3), à l'extrémité B duquel est attaché un corps pesant, une pierre par exemple ; ce fil, fixé au point A et abandonné à lui-même, prend une direction qui est celle suivant laquelle le corps est sollicité à tomber, car l'équilibre ne peut avoir lieu qu'autant que la force en B tirera dans la direction du fil. Suspendons le fil à plomb au plafond, prenons-le assez long pour qu'il atteigne le sol, et marquons le point où il touche ainsi le sol; disposons ensuite des anneaux de

Fig. 3. — Fil à plomb.

façon que le fil en équilibre passe dans chacun d'eux, puis enlevons le fil, sans déplacer les anneaux et laissons tomber un corps, une bille, du point où était suspendu le fil; nous verrons qu'elle passe à travers tous les anneaux et qu'elle vient toucher le sol au point que nous avons marqué; elle suit donc bien en tombant la direction du fil à plomb.

25. Verticale horizontale. — La direction de la pesanteur, telle qu'elle est donnée par le fil à plomb, est appelée *verticale*. Toute ligne perpendiculaire à la verticale est *horizontale*. Tout plan perpendiculaire à la verticale est appelé plan horizontal.

En chaque lieu la verticale est perpendiculaire à la surface d'un liquide en repos ; cette surface est donc un plan horizontal. Qu'on prenne un vase renfermant un liquide opaque, du mercure, et un fil à plomb composé d'un morceau de platine suspendu à un fil (fig. 4) ; qu'on fasse

Fig. 4. — Fil à plomb plongeant dans un bain de mercure.

plonger le platine dans le mercure, on reconnaîtra que, dans quelque position qu'on se place, l'image du fil paraîtra être le prolongemement du fil. Nous verrons en optique que ce résultat prouve que le fil est perpendiculaire à la surface du liquide.

Si nous appelons surface de la terre la surface obtenue en supposant la surface des mers prolongée, nous voyons qu'en chaque point, le fil à plomb est perpendiculaire à cette surface, et puisque la terre est sphérique, tous les fils à plomb menés aux différents points du globe devront aller se rencontrer au centre de la terre. La rencontre de deux fils à plomb voisins n'ayant lieu qu'à une très grande distance, on regarde comme parallèles deux verticales menées dans le voisinage l'une de l'autre. L'erreur que l'on commet est très petite, car deux verticales distantes l'une de l'autre de 31 mètres, forment entre elles un angle d'une seconde ; l'angle est d'une minute si la distance des deux verticales est de 1852 mètres.

26. Usages du fil à plomb. — Le fil à plomb est employé toutes les fois qu'on veut rendre une ligne, un plan vertical ; on en fait constamment usage à cet effet dans la construction des édifices. On s'en sert également pour obtenir une surface horizontale. Le *niveau des maçons* (fig. 5),

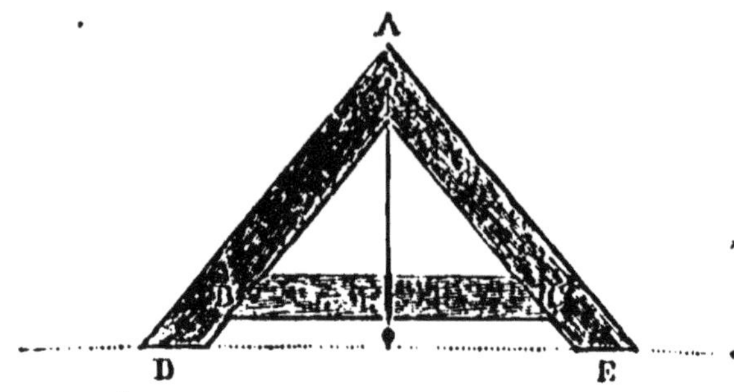

Fig. 5. — Niveau des maçons

qui est employé dans ce but, se compose de deux pièces AD, AE disposées comme l'indique la figure 5. D et E sont sur un même plan, la traverse BC porte en son milieu une rainure qui est telle que la ligne menée par A et cette rainure est perpendiculaire à la droite DE. En A est suspendu un fil à plomb, et lorsque le niveau s'appuyant en D et en E sur le plan à examiner, le fil à plomb passe devant la rainure, c'est que DE est horizontal.

27. Poids. — Si l'on prend un corps et qu'on l'abandonne à lui-même, il tombe. Qu'on le partage en deux, chacune des deux parties tombe de la même façon ; si l'on continue à diviser le corps, quelque petites que soient les parties, toutes tomberont de la même manière. On doit en conclure que la pesanteur agit en tous les points d'un corps. Nous pouvons donc regarder un corps comme étant sollicité, de la part de la pesanteur, par un très grand nombre de forces, toutes parallèles entre elles. On comprend qu'il existe une force unique capable de produire le même effet que toutes ces forces : c'est ce qu'on appelle *le poids du corps*. Le poids d'un corps est donc la résultante de toutes les actions de la pesanteur sur ce corps. Nous en avons l'idée et la mesure par l'effort que nous faisons pour empêcher un corps de tomber.

28. Centre de gravité. — Prenons une planchette de forme quelconque et suspendons-la, à l'aide d'un fil, par le point A (fig. 6). Quand le corps est en équilibre, le

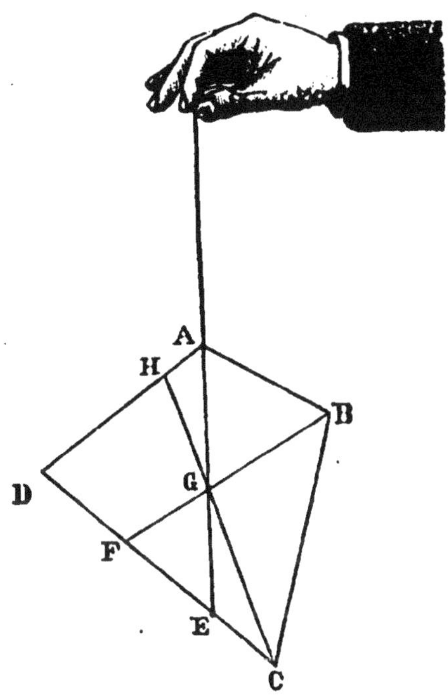

Fig. 6. — Centre de gravité

fil prolongé représente la direction du poids. Le corps est en effet soumis à deux forces : son poids et celle que nous exerçons pour l'empêcher de tomber, et deux forces, pour se faire équilibre, doivent agir suivant la même droite, qui est la direction commune des deux forces. Suspendons maintenant le corps par d'autres points B, D, C, et dans chaque équilibre, traçons A E, prolongement du fil ; nous reconnaîtrons que toutes les droites se coupent en un même point G : ce point, par où passe constamment le prolongement de la direction du poids d'un corps, est ce qu'on appelle le *centre de gravité* du corps.

Le procédé que nous venons d'indiquer pour définir le centre de gravité n'est pas un moyen pratique de le déterminer. Il y en a d'autres. Quand on a fait cette détermination, on voit que, si on suspend le corps par ce point, il reste en équilibre dans quelque position qu'on le place. C'est pourquoi on définit encore le centre de gravité d'un corps le point par lequel on doit soutenir le corps pour qu'il reste en équilibre dans toutes les positions.

La détermination du centre de gravité des corps est une question de géométrie, que nous ne pouvons aborder ici. Nous comprendrons cependant que, pour les corps réguliers et homogènes, le centre de gravité se trouve au centre de ces corps ; que pour une sphère, il est au centre ; pour un cylindre droit à base circulaire, au milieu de l'axe ; pour un rectangle, au point de rencontre des diagonales, etc. — Dans un anneau, il est au centre. Le centre de gravité peut donc être un point n'appartenant pas au corps ; il faut entendre dans ce cas que, si ce point était relié aux autres points du corps par des liens rigides, inextensibles et sans pesanteur, c'est par ce point qu'il faudrait soutenir ce corps pour qu'il restât en équilibre dans toutes les positions.

29. Équilibre des corps pesants. Corps soutenu par un point. — La connaissance de la position du centre de gravité d'un corps est avantageuse, en ce sens que dans tous les cas où le corps n'est soumis qu'à la pesanteur, elle permet de considérer l'action de celle-ci comme se réduisant à une force unique, le poids, appliqué à un point unique, le centre de gravité. Soit un corps M (fig. 7) soutenu par un point O, G son centre de gravité; ce corps ne peut être en équilibre que si la direction du poids passe par le point fixe. Le poids GP tend à faire tourner le corps autour de O, et l'équilibre aura lieu lorsque G sera venu en G_1, sur la verticale passant par le point fixe O. — La condition d'équilibre d'un corps pesant soutenu par un point est donc: *le centre de gravité doit se trouver sur la verticale menée par le point fixe.*

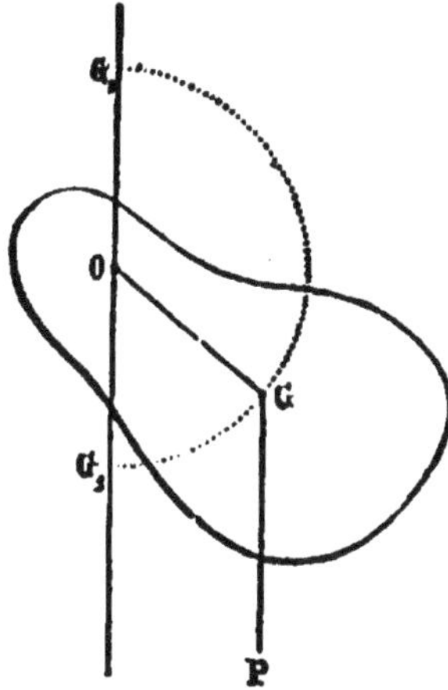

Fig. 7. — Corps soutenu par un point. — Équilibre stable, instable, indifférent.

30. Équilibre stable, instable, indifférent. — Mais le centre de gravité peut se trouver sur cette verticale audessus ou au-dessous du point fixe. S'il est au-dessous en G_1 et qu'on écarte un peu ce corps de sa position d'équilibre, ce corps tend à y revenir ; on dit alors que l'équilibre est *stable.* C'est le cas d'une lampe suspendue au plafond. — Si le centre de gravité est en G_2, le corps, un peu déplacé de sa position d'équilibre, tend à s'en écarter davantage et à venir dans la première position G_1, l'équilibre est dit *instable.* Exemple : un bâton reposant par un bout sur le doigt. Si le centre de gravité coïncide avec le point fixe, le corps reste en équilibre dans toutes les positions, l'équilibre est appelé *équilibre indifférent,* Exemple : une poulie pouvant tourner autour de son axe.

31. Corps s'appuyant sur plusieurs points. — Lorsqu'un corps repose par plusieurs points A, B, C, D (fig. 8), sur un plan, la figure obtenue en joignant tous ces points est appelée *base de sustentation.* Si la verticale menée par le centre de gravité tombe dans l'iptérieur du polygogne en G, le poids du corps a pour effet d'appuyer le corps sur le plan en exerçant aux points A, B, C, D des pressions plus ou

Fig. 8. — Corps reposant par plusieurs points.

moins considérables. Mais si la verticale menée par le centre de gravité tombe en G_1 en dehors de la base de sustentation, l'effet du poids sera de faire tourner ce corps autour de DC. Donc, pour qu'un corps reposant par plusieurs points sur un plan soit en équilibre, la condition est que la verticale menée par le centre de gravité tombe dans l'intérieur de la base de sustentation.

L'équilibre est d'autant plus stable que la base de sustentation est plus grande et que le centre de gravité est plus bas. Une chaise reposant sur les quatre pieds est en équilibre. Nous avons beaucoup de peine à la mettre en équilibre et surtout à l'y maintenir, si nous voulons qu'elle ne repose que sur deux pieds ; c'est qu'alors la base de sustentation est réduite à une ligne droite. Pour la stabilité de l'équilibre, il est avantageux de placer le moins haut possible la charge sur une voiture, surtout si elle doit marcher sur une route tant soit peu inclinée. Bon nombre d'appareils et de jouets sont fondés sur l'équilibre des corps pesants. Nous citerons : le petit culbûteur chinois, le poussah, etc.

CHAPITRE II

POIDS. — BALANCE.

32. Action du poids d'un corps sur un ressort. — Nous avons dit (27) que le poids d'un corps est la somme des actions de la pesanteur sur ce corps et que nous avons une idée du poids d'un corps d'après l'effort que nous devons faire pour empêcher ce corps de tomber. — Si nous suspendons un corps à l'extrémité B d'une barre métallique AB fixée au point A (fig. 9), la barre se fléchit plus ou moins

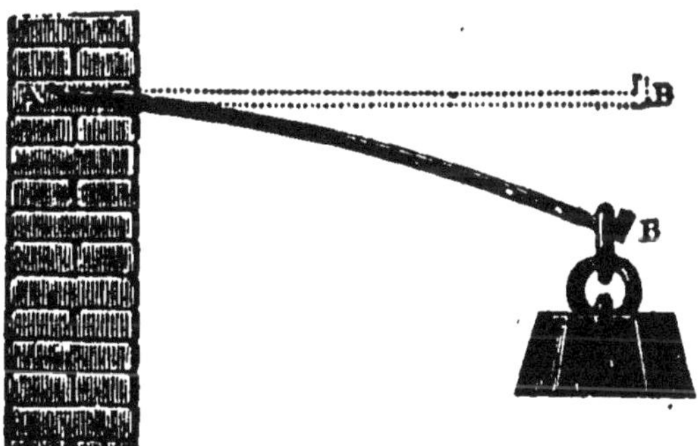

Fig. 9. — Barre courbée par un poids.

selon que le poids du corps est plus ou moins considérable. Si la barre n'éprouvait à la longue aucune modification, un appareil comme celui-là pourrait nous servir à comparer le poids des corps ; mais, au bout d'un certain temps, comme il est facile de le vérifier, le même corps suspendu en B ne fait pas fléchir la barre de la même façon. On a donc cherché d'autres appareils pour mesurer les poids des corps

Nous rappellerons d'abord qu'on a pris pour unité de poids, le poids d'un centimètre cube d'eau distillée à 4 degrés et que ce poids a été appelé *gramme* ; un corps pesant 250 grammes est un corps pesant autant que 250 centimètres cubes d'eau distillée à 4 degrés.

L'appareil qui sert à déterminer les poids des corps est la *balance*.

38. Balance. — Fléau. — Couteau. — Plateaux. — La balance se compose d'une pièce métallique d'acier appelée *fléau*, traversée en son milieu par un prisme triangulaire, le *couteau* C, dont l'arête vive est tournée vers le bas (fig. 10).

Fig. 10. — Fléau de balance.

Ce couteau repose, quand on se sert de l'instrument, sur deux plans d'acier ou d'agate supportés par le pied de la balance ; ils sont situés l'un en avant, l'autre en arrière du fléau, sur un même plan horizontal, de manière que ce fléau puisse osciller autour de l'arête qui s'appuie sur ces plans. Le couteau et les supports sont faits avec une substance très dure pour que le couteau ne puisse s'émousser, ni creuser un sillon dans les plans d'acier ou d'agate, auquel cas le frottement devenant plus considérable, la mobilité de l'appareil serait diminuée. Aux deux extrémités du fléau sont suspendus les plateaux dans lesquels on place les corps dont on veut connaître les poids. Les crochets qui supportent les plateaux reposent sur des prismes en acier dont l'arête vive est tournée vers le haut. Ces prismes, placés à chacune des extrémités du fléau, sont disposés de manière que les arêtes des trois prismes soient parallèles entre elles, et autant que possible dans un même plan. Les distances CA, CB sont appelées *bras du fléau*. Ces deux bras sont égaux.

Le centre de gravité du fléau est situé un peu au-dessous de l'axe du couteau dans le plan vertical mené par cet axe, quand le fléau est horizontal. Une aiguille fixée perpendiculairement au fléau se meut devant un arc divisé, placé au-dessus ou au-dessous du fléau. Lorsque l'aiguille est devant le zéro, le fléau est horizontal.

Lorsqu'on ne se sert pas de la balance, afin d'empêcher que les couteaux ne s'émoussent ou ne creusent les plans sur lesquels ils s'appuient, des fourchettes, qu'on peut élever ou abaisser à l'aide d'un système de leviers, supportent le fléau et les plateaux. Quand on veut faire une pesée, on tourne un bouton, les fourchettes s'abaissent, le fléau repose par le couteau sur les plans d'acier ou d'agate, et les plateaux s'appuient sur les prismes extrêmes du fléau.

Construite comme nous venons de l'indiquer, la balance abandonnée à elle-même et sans recevoir aucune charge, se trouve être en équilibre stable, puisque le centre de gravité est au-dessous de l'axe de suspension. Si le centre de gravité était au-dessus de l'axe de suspension, l'équilibre serait instable, et si peu qu'on dérangeât le fléau de sa position horizontale, il tendrait à s'écarter davantage : une pareille balance est dite *folle*. Si le centre de gravité était juste sur l'axe de suspension le fléau resterait en équilibre dans toutes les positions ; la balance serait *indifférente*.

Le fléau étant horizontal, mettons dans le plateau B (fig. 11) un corps de poids p ; immédiatement le fléau vient en A'B' dans une position telle, que le poids p du corps placé en B' et le poids du fléau ϖ se fassent équilibre. Si en ce moment on applique un poids en A' le fléau tend à reprendre son horizontalité, mais il n'y arrivera que si le poids mis en A est égal au poids mis en B, car nous admettons que les deux bras AC et CB sont égaux, c'est-à-dire qu'à droite et à gauche de C tout est exactement le même.

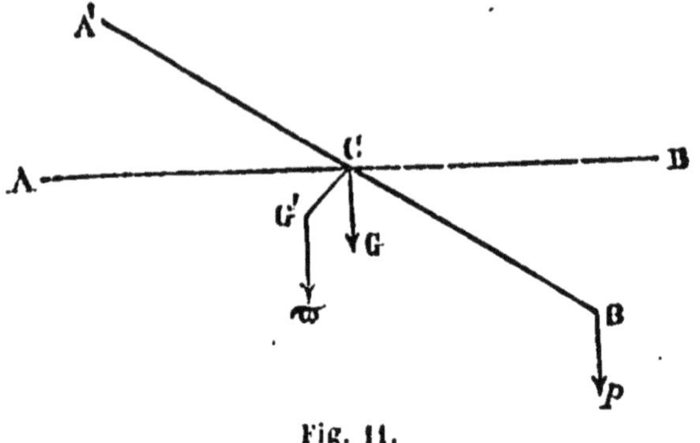

Fig. 11.

Une balance, pour être bonne, doit être *juste* et *sensible*.

34. Balance juste — Une balance juste est une balance dont le fléau reste horizontal quand les deux plateaux sont chargés de poids égaux. Pour qu'une balance soit juste, il faut que les deux bras du fléau soient égaux en longueur et en poids et que les deux plateaux aient le même poids. Nous dirons tout à l'heure (37) comment on reconnaît si une balance est juste ou non.

35. Balance sensible. — Une balance *sensible* est une balance telle que, les deux plateaux étant chargés de poids égaux, le fléau trébuche si l'on vient à placer dans l'un des plateaux un poids très petit par rapport à ceux qui y sont déjà. Une balance qui trébuche par l'addition d'un milligramme est dite sensible au milligramme. On cite des balances sensibles au milligramme sous une charge de 10 kilogrammes dans chacun des plateaux. Le Conservatoire des Arts et Métiers de Paris possède une balance qui est sensible au demi-milligramme sous une charge totale de 25 kilogrammes.

Une balance est d'autant plus sensible que le fléau est

plus long, qu'il est plus léger et que le centre de gravité du fléau est plus près de l'axe de suspension, tout en restant toujours au-dessous de cet axe.

Dans les balances de précision, on fait varier, au besoin, la position du centre de gravité du fléau au moyen d'un écrou qu'on peut faire monter ou descendre le long d'une vis placée au milieu et au-dessus du fléau.

36. Balance hydrostatique. — La balance *hydrostatique* (fig. 12), dont on fait souvent usage en physique,

Fig. 12. — Balance hydrostatique.

est une balance ordinaire sous les plateaux de laquelle se trouvent des crochets disposés pour suspendre les corps.

37. Usages de la balance. — Pour reconnaître si une balance est juste, on place un corps quelconque dans l'un des plateaux, on met dans l'autre de la grenaille de plomb, jusqu'à ce que le fléau soit horizontal, puis on change les corps de plateau, en mettant dans le plateau de droite ce qui se trouvait dans le plateau de gauche et réciproquement. Si la balance est juste, le fléau doit encore être horizontal.

Quand une balance est juste, rien de plus simple que de trouver le poids d'un corps : on place le corps en question dans l'un des plateaux, et les poids marqués, qu'on est obligé de mettre dans l'autre plateau pour établir l'équilibre, représentent exactement le poids du corps.

Il est fort rare de rencontrer une balance juste, tandis qu'on peut facilement augmenter la sensibilité d'une balance.

38. Méthode des doubles pesées. — Pour obtenir

Fig. 12 *bis*. — Balance de précision et sa cage.

le poids d'un corps avec une balance non juste, on fait usage de la méthode des doubles pesées, due à Borda (1733-1799). On place le corps à peser dans l'un des plateaux, et, de l'autre côté, on lui fait équilibre avec de la tare, grenaille de plomb, sable, etc.; on enlève ensuite le corps et on le remplace par des poids marqués, lesquels représentent exactement le poids du corps, puisque ces poids marqués et le corps font équilibre à la même tare, dans les mêmes conditions.

CHAPITRE III.

CHUTE DES CORPS.

39. Tous les corps tombent de la même manière dans le vide (1). — Si, en un même lieu, nous laissons tomber deux corps, deux balles de plomb, nous voyons que, parties de la même hauteur, elles arrivent à terre en même temps ; mais si nous laissons tomber une pièce de monnaie et un disque de papier de même surface, la pièce de monnaie atteint le sol bien plus tôt que le disque de papier : cette différence tient à la résistance de l'air. C'est ce qu'on démontre au moyen de l'expérience suivante : On a un gros tube de verre de deux mètres de long environ, fermé à l'une de ses extrémités et muni, à l'autre, d'une garniture à robinet qui permet d'enlever l'air du tube (fig. 12). On y a introduit des corps différents, tels qu'une balle de plomb, du papier, une plume. Si, après avoir fait le vide dans le tube, on le retourne brusquement : tous les corps arrivent ensemble à l'extrémité. Si, ouvrant le robinet, on laisse

---

(1) Aristote avait dit que tous les corps ne tombent pas de la même façon. — Lucrèce (95 avant J.-C. — 55 après J.-C.) avait écrit dans son poëme *De natura rerum* que, dans le vide, tous les corps tombent également vite. — Galilée, en laissant tomber des corps différents du haut de la coupole d'une église de Pise, avait reconnu qu'ils arrivaient à terre presque en même temps; la même expérience fut faite par Mariotte (1620-1684) en France, et par Désaguliers (1683-1743), à Saint-Paul de Londres, en présence de Newton.

rentrer l'air et qu'on recommence l'expérience, la balle de plomb arrive la première à l'extrémité du tube, puis la feuille de papier et ensuite la plume.

Fig. 13. — Chute des corps dans le vide.

Cette influence de la résistance de l'air peut être mise en évidence plus simplement : Que l'on prenne deux feuilles égales du même papier, qu'on en froisse une de manière à n'avoir plus qu'une boule n'offrant qu'une faible surface à l'air, et qu'on abandonne en même temps et de la même hauteur, la feuille étendue et la feuille froissée, cette dernière atteint la première le sol, parce qu'elle éprouve de la part de l'air une résistance bien moindre que l'autre. Si nous reprenons la pièce de monnaie et le disque de papier que nous avons laissé tomber séparément tout à l'heure, si nous plaçons le disque de papier sur la pièce de monnaie et que nous les abandonnions, ils arrivent à terre en même temps, le disque de papier n'ayant plus cette fois à vaincre la résistance de l'air.

40. Lois de la chute des corps. — Les lois de la chute des corps ont été indiquées par Galilée. Pour les étudier, il ralentissait le mouvement au moyen du plan incliné. On y parvient également en faisant usage de la machine d'Atwood (1745-1807).

1° Les espaces parcourus varient proportionnellement au carré du temps;

2° La vitesse croît proportionnellement au temps;

3° La vitesse acquise au bout de la première seconde de chute, est double de l'espace parcouru pendant la première seconde.

L'expérience apprend qu'à Paris, un corps abandonné à lui-même parcourt $4^{m},9$ au bout de 1 seconde.

En deux secondes, il parcourt		$4{,}9 \times 2^2 =$	19,6
En trois secondes	—	$4{,}9 \times 3^2 =$	44,1
dix —	—	$4{,}9 \times 10^2 =$	490.
t —	—	$4{,}9 \times t^2$	

La vitesse qu'il possède au bout de la 1re seconde

est $4{,}9 \times 2 = 9{,}8$

—	—	deux secondes		—	$9{,}8 \times 2$
—	—	trois	—	—	$9{,}8 \times 3$
—	—	t	—	—	$9{,}8 \times t$

La première loi nous permet de calculer facilement la hauteur d'un édifice : il suffit de déterminer expérimentalement la durée de chute d'un corps abandonné du sommet. Si le temps de chute est de 4",8, la hauteur sera :

$$4^m,9 \times 4,8^2 = 112^m,89.$$

41. Corps lancés de haut en bas. — Si le corps, au lieu d'être abandonné à lui-même, est lancé de haut en bas; si c'est, par exemple, une balle de pistolet qu'on fait partir en tenant le canon tourné verticalement vers le bas, le projectile est animé de deux mouvements : le mouvement uniforme dû à l'impulsion de la poudre, et le mouvement varié produit par la pesanteur : à chaque instant, l'espace parcouru est alors la somme des espaces parcourus par suite de l'un et de l'autre mouvement. Si, par exemple, la vitesse du mouvement uniforme dû à la poudre est de 500 mètres, par suite de ce mouvement, le mobile, au bout de 7 secondes, aurait parcouru $500 \times 7 = 3500$ mètres. Mais, pendant le même temps, la pesanteur lui aura fait parcourir $4^m,9 \times 7^2 = 240,1$; l'espace total parcouru par le mobile sera donc $3500 + 240,1 = 3740,1$.

42. Corps lancé de bas en haut. — Si le canon eût été tourné vers le haut, la pesanteur aurait agi à chaque instant pour ralentir le mouvement et non pour l'accélérer, si bien qu'au bout de 7 secondes, l'espace parcouru eût été la différence des deux espaces qu'aurait parcourus le mobile dans l'un et l'autre mouvement, c'est-à-dire :

$$3500 - 240.1 = 3259^m,9.$$

EXERCICES.

1. Un corps, animé d'un mouvement uniforme, parcourt 592 mètres en 15 secondes. Quelle est sa vitesse?
2. Un corps est animé d'un mouvement uniforme dont

la vitesse est 18^m; 5 secondes après son départ, on lance un second corps. Quelle doit être la vitesse de ce second mobile, pour que la rencontre ait lieu 7 secondes après le départ du second mobile?

Quel chemin auront-ils parcouru l'un et l'autre?

3. Deux mobiles, animés d'un mouvement uniforme, partent en même temps de deux points, A et B, distants de 70 mètres. Le mobile parti de B a une vitesse de 32 mètres, celui parti de A a une vitesse de 27 mètres. Au bout de combien de temps A———B seront-ils éloignés l'un de l'autre de 155 mètres? Quel chemin auront-ils parcouru l'un et l'autre?

4. Deux trains partent d'une même gare : le premier, à 8 heures et avec une vitesse de 35 kilomètres à l'heure; le second, à 9^h30, avec une vitesse de 60 kilomètres. On demande au bout de combien de temps ils se rencontreront et à quelle distance ils se trouveront alors de la gare de départ?

5. Un corps pesant tombe d'une hauteur telle qu'il lui faut $7^s,5$ pour atteindre le sol. Quelle devrait être la vitesse d'un mobile non pesant et animé d'un mouvement uniforme, pour qu'il arrivât au sol dans le même temps?

CHAPITRE IV.

ÉQUILIBRE DES LIQUIDES. — SURFACE LIBRE. VASES COMMUNIQUANTS.

43. Objet de l'hydrostatique. — Nous avons vu que les fluides sont des corps dont les molécules sont mobiles, les unes par rapport aux autres ; que les fluides se partagent en *liquides* dont le volume est constant et la forme variable, et en *gaz* qui n'ont de constant ni la forme ni le volume (16, 17, 18).

L'hydrostatique a pour objet l'étude des fluides à l'état d'équilibre. Nous considérerons successivement les liquides et les gaz.

44. Transmission des pressions.— Ce qui caracté-

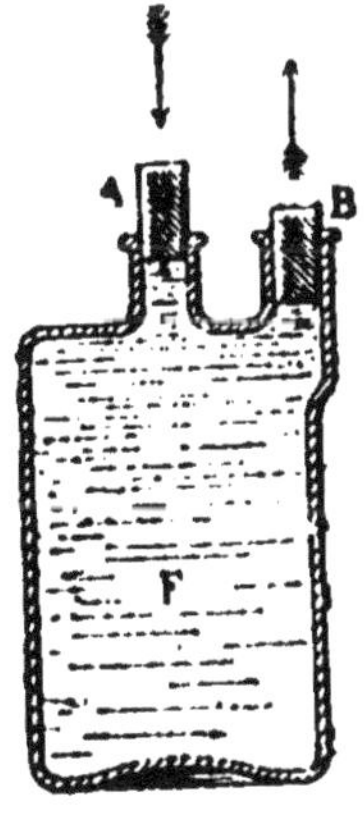

Fig. 11 — Transmission des pressions.

rise les fluides, c'est leur mobilité et la propriété qu'ils ont de transmettre, dans tous les sens, les pressions qu'on exerce sur eux. Prenons un flacon, à deux tubulures F (fig. 14), rempli de liquide et à chaque tubulure adaptons un bouchon qui entre sans frottement; frappons sur le bouchon A, et nous verrons le bouchon B lancé de bas en haut. La pression que nous avons exercée de haut en bas s'est donc transmise, à travers le liquide, jusqu'au bouchon B, et l'a poussé de bas en haut. Soit un balion (fig. 15) muni d'une

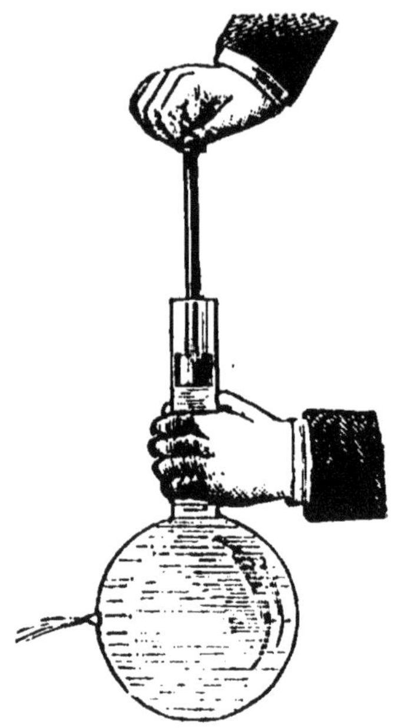

Fig. 15. — Pression exercée par un liquide.

très petite ouverture *a* portant un col dans lequel peut se mouvoir un piston: le tout étant rempli de liquide, si l'on pousse le piston, le liquide jaillit par l'ouverture, et le jet est tout d'abord dirigé perpendiculairement à la surface du ballon. Ce principe, dû à Pascal (1623-1662), est connu sous le nom de *principe de la transmission des pressions*. L'expérience précédente nous montre que les pressions exercées par les liquides contre les parois des vases sont normales ou perpendiculaires à ces parois,

Les pressions se transmettent ainsi intégralement, dans tous les sens, à travers les liquides. Pascal a démontré également que les pressions se transmettent proportionnellement aux surfaces sur lesquelles elles s'exercent. C'est ce que nous verrons quand nous parlerons de la presse hydraulique (85).

45. La surface d'un liquide en repos est horizontale. — Un liquide étant en équilibre dans un vase, nous avons vu, à l'aide du fil à plomb, que la surface libre est horizontale. Nous pouvons encore le vérifier au moyen du niveau des maçons : en appliquant cet instrument de manière

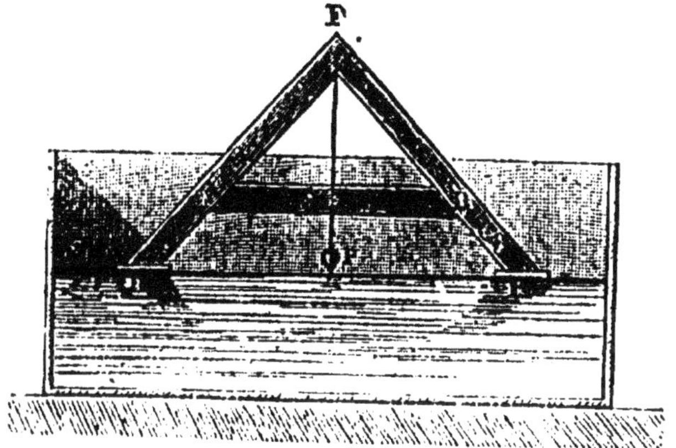

Fig. 16. — La surface d'un liquide en repos est horizontale.

que les deux pieds D et E (fig. 16) touchent la surface du liquide, nous voyons que toujours le fil à plomb FP

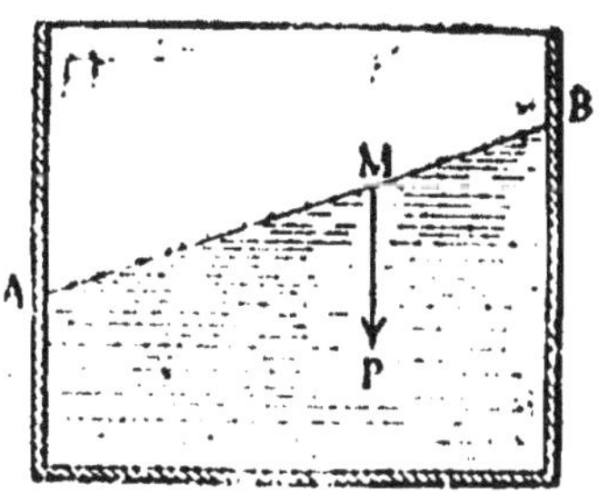

Fig. 17. — Horizontalité du niveau d'un liquide au repos

tombe le long de la rainure tracée sur la traverse A B. Nous comprenons d'ailleurs que, si la surface était inclinée comme en A B (fig. 17), la molécule M, sollicitée par son poids qui la tire verticalement, ne pourrait rester en repos : elle glisserait de M. en A.

46. Surface libre d'un liquide en repos dans deux vases communiquants. — Ce fait de l'horizontalité de la surface libre d'un liquide en repos, est indépendant de la forme du vase, de la position, de l'inclinaison qu'on lui donne. Bien plus, si, dans un vase renfermant un liquide en repos (fig. 18), nous introduisons

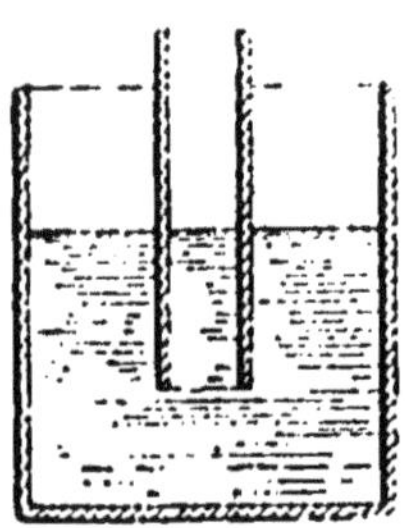

Fig. 18.

un tube ouvert à ses deux bouts, nous voyons le niveau venir se placer dans ce tube, sur le même plan que le niveau dans le vase. Si le tube est adapté latéralement au vase (fig. 19), il en est encore de même, les deux niveaux

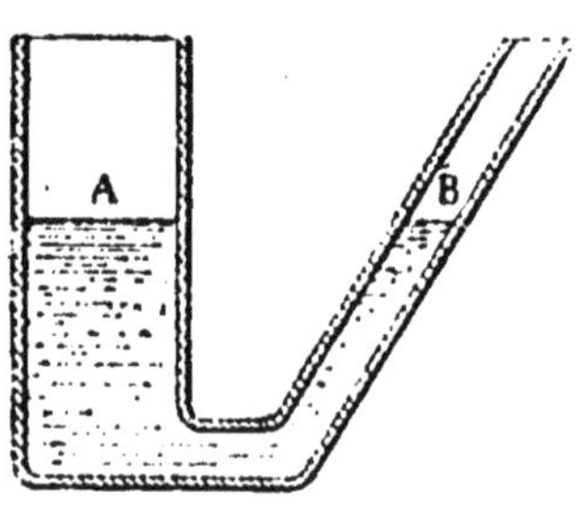

Fig. 19.

sont sur un même plan horizontal : les deux vases A et B sont deux vases communiquants. Nous voyons donc que, si deux vases communiquants renferment un seul et même liquide, les niveaux dans l'un et l'autre vase sont sur un même plan horizontal. Nous reviendrons sur les applications, en étudiant ce qui se rapporte aux vases communiquants qui renferment des liquides différents.

47. Phénomènes capillaires. — La règle que nous venons d'indiquer pour les vases communiquants renfermant un même liquide, n'est plus vraie dans certains cas que nous allons indiquer : si dans un vase renfermant de l'eau (fig. 20), nous introduisons un tube de verre droit,

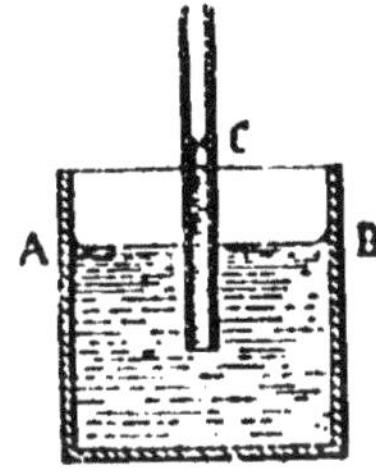

Fig. 20.

ouvert aux deux bouts, et d'un diamètre intérieur très petit, 1/2 millimètre, par exemple, l'eau s'élève dans ce tube, en C, bien au-dessus du niveau A B dans le vase ; mettons de l'eau dans le vase (fig. 21), composé de deux tubes,

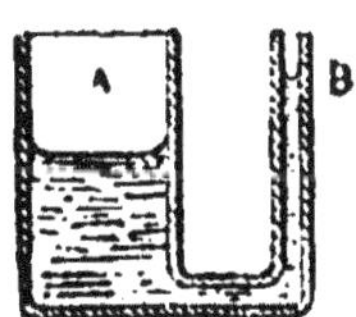

Fig. 21.

l'un A de grand diamètre, l'autre B de diamètre très petit, le niveau s'élève, en B, plus haut qu'en A. Si, au lieu d'eau qui mouille le verre, nous prenons du mercure qui ne mouille pas le verre, nous voyons que le niveau dans les tubes étroits est toujours au-dessous du niveau dans les tubes larges (fig. 22). Cette différence de niveau, ascen-

Fig. 22.

sion ou dépression, est d'autant plus grande que le diamètre du tube est moindre; dans un tube de verre de 1 millimètre de diamètre, l'ascension de l'eau est de 30 centimètres, c'est-à-dire que le niveau de l'eau dans le tube est à 30 centimètres au-dessus du niveau de l'eau dans le vase dans lequel il plonge.

Ces phénomènes, qui se produisent dans des tubes d'un diamètre très fin, comme celui d'un cheveu, ont été appelés *phénomènes capillaires*. On les explique par l'action des forces moléculaires qui s'exercent près de la paroi, entre les molécules liquides et la paroi solide, aussi bien qu'entre les molécules liquides. C'est la même cause qui fait que, près des parois des vases, l'horizontalité de la surface des liquides est altérée; avec l'eau et le verre, quand le liquide mouille la paroi, la surface est concave (fig. 24);

Fig. 23.

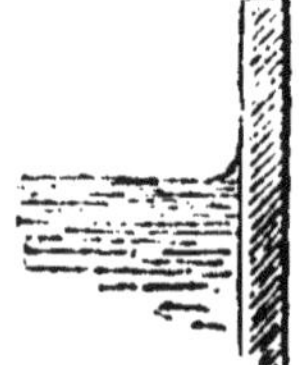
Fig. 24.

avec le mercure et le verre, quand la paroi n'est pas mouillée, la surface est convexe (fig. 23).

Les actions capillaires expliquent un grand nombre de phénomènes que nous observons journellement : les corps poreux, le sable, la terre végétale absorbent l'eau qui ne baigne que leurs parties inférieures, et l'amènent à la partie supérieure; un morceau de sucre, mis en contact avec du café par quelques-uns de ses points, s'en imprègne dans toute sa masse. C'est par suite de la capillarité que, dans les lampes, l'huile peut, grâce à la mèche, s'élever bien au-dessus du niveau dans le réservoir; que, dans les bougies, l'acide stéarique, fondu par la chaleur, s'élève dans la mèche où il vient brûler; c'est une des causes qui fait monter la sève dans les végétaux.

CHAPITRE V.

PRESSIONS SUR LES PAROIS DES VASES.

48. Pressions exercées par les liquides. — Un liquide en équilibre exerce des pressions en chaque point de la paroi du vase, car il suffit de faire une ouverture pour qu'on voie le liquide jaillir toujours dans une direction perpendiculaire à la paroi. Le liquide exerce aussi des pressions sur lui-même; c'est ce que démontre l'expérience suivante : On prend un tube T, ouvert à ses deux bouts (fig. 25), et dont une extrémité peut être formée par un obtu-

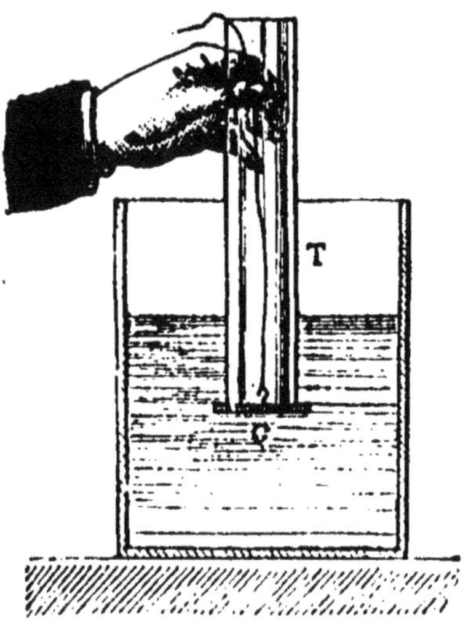

Fig. 25. — Pressions dans un liquide.

rateur C, attaché à un fil. On l'introduit dans le liquide, en maintenant à l'aide du fil l'obturateur fixé contre le tube ;

puis, abandonnant le fil, on reconnaît que l'obturateur reste dans la même position : il est donc poussé de bas en haut, et cette pression qu'il supporte s'exerçait tout à l'heure sur la tranche liquide dont il occupe la place. L'expérience réussit quelle que soit l'inclinaison donnée au tube (fig. 26). Nous devons donc en conclure que

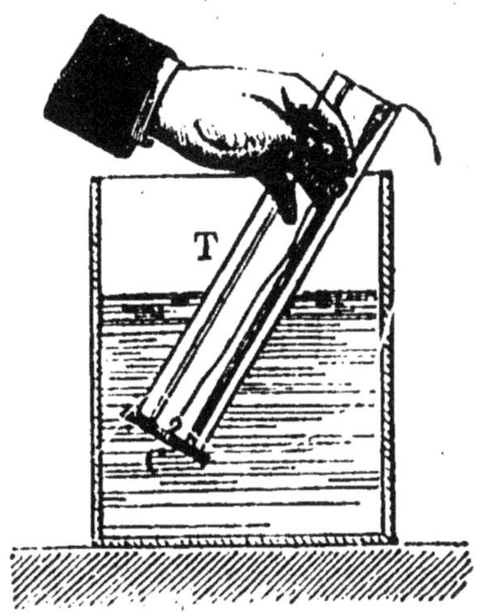

Fig. 26. — Pressions dans un liquide.

dans un liquide en repos, les molécules supportent des pressions dans tous les sens.

49. En tous les points d'un même plan horizontal, les pressions sont les mêmes sur des surfaces égales. — Plaçons le tube à obturateur de manière que l'extrémité inférieure soit à 15 centimètres, par exemple, du niveau du liquide ; puis, avec précaution, versons dans ce tube du même liquide que celui qui est dans le vase : nous reconnaissons qu'à un certain moment l'obturateur se détache ; cela arrive lorsque la pression qu'il supporte de haut en bas, est égale à celle qu'il supporte de bas en haut. Or, notons la hauteur du liquide versé quand l'obturateur se détache, et recommençons l'expérience, en transportant le tube en différents points du liquide, de manière qu'il s'enfonce toujours de 15 centimètres au-dessous du niveau ; nous voyons qu'il faut toujours verser le liquide à la même hauteur dans le tube pour détacher l'obturateur. Nous en concluons que, sur une même tranche horizontale, dans un liquide en repos, les pressions sont les mêmes. Si l'obturateur avait un poids précisément égal à celui d'un même volume du liquide, le niveau de la colonne liquide intérieure serait sur le même plan que le niveau du liquide dans le vase ; nous serions alors comme dans le cas des vases communiquants.

50. Mesure de la pression: Appareil de Pascal. — Pour évaluer la pression supportée par l'obturateur, aussi bien dans un sens que dans l'autre, nous aurons recours à un appareil imaginé par Pascal, et modifié par Masson. Il consiste essentiellement en un anneau A (fig. 27), supporté par un trépied, et sur lequel peuvent se visser des vases sans fond (1) (2) (3) de formes différentes. Un disque de verre dépoli, qu'à l'aide d'un fil on peut suspendre à l'un des plateaux de la balance hydrostatique, sert à boucher la partie inférieure de l'anneau, lequel dépasse toujours le bord inférieur du vase sans fond. Suspendons l'obturateur sous l'un des plateaux de la balance, après avoir disposé l'expérience comme l'indique la figure. Dans l'autre plateau mettons de la tare, beaucoup plus qu'il n'en faut pour équilibrer l'obturateur, puis versons de l'eau dans le tube 1 et observons le moment précis où l'obturateur se détache du tube ; un index I, mobile le long de la tige T, nous permettra de fixer la position du niveau de l'eau dans le tube à ce moment. Cela fait, enlevons ce tube, ne laissons que l'obturateur suspendu au plateau de la balance, et cherchons quels sont les poids marqués que nous devons mettre pour rétablir l'équilibre. Ces poids représenteront évidemment la pression supportée par l'obturateur au moment où il s'est séparé du tube.

Nous trouvons, par exemple, 450 grammes. Nous avons pris la précaution de mesurer à l'avance la sec-

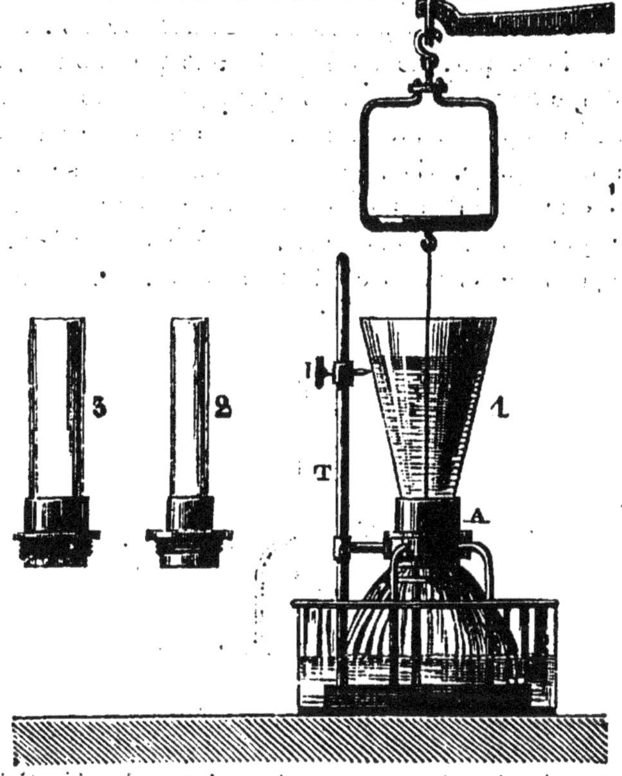

Fig. 27. — Appareil de Pascal modifié par Masson.

tion de l'anneau, qui est, par exemple, de 30 centimètres carrés ; l'index I se trouvait à 15 centimètres au-dessus de l'obturateur, c'est ce que nous avons mesuré dans le cours de l'expérience. Or, 450 grammes est le poids de 450 centimètres cubes d'eau, et 450 centimètres cubes est précisément le volume d'une masse d'eau qui aurait 30 centimètres carrés de base et 15 centimètres de hauteur. Donc, la pression supportée par l'obturateur de la part du liquide qui se trouve au-dessus, est égale au poids d'une masse liquide ayant pour base l'obturateur et pour hauteur la distance [de l'obturateur au niveau du liquide. L'expérience réussit exactement de la même façon, si on emploie l'un des tubes 2 ou 3. Nous devons tirer de là cette conclusion générale, qu'une surface plane, horizontale, placée dans l'intérieur d'un liquide, supporte de la part de ce liquide une pression égale au poids d'une colonne du liquide ayant pour base la surface considérée et pour hauteur la distance de cette surface au niveau du liquide. Comme cette conclusion se vérifie, quelles que soient les dimensions de l'obturateur, il en résulte que les pressions sont les mêmes pour deux portions égales de surfaces en C et en M (fig. 28). Cependant,

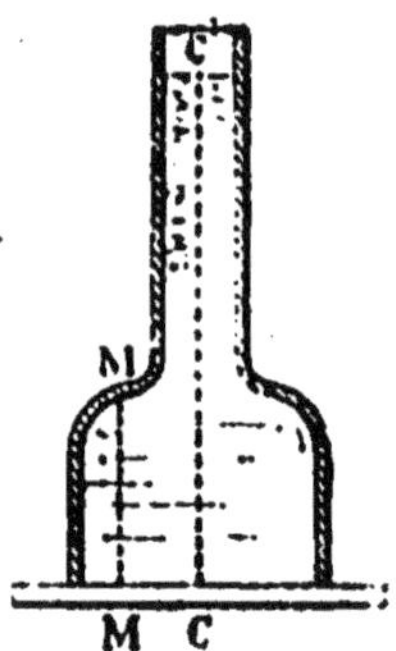

Fig. 28.

au-dessus de C se trouve toute la colonne liquide CC'; et, audessus de M, il n'y a que la colonne beaucoup moindre M M'. Nous avons ainsi une confirmation de ce qui ressort déjà du n° 49, savoir, que la pression en un point quelconque d'un liquide ne dépend que de sa distance verticale au niveau du liquide et non de la quantité du liquide qui se trouve juste au-dessus de lui.

51. Pression en des points situés sur des tranches horizontales différentes. — Considérons, dans un vase renfermant un liquide en repos, une petite surface E (fig. 29) de 1 centimètre carré à 12 centimètres du niveau du liquide, que nous supposons être de l'eau. La pression qu'elle supporte de haut en bas est, d'après ce qui précède, le poids de 12 centimètres cubes d'eau ou de 12 grammes.

Fig. 29. — Pressions à différentes hauteurs.

Supposons une petite surface F de même dimension : si elle est à 18 centimètres du niveau du liquide, la pression supportée par F sera de 18 grammes. Mais, à surfaces égales sur toute la tranche E E' les pressions sont les mêmes; il en est de même pour la tranche F F'. La différence des pressions supportées par F et E est de 6 grammes, c'est-à-dire le poids d'une petite colonne de liquide ayant pour base 1 centimètre carré et pour hauteur la distance des deux plans horizontaux menés par E et par F. — Ce fait peut se vérifier à l'aide du tube à obturateur; si on répète l'expérience du nº 49 en enfonçant le tube à 12 centimètres du niveau, puis à 18 centimètres et que, dans l'un et l'autre cas, on verse de l'eau dans le tube jusqu'à ce que l'obturateur se détache, on reconnaît que, dans le second cas, la colonne liquide est de 6 centimètres plus haute que dans le premier.

En résumé, nous dirons donc : toute surface plane dans l'intérieur d'un liquide supporte des pressions. Si la surface considérée est plane et horizontale, la pression qu'elle supporte est égale au poids d'une colonne du liquide ayant pour base la petite surface considérée et pour hauteur la distance verticale de la surface au niveau du liquide. Sur une même tranche horizontale toutes les surfaces égales supportent des pressions égales. Si les deux surfaces ont des positions quelconques, les pressions supportées ne sont plus les mêmes, la surface inférieure est plus pressée, et la différence des pressions est égale au poids d'une colonne du liquide ayant pour base la surface considérée et pour hauteur la distance verticale des deux plans horizontaux menés par les surfaces considérées.

Si la surface considérée dans l'intérieur du liquide, tout en restant plane, n'est plus horizontale, on évalue la pression qu'elle supporte en prenant le poids d'une colonne du liquide qui auraitpour base cette surface et pour hauteur la distance de son centre au niveau du liquide. Par exemple, si AB (fig. 30) est un petit cercle de 5 centimètres carrés

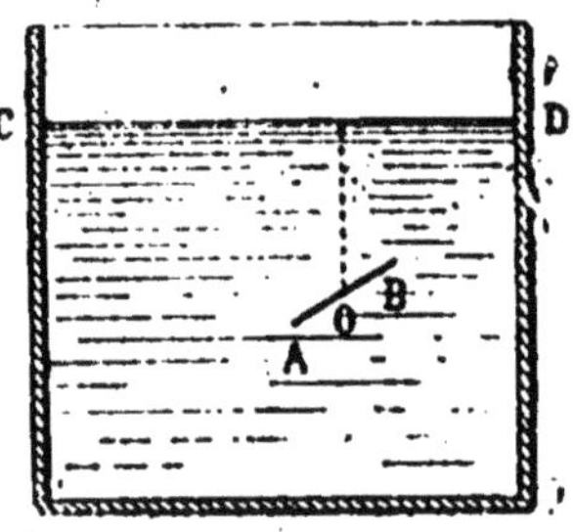

Fig. 30.

de surface et dont le centre O est à 7 centimètres du niveau C D, la pression qu'il supporte, le liquide étant de l'eau, est le poids de $5 \times 7 = 35$ centimètres cubes d'eau ou de 35 grammes.

52. Pressions sur le fond des vases. — D'après ce qui précède, rien de plus simple que d'évaluer la pression supportée par le fond d'un vase que nous supposerons être une surface plane et horizontale: ce sera le poids d'une colonne du liquide ayant pour base le fond du vase et pour hauteur la distance du fond au niveau du liquide. Cet énoncé nous fait entendre que la pression est indépendante de la forme du vase, et que les trois vases 1, 2 et 3 (fig. 31), ayant même fond, supporteront sur leur fond les mêmes pressions, quand la hauteur du liquide sera la même.

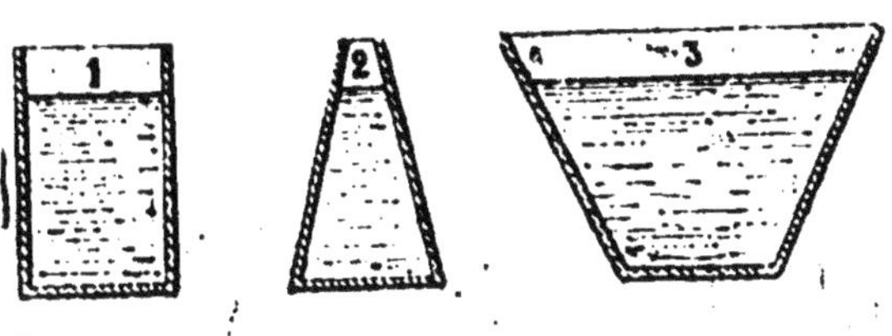

Fig. 31.

C'est précisément ce que nous avons constaté dans l'expérience faite (50) avec l'appareil de Pascal, puisque le poids que nous avons trouvé mesurait exactement la pression supportée par le fond du vase, qui n'était autre que l'obturateur, et que le résultat était le même, quel que fût le vase placé sur l'anneau.

53. Appareil de De Haldat. — Ce fait de la constance de la pression supportée par le fond des vases, quand le fond reste le même ainsi que la distance du fond au niveau du liquide, quelle que soit la forme du vase, se vérifie également au moyen de l'appareil imaginé par de Haldat (1770-1852). Mais, avec cet appareil, on n'obtient pas la valeur de la pression. Il se compose d'un tube à trois branches A D A′ (fig. 32), muni d'une garniture métallique G, sur laquelle on peut visser des vases 1, 2, 3, ouverts aux deux extrémités et de formes différentes. On verse du mercure dans le tube; les niveaux sont sur une même plan horizontal AA′; on visse le tube 1, et on verse de l'eau dans le tube, jusqu'à ce que le niveau vienne toucher la pointe fixe P. Le niveau du mercure s'abaisse de A en B, et s'élève de A′ en B′, de l'autre côté. Un petit anneau de laiton, qui peut se mouvoir le long du tube de gauche, sert à indiquer la position du niveau du mercure dans le tube. Le robinet R permet de faire écouler l'eau du tube (1). On enlève ce tube, on le remplace successivement par les tubes 2 et 3 dans lesquels on verse toujours de l'eau jusqu'à la pointe P demeurée fixe, et dans chaque cas on reconnaît que le mercure, à gauche, s'élève de la même quantité. Dans

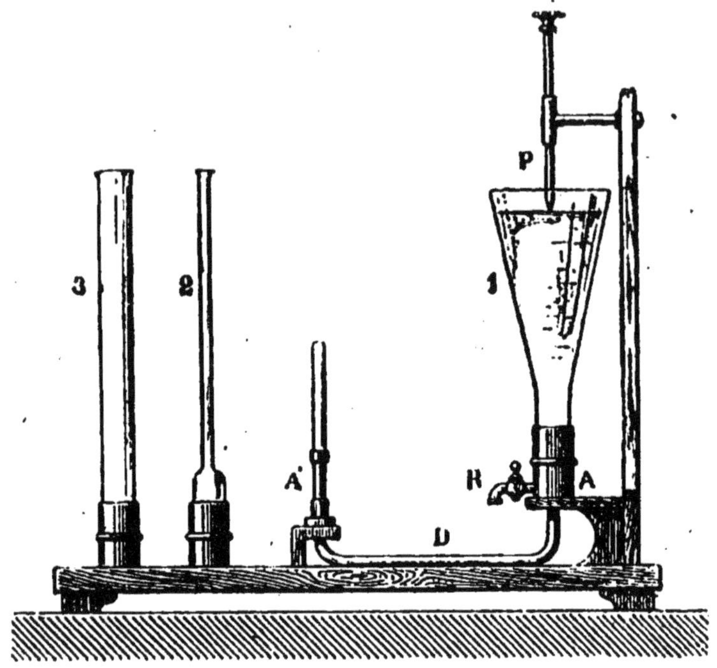

Fig. 32. — Appareil de De Haldat.

ces expériences, le fond du vase est le mercure en B, il est toujours le même ; la hauteur du liquide au-dessus du fond est aussi toujours la même, puisque la pointe P est fixe ; et la pression est bien la même, puisqu'elle fait élever le niveau du mercure en B', de la même quantité.

54. Pressions sur les parois latérales.—La valeur de la pression supportée par une portion plane E F (fig. 33), de paroi latérale, se déduit immédiatement de ce que nous avons vu (51). Cette pression est égale au poids d'une colonne du liquide ayant pour base la portion de paroi considérée, et pour hauteur la distance de son centre C au niveau du liquide ; si E F est un petit carré de 3 centimètres de côté, dont le centre est à 2 centimètres du niveau, la pression sera le poids d'une colonne de liquide de 9 centimètres carrés de base et de 2 centimètres de

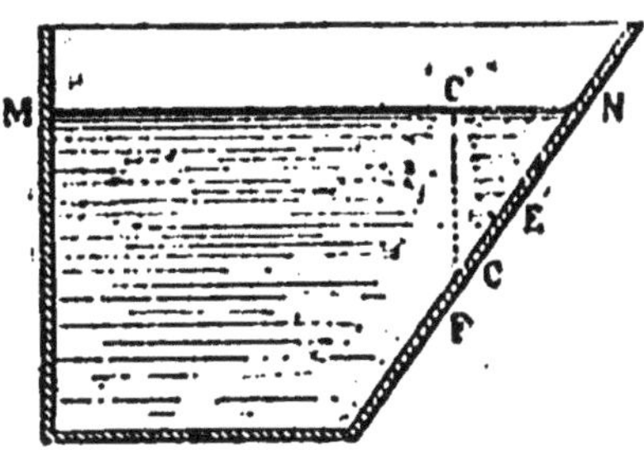

Fig. 33. — Pression sur les parois.

hauteur ou de $9 \times 2 = 18$ centimètres cubes. Le liquide étant l'eau, cette pression sera de 18 grammes. Nous avons vu (48) que cette pression s'exerçait perpendiculairement à la paroi.

Proposons-nous de déterminer la pression supportée par une porte d'écluse. La partie pressée A B C D (fig. 34) est un

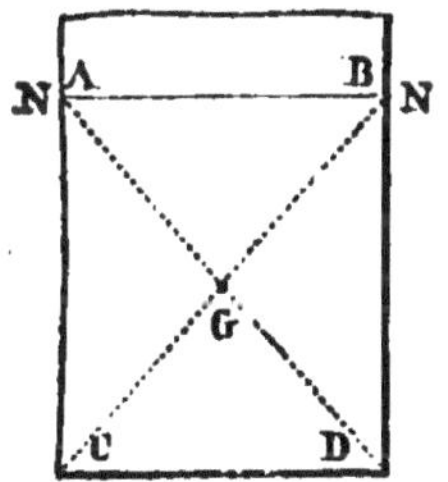

Fig. 34. — Pression sur une paroi plane.

rectangle dont les dimensions sont A C = 4 mètres, A B = 3 mètres, la surface est donc $4 \times 3 = 12$ mètres carrés. Le milieu G, point de rencontre des diagonales, est à 2 mètres du niveau N N'. La pression supportée est donc le poids de $12 \times 2 = 24$ mètres cubes d'eau, ou 24 tonnes, ou 24,000 kilogrammes.

55. Paradoxe hydrostatique.— Prenons les trois vases

(fig. 35) ayant même poids, dont les fonds ont des surfaces égales; remplissons-les du même liquide, à une même

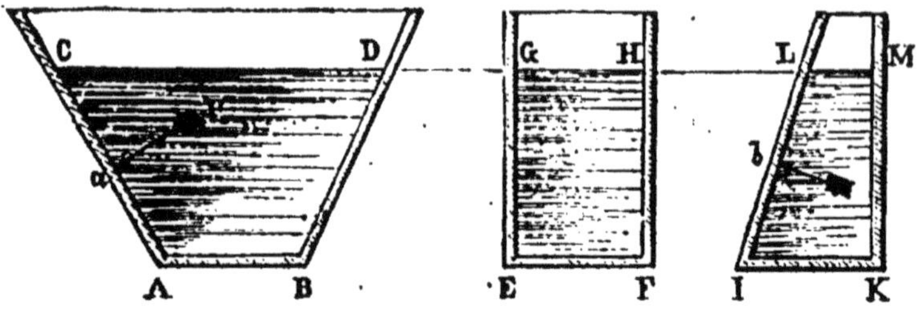

Fig. 35.

hauteur, et plaçons-les successivement sur le même plateau d'une balance: nous reconnaîtrons qu'il faudra des poids différents pour leur faire équilibre, plus grand pour 1 et moindre pour 3; et cependant nous avons vu que les fonds de ces trois vases supportent des pressions égales.

Cette contradiction apparente, connue sous le nom de *Paradoxe hydrostatique*, s'explique aisément : remarquons que, pour le vase I, en un point *a*, la pression P, dirigée normalement à la paroi, a pour effet de pousser le vase de droite à gauche et de haut en bas ; elle produit donc une action qui s'ajoute à la pression supportée par le fond et augmente ainsi la pression transmise au plateau de la balance. Dans le vase 3, la pression normale à la paroi IL, agit pour pousser le vase de droite à gauche et de haut en bas ; elle détruit donc une partie de la pression supportée par le fond du vase. On démontre que, quelle que soit la forme du vase, la résultante de toutes les pressions supportées par les parois de la part du liquide, est juste égale au poids du liquide contenu; c'est ce que l'expérience journalière nous confirme. On peut, dans un cas particulier, s'en rendre compte facilement. Soit un vase AB FEKIDC (fig. 36) rempli de liquide jusqu'en IK : la pression P, supportée par le fond A B, est le poids de la masse liquide représentée par A B G H ; la pression P', supportée par C D dirigée de bas en haut, est le poids de la masse liquide C D G I; la pression P'', supportée par E F, et dirigée aussi de bas en haut, est le poids du liquide E F K H.

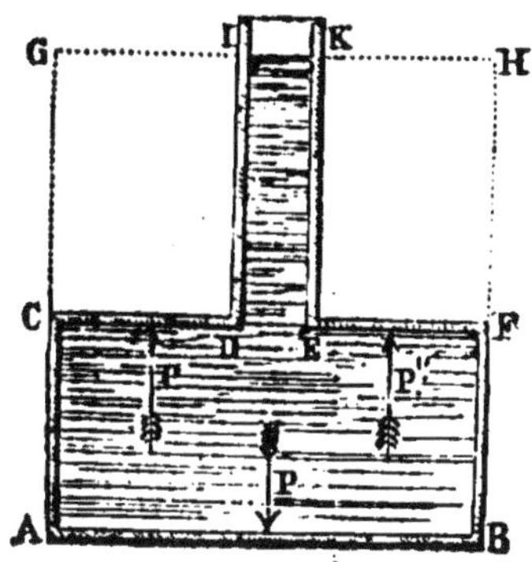

Fig. 36. — Pression totale sur les parois d'un vase.

Nous n'avons pas à nous occuper des pressions sur les parois latérales qui se détruisent deux à deux, puisqu'elles sont égales. L'effet total qu'éprouvera le vase de la part du liquide, sera la pression P dont on retranchera les deux pressions P' et P'', c'est-à-dire une pression égale au poids du liquide A C D I K E F B contenu dans le vase.

56. Tonneau de Pascal. — Considérons un vase (fig. 37) dont le fond ait 1 mètre carré et dont la hauteur A C ait un mètre ; remplissons-le d'eau : la pression que supportera le fond sera le poids de 1 mètre cube d'eau, c'est-à-dire 1000 kilog. Adaptons à la partie supérieure un tube de 10 mètres de long et de 1 centimètre carré de section, que nous remplirons également d'eau : nous n'ajouterons ainsi que 1000 centimètres cubes, c'est-dire 1 litre d'eau dont le poids est de 1 kilog, mais le fond C D supportera maintenant une pression égale au poids d'une colonne d'eau de 1 mètre carré de base et de 11 mètres de haut, c'est-à-dire le poids de 11 mètres cubes d'eau, ou de 11,000 kilog.; nous aurons augmenté la pression sur le fond de 10,000 kilog. Les pressions supportées par les parois latérales deviendront aussi très considérables, et, si le vase n'offre pas une résistance suffisante, il éclatera. Cette expérience est connue sous le nom de *tonneau de Pascal*.

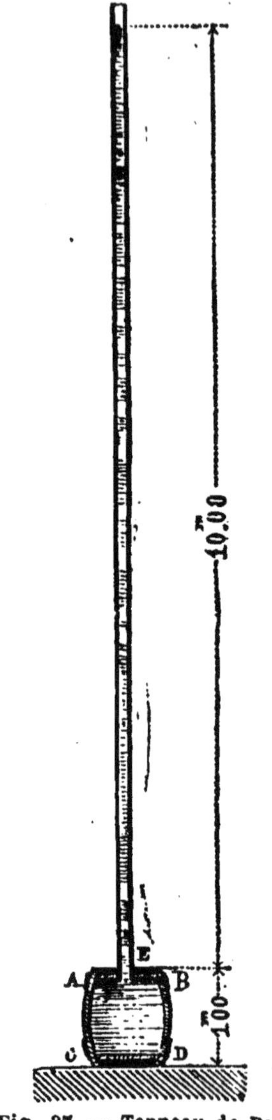

Fig. 37. — Tonneau de Pascal

57. Effets des pressions latérales. — Si l'on prend sur les parois opposées d'un vase A B C D (fig. 38), deux portions MN, M'N' égales et telles que leurs centres soient sur une même horizontale, les deux pressions supportées

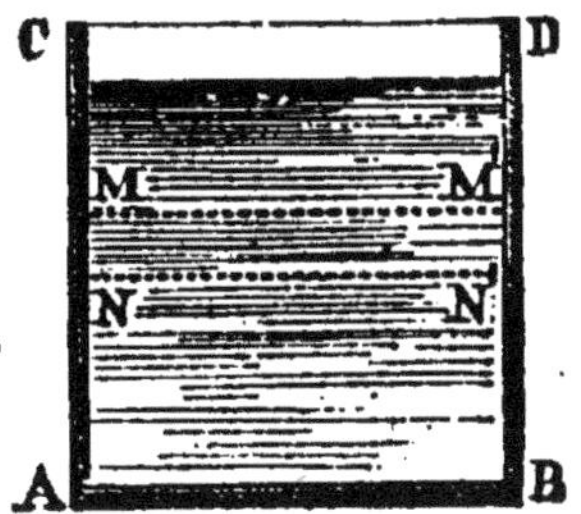

Fig. 38. — Les pressions latérales se font équilibre.

par ces portions de paroi seront égales, et dirigées en sens contraire, elles se feront équilibre. — Cela est vrai, quelle que soit la forme du vase; c'est un fait d'observation journalière.

Qu'on fasse une ouverture en M' N' : le liquide va s'écouler, la pression en M'N' n'existera plus, la pression en M N ne sera plus contrebalancée, et elle aura pour effet de pousser le vase de droite à gauche. Si, dans les circonstances ordinaires, le recul d'un vase d'où s'écoule un liquide ne se produit pas, cela tient au frottement qu'éprouve le vase. Mais qu'on diminue le frottement ou qu'on augmente la mobilité du vase, l'expérience réussit : le vase se

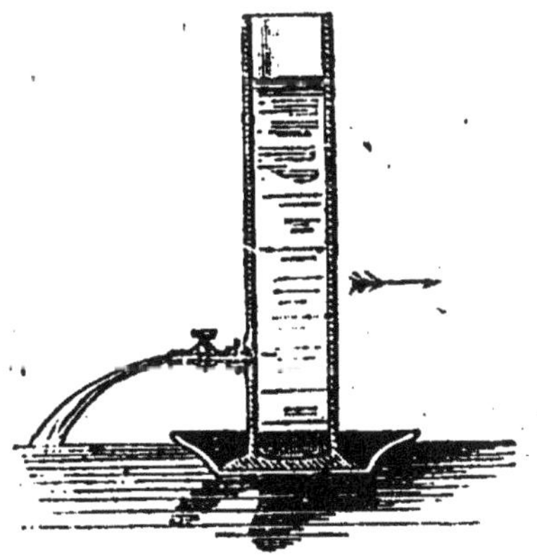

Fig. 39. — Recul produit par l'écoulement.

meut en sens inverse du mouvement du liquide. On y parvient soit en plaçant le vase sur un flotteur (fig. 39) ou sur un petit chariot très-mobile. Le plus souvent on fait usage de l'appareil suivant :

58. Tourniquet hydraulique. — Le *Tourniquet hydraulique* (fig. 40) se compose d'un réservoir disposé de

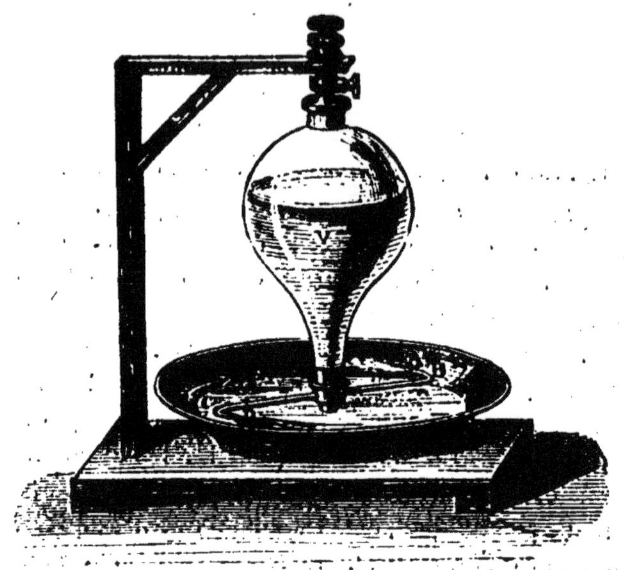

Fig. 40. — Tourniquet hydraulique.

manière à pouvoir tourner autour d'un axe vertical. A la partie inférieure il est muni de deux tubes situés dans un plan horizontal, recourbés à leur extrémité, de manière à représenter un Z allongé (fig. 41). Quand les orifices A et D

Fig. 41. — Tube du Tourniquet hydraulique.

sont fermés, l'appareil reste immobile, les pressions horizontales en A et en B se détruisent, ainsi que celles qui s'exercent en C et en D. Vient-on à ouvrir en A et en C, le liquide s'écoule, et l'appareil tourne dans le sens de la flèche, en vertu des pressions qui continuent à s'exercer en B et en C. — C'est en s'appuyant sur le même principe qu'on explique le recul des armes à feu, l'ascension des fusées, la rotation des soleils d'artifice, etc.

59. Liquides superposés. — Si dans un même vase se trouvent deux liquides inégalement lourds et ne se mélangeant pas, la surface extérieure du liquide est horizontale, comme nous l'avons vu. La surface de séparation des deux liquides doit l'être aussi, car, s'il en était autrement, les deux points M et N (fig. 42) situés sur un même plan ho-

Fig. 42. — La surface de séparation de deux liquides en repos est horizontale.

rizontal, ne supporteraient pas des pressions égales et l'équilibre ne saurait avoir lieu. — La surface de séparation étant horizontale, on pourrait concevoir que le liquide le plus lourd se trouvât à la partie supérieure; dans ce cas, sur une même tranche horizontale, dans l'un et l'autre liquide, les pressions seraient les mêmes; mais on n'aurait ainsi qu'un équilibre instable; aussi les liquides se placent-ils toujours de manière que le plus lourd soit à la partie inférieure, le plus léger par-dessus. — Nous en avons un exemple dans les veilleuses où l'huile est au-dessus de l'eau. La fiole des quatre éléments qui renferme du mercure, de l'eau et de l'huile en est un autre exemple. Si on l'agite, les liquides se mélangent, et au repos ils se disposent, le mercure en bas, puis l'eau, puis l'huile et au-dessus l'air.

60. Vases communiquants. — Nous avons vu (46) que dans deux vases communiquants qui renferment un même liquide, le niveau, dans l'un et l'autre vase, est sur une même plan horizontal : c'était pour nous un fait d'observation immédiate, nous pouvons maintenant le rattacher à l'ensemble des expériences faites sur les pressions exercées par les liquides. Considérons les deux vases communiquants A et B (fig. 43), renfermant un même liquide.

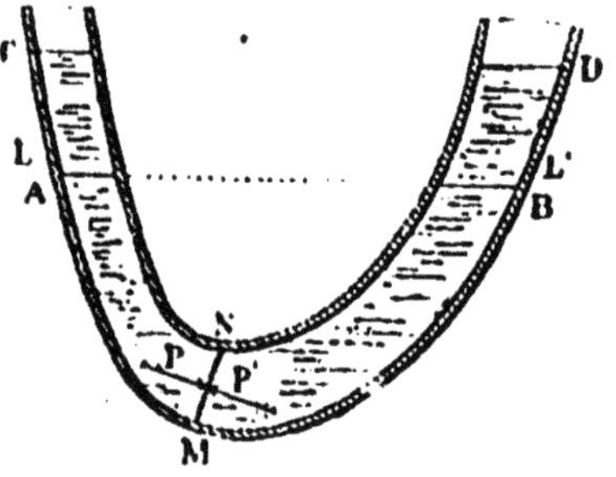

Fig. 43. — Vases communiquants.

Considérons en MN une tranche liquide : elle est pressée de gauche à droite, et de droite à gauche, et, puisqu'elle est en équilibre, ces deux pressions doivent être égales. Or, la pression de gauche P, due au liquide du vase A, est égale au poids d'une colonne du liquide ayant pour base la surface b de la tranche considérée, et pour hauteur la distance verticale h de son centre au niveau du liquide C, c'est-à-dire $b h d$, si nous appelons d le poids de l'unité de volume du liquide. La pression P', de droite, due au liquide du vase B, est égale au poids d'une colonne du liquide ayant pour base la surface b de la tranche considérée, et pour hauteur la distance verticale h' de son centre au niveau du liquide, c'est-à-dire $bh'd$. On doit donc avoir : $bhd = bh'd$, d'où $h = h'$.

Si l'on imagine une section horizontale L L', menée dans les deux vases, les pressions supportées par deux tranches égales S et S' sont les mêmes, puisqu'elles sont à égale distance des niveaux, C et D. En d'autres termes, nous retrouvons pour les vases communiquants le fait de l'égalité de pression sur une même tranche horizontale (49). La vérification de ce principe se fait au moyen de l'appareil ci-contre (fig. 44). Il se compose d'un vase A, muni

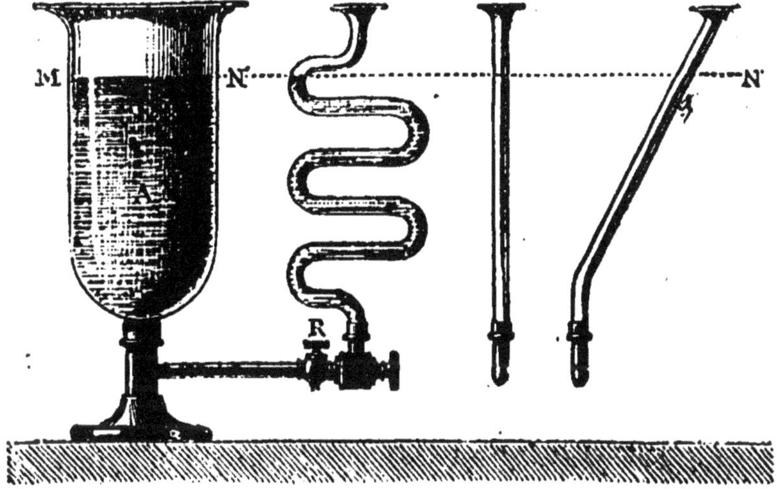

Fig. 44. — Appareil des vases communiquants.

d'un tube sur lequel peuvent s'adapter des tubes de formes différentes ; le robinet R étant ouvert, on voit le liquide arriver dans chacun des tubes sur le plan horizontal M N.

61. Vases communiquants renfermant des liquides différents. — Dans deux vases communiquants où se trouvent deux liquides différents, les hauteurs des colonnes liquides qui se font équilibre sont en raison inverse de leurs poids spécifiques, le poids spécifique d'un corps étant le poids de ce corps sous l'unité de volume (voir 72). — Considérons les deux vases communiquants M et M′ (fig. 45) renfermant du mercure de B en C, et de l'eau de

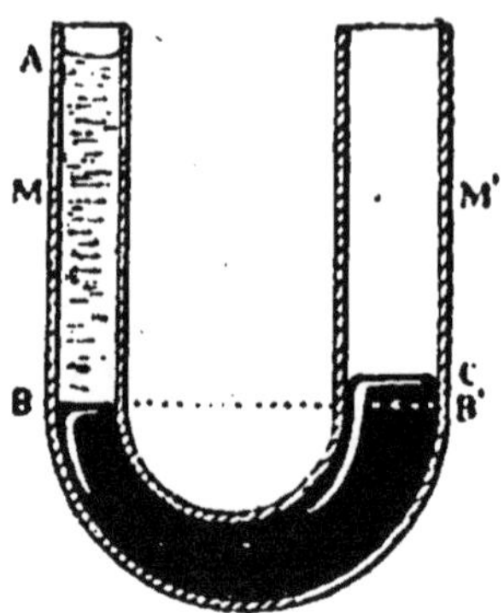

Fig. 45. — Vases communiquants renfermant deux liquides.

B en A. Si, par la surface de séparation B, nous menons un plan horizontal B B′, tous les points de ce plan supporteront des pressions égales dans l'un et l'autre tube. Prenons, à gauche et à droite, deux petites surfaces égales b et évaluons les pressions qu'elles supportent : à gauche, si la distance verticale AB $= h$, et si d est le poids spécifique de l'eau, la pression est bhd ; à droite, si h' est la distance verticale B′C, et d' le poids spécifique du mercure, la pression est $bh'd'$ d'où $bhd = bh'd'$ et $hd = h'd'$ ou $\frac{h}{h'} = \frac{d'}{d}$. Dans le cas de l'eau et du mercure $d = 1$, $d' = 13{,}6$ donc $\frac{h}{h'} = \frac{13{,}6}{1}$, c'est-à-dire que la colonne d'eau est 13,6 fois plus haute que la colonne de mercure. On vérifie ce résultat en employant deux vases communiquants fixés l'un et l'autre le long d'une règle divisée.

62. Applications. — Jets d'eau. — Puits artésiens. — Les applications qui reposent sur les vases communiquants sont très nombreuses ; nous en citerons quelques-unes. Pour distribuer l'eau dans les différents quartiers d'une ville, on établit en certains points des réservoirs R (fig. 46), d'où partent des tubes qui se rendent aux

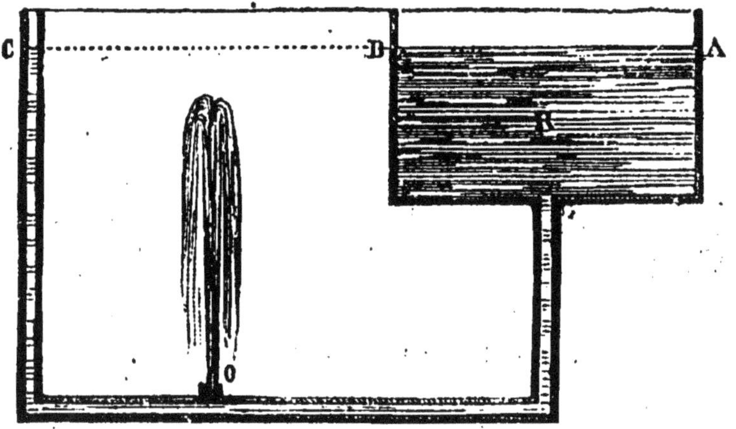

Fig. 46. — Vases communiquants. — Jet d'eau.

points voulus : l'eau du réservoir se répand dans tous les tubes ; mais elle ne peut s'élever au-dessus du niveau A B du réservoir. Si, en un point O du canal, on fait une ouverture, l'eau jaillit, tend à s'élever jusqu'au niveau A B C ; mais, à cause de la résistance de l'air, elle ne peut atteindre cette hauteur : ce qui nous explique que la hauteur d'un jet d'eau est toujours inférieure à celle de l'eau dans le réservoir. Les gouttes d'eau qui retombent peuvent aussi empêcher le jet d'eau de s'élever autant qu'il le devrait.

La croûte terrestre est, comme on sait, composée de couches de nature différente. Parmi ces couches quelques-unes sont imperméables à l'eau : ce sont les couches d'argile A, A (fig. 47) ; d'autres se laissent traverser par ce liquide. Supposons qu'une couche perméable soit comprise entre deux couches d'argile ; que ces couches se relèvent comme l'indique la figure et qu'elles viennent aboutir à un réservoir d'eau naturel : l'eau pénétrera dans la couche perméable et donnera lieu à une nappe souterraine E. Si l'on perce le sol en M et en N et qu'on y installe des tubes, l'eau se mettra dans chacun d'eux au même niveau qu'en L. En N, nous aurons un puits dans

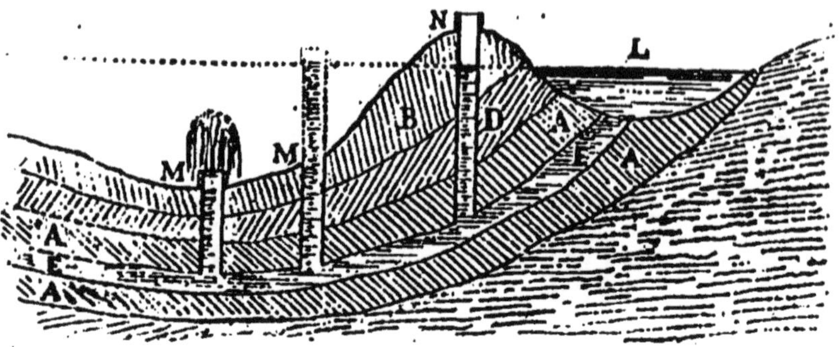

Fig. 47. — Puits artésien. — Puits absorbant.

equel le niveau de l'eau sera au-dessous du sol, c'est le cas du plus grand nombre de nos puits; en M, nous aurons un puits jaillissant, c'est ce que l'on appelle un puits *artésien*, parce que les premiers de ces puits ont été creusés en Artois au XIIe siècle. Ces puits se multiplient de plus en plus, l'eau provient de profondeurs considérables, et elle a une température plus ou moins élevée. Le puits de Grenelle, dont la profondeur est de 548 mètres, débite 800 mètres cubes d'eau par jour à la température de 28°. Le puits de Passy a une profondeur de 586 mètres et donne 1,700 mètres cubes d'eau par jour à la même température de 28°.

63. Niveau d'eau.— Le niveau d'eau (fig. 48) se compose d'un tube de métal, recourbé à angle droit à ses deux extrémités, où l'on a adapté deux fioles de verre. Quand on met du liquide dans l'appareil, le niveau dans l'une et l'autre branche se place sur un même plan horizontal. — Cet instrument sert, dans les nivellements, à déterminer la différence de hauteur verticale de deux points donnés. On fait usage d'une mire (fig. 49), qui consiste en une règle divisée R, le long de laquelle peut glisser une plaque M N. Veut-on savoir la différence de niveau des deux points A et B (fig. 50), entre les deux on installe sur un trépied le niveau d'eau, de manière que les surfaces liquides apparais-

Fig. 48. — Niveau d'eau.

sent dans les deux fioles, en E et en F.; un observateur se place en E; la règle étant installée en A, il fait élever la mire

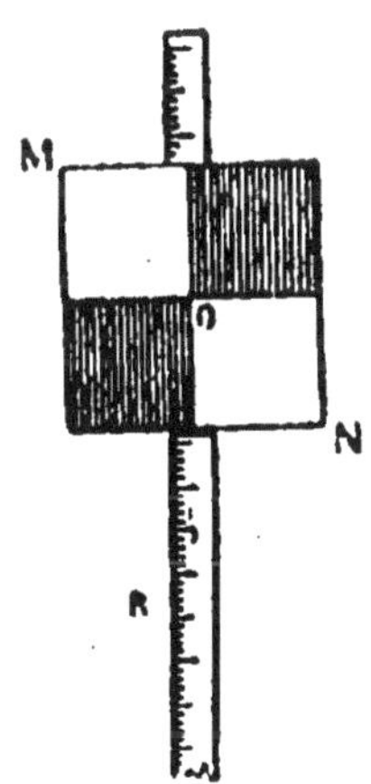

Fig. 49. — Mire.

jusqu'à ce qu'il aperçoive le point O, centre de la mire dans le plan horizontal E F. On lit alors sur la règle la distance A O, soit 2^{m},25 ; puis, sans déranger le niveau, on transporte la mire en B, et l'observateur se plaçant en F, fait amener la mire de manière que son centre se trouve encore dans le plan horizontal F E. La distance D B = 0,80 est

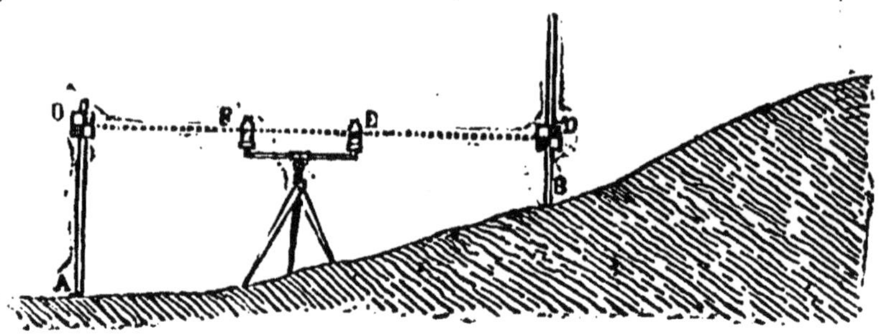

Fig. 50. — Niveau d'eau. — Mesure d'une différence de niveau.

lue comme précédemment, et la différence 2,25 — 0,80 = 1,45 représente de combien le point B se trouve au-dessus du point A.

EXERCICES.

1. Un vase cylindrique, de 4 centimètres de rayon, renferme de l'alcool à une hauteur de 15 centimètres. Quelle est la pression que supporte le fond du vase, sachant que le poids spécifique de l'alcool est 0,792?

2. Un vase prismatique a pour fond un rectangle dont les côtés ont 5 et 7 centimètres et renferme du mercure dont le poids spécifique est 13, 6. On demande jusqu'à quelle hauteur s'élève le mercure, sachant que la pression supportée par le fond est de 12 kilogrammes.

3. Un vase cylindrique renferme du mercure et de l'eau : la hauteur du mercure est 3 centimètres, celle de l'eau 12 centimètres et le rayon du cylindre est de 1 décimètre. Quelle est la pression supportée par le fond du vase ?

4. Une vanne rectangulaire est plongée verticalement dans l'eau : elle a $1^{m},25$ de large et $1^{m}60$ de hauteur ; elle supporte une pression totale de 1,225 kilogram-

mes. A quelle distance le niveau de l'eau se trouve-t-il de son bord supérieur ?

5. Un vase qui a une de ses parois plane, renferme du mercure et au-dessus de l'huile : la hauteur du mercure est de 5 centimètres, celle de l'huile de 12 centimètres. Quelle est la pression suppportée par la paroi qui a 7 centimètres de largeur ? Le poids spécifique du mercure est 13,6 celui de l'huile 0,915.

6. Un cylindre ayant 1 centimètre carré de base et 1 centimètre de hauteur est surmonté d'un tube vertical de 1 millimètre carré de section intérieure, complètement rempli d'eau ; la pression sur le fond du cylindre est 1,000 fois plus grande que le poids total de l'eau. Quelle est la hauteur du tube ?

7. Deux colonnes de liquides différents se font équilibre dans deux vases communiquants ; l'un des liquide est du mercure et sa longueur est $0^m,175$; l'autre liquide a une hauteur de $1^m,42$. On demande le poids spécifique de ce dernier liquide, sachant que celui du mercure est de 13, 6.

8. Un tube à deux branches bien calibrées, renferme du mercure ; on verse dans la branche de gauche de l'essence de térébenthine, qui occupe une longueur de $0^m,625$. De quelle quantité s'élèvera le niveau du mercure dans l'autre branche ? Le poids spécifique du mercure est 13,6 ; celui de l'essence de térébenthine est de 0,87.

CHAPITRE VI.

PRINCIPE D'ARCHIMÈDE.

64. Énoncé du principe d'Archimède. — Les liquides exercent des pressions sur les corps qui y sont plongés. Une expérience bien simple le prouve. A l'extrémité d'un tube, on adapte une petite vessie, on remplit de liquide coloré la vessie et une partie du tube, et on note, à l'aide d'un index, la position du niveau dans le tube. On la plonge dans l'eau, et on voit le niveau du liquide s'élever dans le tube, comme si on pressait la vessie avec la main. — Le tube à obturateur, précédemment employé (48), nous a montré l'existence d'une pression sur les corps plongés dans les liquides. On sait également qu'un corps pèse moins dans un liquide que dans l'air.

Archimède (287 av. J.-C. — 212 av. J.-C.) a formulé les effets de ces pressions de la manière suivante : *Tout corps plongé dans un liquide éprouve une poussée verticale dirigée de bas en haut, égale au poids du volume liquide déplacé.* .

65. Vérification expérimentale. — Pour démontrer expérimentalement ce principe, on se sert de deux cylindres de laiton A et B (fig. 51) : l'un A est creux, l'autre plein. Le volume extérieur du cylindre plein est juste égal au volume intérieur du cylindre creux. On suspend ces deux cylindres sous l'un des deux plateaux de la balance hydrostatique, le cylindre plein étant au-dessous du

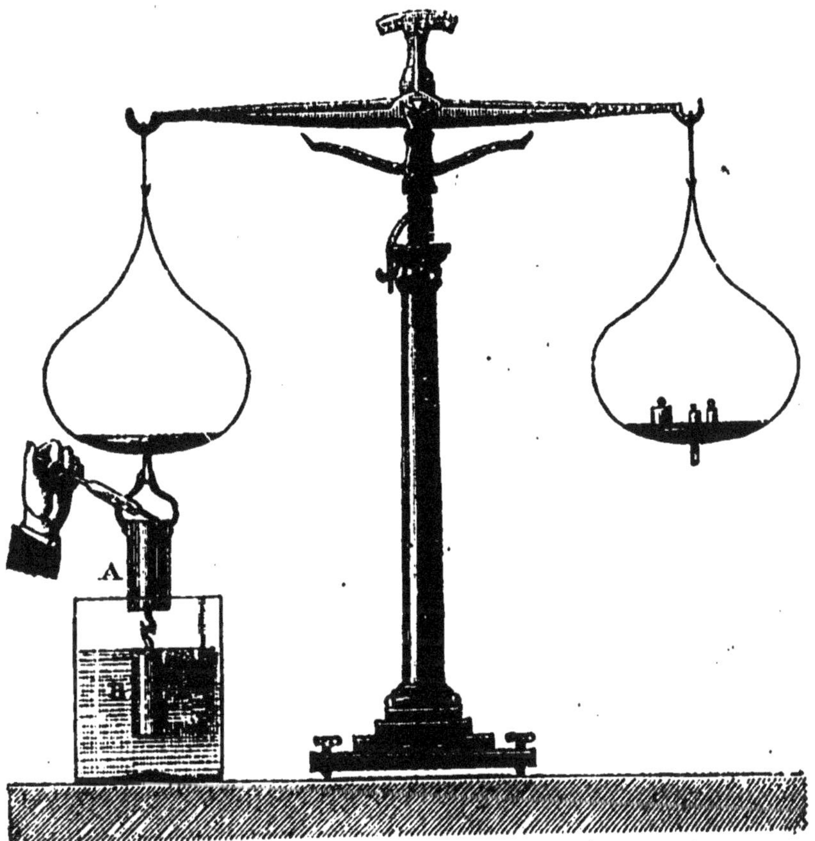

Fig. 51. — Vérification expérimentale du principe d'Archimède.

cylindre creux; on leur fait équilibre avec de la tare placée dans l'autre plateau. On fait alors plonger le cylindre plein dans un vase rempli d'eau; pour cela on fait descendre le fléau de la balance, ou on soulève un vase plein d'eau au-dessous du cylindre B: l'équilibre est rompu au profit de la tare, donc le cylindre a perdu de son poids. Si l'on remplit alors le cylindre creux d'eau, l'équilibre se rétablit; donc la perte de poids était égale au poids de l'eau qu'on a mise dans le cylindre creux, c'est-à-dire au.

poids d'un volume d'eau égal au volume liquide déplacé. Il est essentiel, quand on fait cette expérience, que le cylindre plein plonge entièrement dans l'eau.

66. Augmentation de poids du vase où plonge le corps. — Si le vase plein d'eau, dans lequel on fait plonger le cylindre plein, est posé sur le plateau d'une seconde balance et qu'on lui ait fait tout d'abord équilibre avec de la tare, on voit que, dès l'instant où le cylindre plein plonge dans l'eau, l'équilibre est détruit au profit du vase. Si l'on prend dans ce vase l'eau qu'on doit verser dans le cylindre creux, on reconnaît, après avoir rempli le cylindre creux, que l'équilibre est rétabli à la fois dans l'une et l'autre balance. Donc, quand on plonge un corps quelconque à l'intérieur d'un liquide contenu dans un vase, il y a pour l'ensemble du vase et du liquide une augmentation de poids, et cette augmentation de poids est précisément égale à la perte de poids qu'a éprouvée le corps plongé.

67. Explication de la perte de poids du corps plongé et de l'augmentation du poids du vase. — On peut, dans un cas simple, expliquer pourquoi la perte de poids qu'un corps éprouve par suite de son immersion dans un liquide, est égale au poids du volume liquide déplacé.

Prenons un cube A B C D de 5 centimètres de côté, et plongeons-le dans l'eau comme l'indique la figure (fig. 52). A B est à 2 centimètres du niveau M N; C D est à 7 centimètres du même niveau; toutes les faces sont pressées par le liquide. Or, les pressions sur les faces verticales, comme A C et B D sont égales entre elles et opposées l'une à l'autre : elles se détruisent donc deux à deux. La pression sur A B est le poids d'une colonne d'eau de 25 centimètres carrés de base et de 2 centimètres de hauteur : elle est dirigée de haut en bas. La pression sur C D est le poids d'une colonne d'eau de 25 centimètres carrés de base et de 7 centimètres de hauteur : elle est dirigée de bas en haut. La différence de ces deux pressions, qui est en dé-

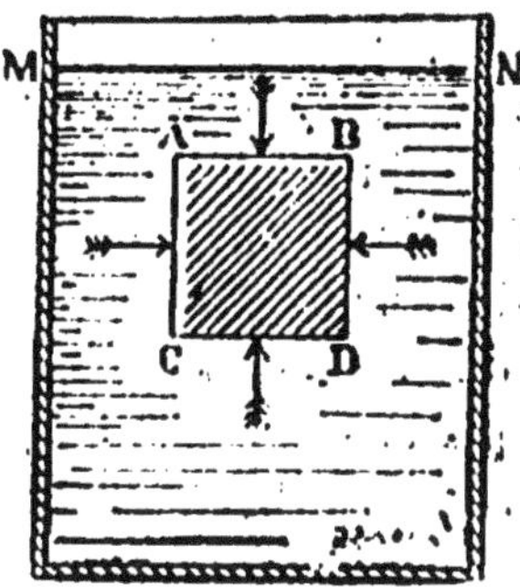

Fig. 52. — Pressions supportées par un corps plongé dans un liquide.

finitive ce qu'éprouve le corps de la part du liquide et qu'on appelle la *poussée* est le poids d'une colonne liquide qui a 25 centimètres carrés de base et dont la hauteur est la différence 7 — 2 = 5 centimètres. C'est, comme on voit, le poids de 25 × 5 centimètres cubes d'eau, ou d'un cube d'eau précisément égal au volume du corps.

Remarquons qu'en introduisant le cube dans le vase, nous faisons élever le niveau M N, précisément comme si nous avions introduit un volume de liquide égal au volume du corps; les pressions sur les parois sont donc modifiées, comme si nous avions introduit ce liquide. Or, nous avons vu (55) que la résultante de toutes les pressions supportées par les parois d'un vase est égale au poids du liquide contenu; nous avons donc augmenté, en plongeant le solide, le poids du vase d'une quantité égale au poids du liquide déplacé, ce que nous a indiqué l'expérience (66).

68. Conséquences du principe d'Archimède. — Tout corps plongé dans un liquide se trouve donc soumis à deux forces : 1° son poids, dirigé de haut en bas; 2° la poussée exercée par le liquide, dirigée de bas en haut et égale au poids du liquide déplacé.

Il peut se présenter trois cas :

1° Le poids P est plus grand que la poussée P′. Dans ce cas, le corps tombe au fond du liquide, mais moins vite que dans le vide, puisque la force qui agit sur lui, $P-P'$, est moindre que son poids. Il en sera ainsi lorsque le poids spécifique D du solide sera supérieur au poids spécifique D′ du liquide; car, le poids spécifique d'un corps étant le poids de l'unité de volume de ce corps (voir **72**), le poids du volume V du solide est $P = VD$, et la poussée, ou le poids du volume V du liquide déplacé, est $P' = VD'$. Si donc on a $P > P'$, il en résulte : $VD > VD'$ et $D > D'$;

2° Le poids est égal à la poussée : $P = P'$ ou $VD = VD'$ et $D = D'$. Dans ce cas, le corps restera en équilibre dans le liquide, pourvu que les deux forces soient dirigées dans le prolongement l'une de l'autre;

3° Le poids est moindre que la poussée, $P < P'$; alors $VD < VD'$ et $D < D'$; c'est-à-dire que le poids spécifique du solide est moindre que celui du liquide. Le corps étant plus poussé de bas en haut qu'il n'est tiré de haut en bas, remonte et sort en partie du liquide; il reste en équilibre lorsque le poids du volume V′ du liquide qu'il déplace est précisément égal au poids du corps solide : on a un corps *flottant*. Dans ce cas, on a : $V'D' = VD$, d'où $\frac{V'}{V} = \frac{D}{D'}$; c'est-à-dire que la portion du volume qui plonge est au volume total comme le poids spécifique du solide est à celui du liquide. — Le corps *flotte* et la relation que nous venons de trouver est une des conditions d'équilibre des corps flottants. Il faut, de plus, pour l'équilibre, que les deux forces auxquelles le corps est soumis soient dans le prolongement l'une de l'autre.

69. Ludion. — Le *Ludion*, imaginé par Otto de Guéricke (1602-1686), permet de vérifier les différents cas que nous venons d'étudier. Il se compose d'une boule creuse de verre B (fig. 53), percée d'un trou O à sa partie inférieure, et munie d'un crochet auquel on suspend une petite figurine en émail. On introduit dans la boule une certaine quantité de liquide, de manière que l'appareil (la boule et la figu-

Fig. 53. — Boule de Ludion.

rine) étant placé dans une éprouvette à pied, pleine d'eau (fig. 53 *bis*), elle y flotte en restant presque entièrement

Fig. 53 *bis*. — Ludion.

plongée. L'éprouvette est fermée à la partie supérieure par une membrane. Si l'on presse sur la membrane, la pression, se transmettant au liquide, fait entrer un peu plus d'eau dans la boule, son poids est ainsi augmenté, tandis que la poussée est à peine changée; la boule descend donc au fond de l'éprouvette. Si l'on cesse de presser la membrane, l'air qui est resté dans la boule chasse un peu de l'eau qu'elle renferme, le poids de la boule est diminué, et la poussée la fait remonter à la partie supérieure. On peut, en réglant la pression sur la membrane, maintenir dans la boule une quantité d'eau telle que le poids de l'appareil tout entier soit égal au poids du liquide déplacé, et alors le ludion reste en équilibre au milieu de l'éprouvette ; mais c'est un équilibre instable.

70. Navires. — Les bateaux flottent à la surface de l'eau, parce que leur poids total est moindre que celui d'un égal volume d'eau. La quantité dont ils s'enfoncent est telle que le poids du volume d'eau déplacé est juste égal au poids total du vaisseau ; si l'on vient à augmenter leur charge ils doivent déplacer un plus grand volume d'eau. Nous les voyons en effet s'enfonçer ou sortir de l'eau, si l'on augmente leur charge ou si on la diminue. Un vaisseau qui passe de l'eau douce dans l'eau de mer s'enfonce un peu moins par ce que le poids spécifique de l'eau de mer est un peu supérieur à celui de l'eau douce, et que le volume d'eau de mer qui pèsera autant que le vaisseau, sera un peu moindre que le volume d'eau douce qui avait le même poids.

Les ceintures de sauvetage qui nous font flotter sur l'eau, sont encore des applications du principe d'Archimède.

71. Détermination du volume d'un corps. — Le principe d'Archimède permet de déterminer facilement le volume d'un corps quel qu'il soit. On suspend ce corps à l'aide d'un fil sous l'un des plateaux de la balance hydrostatique, et on lui fait équilibre avec de la tare placée dans l'autre plateau. On fait alors plonger le corps dans un vase plein d'eau : l'équilibre est détruit au profit de la tare : Pour le rétablir, il faut placer dans le plateau au-dessous duquel se trouve suspendu ce corps, des poids marqués, 425 grammes par exemple, qui représentent la valeur de la poussée supportée par le corps ; or cette poussée est égale au poids du volume d'eau déplacé, puisqu'elle est de 425 grammes, le volume de l'eau, et par conséquent celui du corps, est de 425 centimètres cubes.

CHAPITRE VII.

POIDS SPÉCIFIQUES

72. Définition du poids spécifique, de la densité. — On appelle *poids spécifique* d'un corps le poids de l'unité de volume de ce corps; ainsi le poids spécifique du cuivre est 8,8, cela veut dire que 1 centimètre cube de cuivre pèse 8g,8. Nous avons déjà fait usage de cette définition (**61-67**). Comme on a pris pour unité de poids le poids de l'unité de volume de l'eau, 1 gramme est le poids de 1 centimètre cube d'eau; le poids spécifique de l'eau est donc 1. La densité d'un corps en physique est le rapport du poids d'un certain volume de ce corps au poids du même volume d'un corps pris comme terme de comparaison. On rapporte la densité des corps solides et des corps liquides à l'eau et les nombres qui représentent ces densités indiquent combien de fois un corps pèse plus que l'eau sous le même volume. Si un corps a pour densité 7, c'est qu'à volume égal il pèse 7 fois plus que l'eau, comme 1 centimètre cube d'eau pèse 1 gramme, 1 centimètre cube du corps pèse 7 grammes; nous voyons donc que le nombre qui représente la densité pour les solides et pour les liquides, représente aussi le poids spécifique : cela nous explique pourquoi ces deux expressions sont souvent prises l'une à la place de l'autre, et il nous arrivera de les employer indistinctement à l'égard des solides et des liquides.

Si l'on connaît le volume d'un corps et son poids spécifique, il est facile d'avoir le poids du corps. Soit un corps ayant pour poids spécifique 7,8, et dont le volume est de 35 décimètres cubes. Chaque décimètre cube pèse 7^{k},8, donc les 35 décimètres pèseront 7,8 × 35 = 273 kilogrammes.

Donc, pour trouver le poids d'un corps quand on connaît son volume et son poids spécifique, il faut multiplier le volume par le poids spécifique.

Si nous partons de la définition de la densité, nous arrivons au même résultat; la densité d'un corps solide étant 7,8, 1 décimètre cube du corps pèse 7,8 fois plus qu'un décimètre cube d'eau; mais un décimètre cube d'eau pèse 1^{k}, donc 1 décimètre cube du corps pèse 7^{k},8 et 35 décimètres cubes pèsent 7,8 × 35 = 273 kilogrammes.

Si donc on représente par V le volume d'un corps solide ou liquide, par D son poids spécifique ou sa densité, puisque nous venons de voir que ces deux quantités sont représentées par le même nombre, et par P le poids du volume V, on a la formule $P = VD$. On a l'habitude de rapporter la densité des gaz à l'air; pour ces corps, le poids spécifique n'est donc pas égal à la densité, de sorte que la formule $P = VD$ n'est plus vraie si D représente la densité d'un gaz. Dans cette formule, faisons remarquer que si V est exprimé en centimètres cubes, P est exprimé en grammes; si V est un nombre de décimètres cubes, P est un nombre de kilogrammes.

A l'aide de cette formule, on peut résoudre plusieurs questions; nous en citerons encore une : Quel est le volume de la masse de cuivre qui pèse 440 grammes? Le poids spécifique du cuivre étant 8,8, le volume est donné par le quotient $\frac{440}{8,8} = 50$ centimètres cubes. Nous avons ici des centimètres cubes, puisque le poids est donné en grammes, et que 1 centimètre cube de cuivre pèse 8^{gr},8.

78. Détermination des poids spécifiques ou densités. — Les procédés employés sont : 1° la méthode du flacon; 2° la méthode de la balance hydrostatique; 3° les aréomètres. Dans chacune de ces méthodes, nous verrons successivement ce qui a rapport aux solides, puis aux liquides. On suppose toujours que les corps sont pris à zéro et l'eau à 4°, puisque c'est à cette température que 1 centimètre cube d'eau pèse 1 gramme. Cette double condition est difficile à réaliser dans les expériences, elle est même impossible dans certains cas; on fait l'expérience à une température connue, et on corrige ensuite le résultat obtenu pour le ramener à ce qu'il serait dans les conditions indiquées ci-dessus.

74. Méthode du flacon. — La méthode du flacon, qui est la plus sûre de toutes, est due à Klaproth, savant allemand (1743-1817). On fait usage de flacons en verre bouchés à l'émeri, afin que le volume intérieur soit toujours le même.

1° *Solides.* Les flacons employés pour les solides ont un goulot assez large, ils ont une des formes indiquées dans

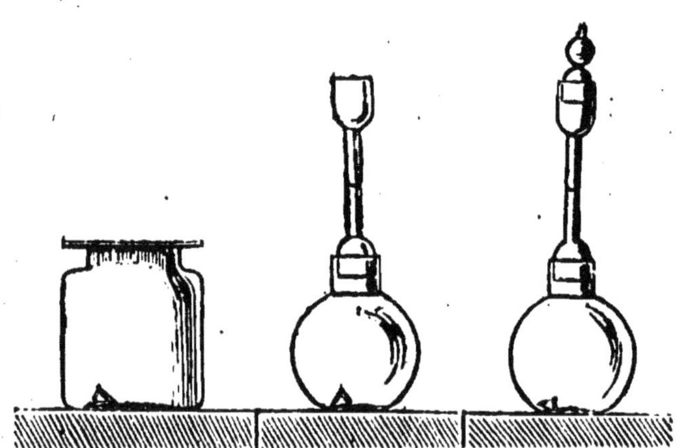

Fig. 51. — Flacons à densité.

la figure 51. Proposons-nous de déterminer la densité du cuivre. Dans un des plateaux de la balance, on place le cuivre et le flacon plein d'eau; on leur fait équilibre de l'autre côté avec de la tare: on enlève le cuivre; les poids marqués $P = 56^{gr},82$, qu'on est obligé de mettre à sa place pour rétablir l'équilibre, représentent le poids du corps (38). On retire les poids marqués: on introduit alors dans le flacon le cuivre, qui en fait sortir un volume d'eau égal au sien. Après avoir bien essuyé le flacon, on le replace sur le plateau de la balance; les poids $P' = 6^{gr},415$, que l'on met dans le même plateau pour rétablir l'équilibre, représentent le poids de l'eau qui est sortie : cette eau, qui pèse $6^{gr},415$, a pour volume $6^{cc},415$. Le cuivre a le même volume. Si donc $6^{cc},415$ de cuivre pèsent $56^{gr},82$, le poids de 1 centimètre cube de cuivre s'obtient en divisant $56^{gr}82$ par 6,415.

Le poids spécifique du cuivre ou sa densité est donc

$$\frac{P}{P'} = \frac{56,82}{6,415} = 8,85.$$

Ce procédé peut être employé pour les corps en poudre et pour les corps moins denses que l'eau, qui, maintenus dans le flacon par le bouchon, en feront bien sortir un volume d'eau égal au leur.

2° *Liquides.* Les flacons dont on se sert pour la recherche de la densité des liquides (fig. 55) ont ordinairement la forme indiquée par Regnault (1810-1878) ; un trait *a*, marqué sur la partie étranglée du tube, permet de remplir toujours le flacon jusqu'en ce point, à la température de la glace fondante. Le bouchon s'oppose au départ des vapeurs des liquides volatils pendant les pesées.

Pour trouver la densité de l'alcool, on remplit le flacon d'alcool jusqu'au trait marqué, et après l'avoir mis dans l'un des plateaux d'une balance, on lui fait équilibre avec de la tare. On enlève le flacon, on le vide, on le dessèche bien, puis on le replace vide sur le plateau. Le poids $P = 9^{gr},59$ qu'il faut ajouter du côté du flacon pour rétablir l'équilibre est égal au poids de l'alcool qui se trouvait dans le flacon. On recommence la même opération avec de l'eau : le flacon étant plein d'eau jusqu'au trait *a*, est placé dans l'un des plateaux de la balance et taré, puis le flacon vidé et séché est replacé dans le même plateau avec des

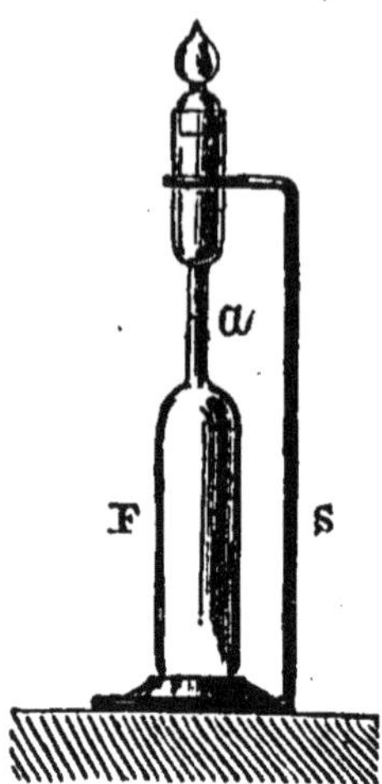

Fig. 55. — Flacon à densité pour les liquides.

poids $P' = 11^{gr},834$, qui représentent le poids de l'eau, contenue dans le flacon. Ce même nombre représente en centimètres cubes le volume de l'eau et celui de l'alcool. Donc, le poids spécifique ou la densité de l'alcool est

$$\frac{P}{P'} = \frac{9,59}{11,834} = 0,81$$

75. Méthode de la balance hydrostatique. — 1° *Solides.* On suspend le corps dont on veut avoir la densité, un morceau de plomb par exemple, au-dessous d'un des plateaux de la balance hydrostatique, et on lui fait équilibre de l'autre côté avec de la tare. On enlève le corps et on le remplace par des poids marqués $P = 24^{gr},827$, qui représentent exactement le poids du corps. On enlève les poids marqués, on suspend de nouveau le corps sous le plateau de la balance, et on le fait plonger dans l'eau. L'équilibre ne subsiste plus; pour le rétablir, il faut placer dans le plateau sous lequel se trouve le corps un poids $P' = 2^{gr},202$, qui représente le poids d'un volume d'eau égal à celui du corps et par suite le volume de l'eau $2^{cc},202$ est aussi le volume du corps.

Le poids spécifique ou la densité est $\frac{P}{P'} = \frac{24,827}{2,202} = 11,3.$

Ce procédé ne convient évidemment ni pour les corps en poudre, ni pour les corps moins denses que l'eau.

2° *Liquides.* On cherche successivement la perte de poids qu'éprouve un même corps dans le liquide dont on veut avoir la densité et dans l'eau. On emploie comme corps plongeant une boule de verre lestée avec du mercure, le verre n'étant pas attaqué par la plupart des liquides.

Soit, par exemple, à déterminer la densité de l'acide sulfurique. On suspend la boule de verre sous l'un des plateaux de la balance hydrostatique (fig. 56), et on lui fait

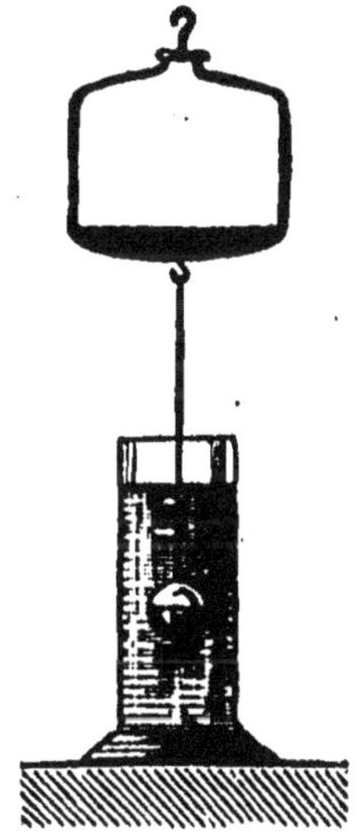

Fig. 56. — Densité des liquides.

équilibre avec de la tare placée dans l'autre plateau ; on la fait plonger dans l'acide sulfurique, l'équilibre est détruit. Soit $P = 27^{gr},70$, le poids nécessaire pour rétablir l'équilibre; il est égal au poids d'un volume d'acide sulfurique égal à celui de la boule. On enlève les poids marqués, on retire la boule de l'acide sulfurique, on l'essuie bien, on la suspend de nouveau sous le même plateau et on la fait plonger dans de l'eau. — Le poids P' = 15 grammes, qu'il faut placer pour rétablir l'équilibre, est égal au poids d'un volume d'eau égal à celui de la boule. Or, le volume de cette eau est 15 centimètres cubes; tel est aussi le volume de la boule et par suite celui de l'acide sulfurique.

Le poids spécifique de l'acide sulfurique, ou sa densité, sera donc $\frac{27,70}{15} = 1,85$.

76. Aréomètres. — Les aréomètres (ἀραιός, μέτρον) sont des corps flottants; on appelle volume de l'aréomètre la partie de l'aréomètre qui plonge dans le liquide. On distingue les aréomètres à volume constant et à poids variable, et les aréomètres à volume variable et à poids constant. On peut, avec les premiers, déterminer la densité des solides et des liquides. Les autres ne peuvent servir que pour les liquides.

77. Aréomètres à volume constant. Aréomètre Nicholson. — L'aréomètre de Nicholson (1753-1815) peut servir à trouver la densité des solides et des liquides. Il se compose d'un cylindre creux A (fig. 57), terminé par deux cônes B et C; le cône inférieur porte un crochet auquel est suspendue une petite corbeille lestée, afin que l'appareil se tienne verticalement, quand il flotte dans un liquide. Cette petite corbeille peut recevoir les corps sur lesquels on opère. Le cône supérieur porte une tige très mince, surmontée d'un plateau P, destiné à recevoir des poids. Sur la tige est marqué un trait *a*, qu'on appelle le point d'affleurement. Dans toutes les expériences, l'appareil doit s'enfoncer jusqu'à ce point; le volume de l'appareil est donc la partie comprise depuis *a* jusqu'en bas.

Pour déterminer la densité d'un corps solide, du carbonate de chaux par exemple, au moyen de l'aréomètre de Nicholson, on place un fragment du corps sur le plateau supérieur, et on ajoute de la tare de manière à ce

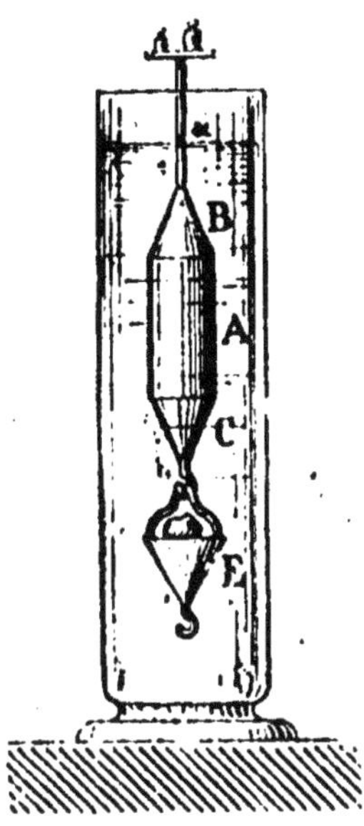

Fig. 57. — Aréomètre de Nicholson.

que l'affleurement ait lieu, c'est-à-dire de manière à ce que l'appareil s'enfonce jusqu'au point *a*. On enlève le corps, et, pour rétablir l'affleurement, il faut ajouter des poids marqués P = 14gr,416, qui représentent exactement le poids du corps. On enlève les poids marqués, en laissant toujours la tare; on place le corps dans la petite corbeille **E** : l'affleurement n'a plus lieu, on le rétablit avec des poids marqués; les poids P′ = 5gr,3 représentent la perte de poids du corps dans l'eau, c'est-à-dire le poids d'un volume d'eau égal à celui du corps, le volume de cette eau est 5cc,3; le volume du corps est donc aussi 5cc,3; sa densité ou son poids spécifique sera donc $\frac{14,416}{5.3} = 2,72$.

Si le corps sur lequel on opère est moins dense que l'eau, on le maintient dans la corbeille inférieure au

5.

moyen d'un couvercle percé de trous, ou encore on retourne la corbeille, et le corps est placé par dessous (fig. 58).

Fig. 58. — Aréomètre de Nicholson (Solides plus légers que l'eau).

Cet appareil permet, comme on vient de le voir, de déterminer le poids d'un corps; on lui a donné à cause de cela le nom d'*aréomètre balance.*

78. Liquides.—Si l'on veut, avec cet aréomètre, trouver la densité d'un liquide, il est nécessaire que l'on connaisse le poids de l'appareil; on le déterminera une fois pour toutes par les procédés ordinaires. Supposons-le égal à $p = 53^{gr}619$. Si nous voulons avoir la densité de l'alcool, plongeons l'aréomètre dans l'alcool et ajoutons sur le plateau supérieur des poids marqués $P = 8^{gr}087$ jusqu'à ce que l'affleurement ait lieu. La somme $p + P = 53{,}619 + 8{,}087$ est égal au poids d'un volume d'alcool égal au volume de l'aréomètre. Plongeons-le maintenant dans l'eau; pour produire l'affleurement, il nous faut mettre des poids marqués $P' = 22^{gr}70$; le poids de l'eau déplacée, dont le volume est égal à celui de l'aréomètre et par suite au volume de l'alcool, est $p + P' = 53{,}619 + 16{,}707$. La densité D de l'alcool est donc :

$$D = \frac{p + P}{p + P'} = \frac{53{,}619 + 8{,}087}{53{,}619 + 22{,}701} = 0{,}81$$

79. Aréomètre de Fahrenheit. — L'aréomètre de Fahrenheit (1690 - 1740), qui ne peut servir que pour les liquides, est en verre : il se compose d'un cylindre de verre (fig. 59) surmonté d'une tige déliée, sur laquelle est marquée le trait d'affleurement *a*; au-dessus est un pla-

Fig. 59. — Aréomètre de Fahrenheit.

teau P destiné à recevoir les poids. Une boule B, remplie de mercure ou de grenaille de plomb sert de lest à l'appareil. On se sert de cet appareil exactement comme il vient d'être dit pour l'aréomètre de Nicholson.

CHAPITRE VIII.

NOTIONS SUR LES ARÉOMÈTRES A POIDS CONSTANT.

80. Principe des aréomètres à poids constant. — Ces appareils ne sont point des appareils de précision; mais à cause de la rapidité avec laquelle on peut faire une détermination, on en fait beaucoup usage dans l'industrie, plutôt pour connaître la valeur vénale d'un liquide que pour en mesurer la densité. Nous nous contenterons d'en indiquer le principe et nous décrirons quelques-uns de ceux qui sont ordinairement employés. Imaginons un tube bien cylindrique extérieurement et lesté avec du mercure, de façon que, flottant dans un liquide, il s'y tienne verticalement; supposons pour plus de simplicité qu'il pèse juste 100 grammes. Plongeons-le dans l'eau : il s'y enfonce de manière que le liquide déplacé pèse 100 grammes, c'est-à-dire que la portion de l'appareil qui plonge est de 100^{cc}; introduisons maintenant l'appareil dans un liquide dont le poids spécifique est 2; il doit encore s'enfoncer de manière que le volume liquide déplacé pèse aussi 100 grammes, mais le poids spécifique de ce liquide étant 2, le volume qui pèse 100 grammes n'est que de 50^{cc}; l'appareil ne déplace que 50^{cc}, il s'enfonce moitié moins que dans l'eau. On comprend alors que si l'instrument est gradué en parties d'égal volume, on peut facilement trouver le poids spécifique des liquides. Si l'aréomètre s'enfonce dans l'eau jusqu'à la division 100 et dans un autre liquide jusqu'à la division 150, la densité de ce liquide est les $\frac{2}{3}$ de celle de l'eau ou 0,66. On a construit sur ce principe des appareils connus sous le nom de *volumètres* et de *densimètres*, mais ils sont très peu employés.

81. Aréomètres Baumé. — Les appareils usités dans l'industrie ne donnent pas directement la densité des liquides, mais une indication pouvant servir à guider l'acheteur. Tels sont les aréomètres de Baumé (1728-1804) qui, suivant leur graduation, servent pour les liquides plus denses ou pour les liquides moins denses que l'eau.

82. Pèse-acides, pèse-sels, pèse-sirops.—Ces appareils, employés pour les liquides plus denses que l'eau, ont la forme donnée par la fig. 60. Un tube A C, bien cylindrique

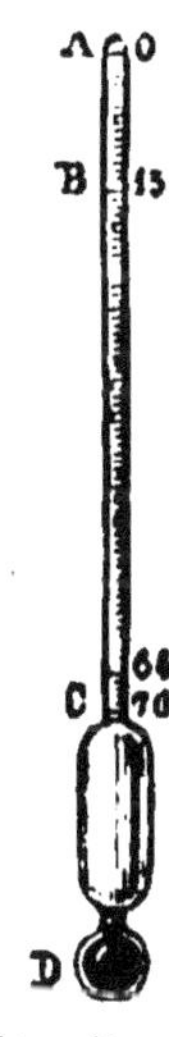

Fig. 60. — Aréomètre Baumé. — Pèse-acides.

extérieurement, se termine inférieurement par une partie de forme quelconque ; la boule (D) est lestée avec du mercure ou de la grenaille de plomb, pour que l'appareil flotte verticalement dans les liquides. On les gradue de la manière suivante : on règle d'abord le lest, de telle sorte que plongé dans l'eau, l'appareil s'enfonce jusqu'à la partie supérieure; au point d'affleurement A, on marque 0. Puis, on le plonge dans une dissolution saline composée, en poids, de 15 parties de sel marin pour 85 d'eau, et au point d'affleurement B on marque 15; on partage l'intervalle compris entre 0 et 15 en 15 parties égales, et on prolonge les divisions jusqu'en C. Il doit y avoir au moins 70 divisions. Cet appareil sert surtout pour l'acide sulfurique dans lequel l'aréomètre doit marquer 66.

88. Pèse-esprit. — *Le pèse-esprit* qui sert pour les liquides moins denses que l'eau se gradue différemment. Plongé dans l'eau, l'appareil doit s'enfoncer jusqu'en A (fig. 61), à la partie inférieure de la tige; on y marque 10,

Fig. 61. — Pèse-esprit.

puis on fait une dissolution saline composée en poids de 90 parties d'eau et de 10 parties de sel marin; l'instrument affleure à la naissance de la tige en B : on y marque 0; on partage l'intervalle entre B et A en 10 parties égales et on prolonge les divisions jusqu'à la partie supérieure.

A l'aide du calcul, on peut déduire la densité des liquides des indications données par ces appareils, si l'on connaît la densité des dissolutions salines qui ont servi pour la graduation.

84. Alcoomètre de Gay-Lussac. — L'alcoomètre de Gay-Lussac (1778-1850) est un instrument destiné à donner la richesse en alcool des liquides spiritueux. Sa forme (fig. 62)

Fig. 62. — Alcoomètre.

est la même que celle des aréomètres, la graduation diffère. On règle le lest de manière que, plongé dans l'alcool absolu, il s'enfonce jusqu'à la partie supérieure en A, où l'on marque 100, puis on fait des dissolutions renfermant 95^{cc}, 90^{cc}, 85^{cc} d'alcool et la quantité d'eau nécessaire pour compléter 100^{cc} dans chaque cas, et aux points où affleure l'appareil dans chacune de ces dissolutions, on marque 95, 90, 85; on partage en 5 parties égales chacun des intervalles ainsi obtenus. Les divisions sont de plus en plus rapprochées à mesure qu'on s'éloigne de la division 100, ce qui nous explique la nécessité de multiplier ainsi les dissolutions. Si, dans un liquide, l'appareil affleure à la division 54, c'est que ce liquide renferme 54^{cc} % en volume d'alcool.

Nous donnons ici la densité de quelques corps solides et liquides.

DENSITÉ DES PRINCIPAUX CORPS SOLIDES.

Acier	7,8	Iode	4,95
Aluminium	2,6	Ivoire	1,92
Anthracite	1,4	Laiton	8,39
Antimoine	6,72	Liège	0,24
Argent fondu	10,51	Lignite	1,2
Arsenic	5,67	Lithium	0,59
Bismuth	9,82	Magnésium	1,74
Bore cristallisé	2,69	Marbre blanc	2,72
Cadmium	8,69	Nickel fondu	8,28
Bois de cèdre	0,56	Or fondu	19,26
Carbone (diamant)	3,53	Or forgé	19,36
Charbon de bois	0,52	Palladium	12,05
Id.	0,32	Phosphore ordinaire	1,77
Chrome	5,90	Phosphore amorphe	2,10
Cobalt	7,81	Platine fondu	21,45
Cristal de roche	2,65	Platine écroui	23, »
Cuivre fondu	8,85	Plomb	11,35
Cuivre laminé	8,95	Porcel. de Sèvres	2,24
Emeraude	2,70	Potassium	0,86
Etain	7,29	Selenium	4,30
Fer forgé	7,79	Silicium cristallisé	2,65
Fonte blanche	7,59	Sodium	0,97
Fonte grise	7,05	Soufre octaédrique	2,07
Glace	0,92	Soufre prismatique	1,97
Flint Glass	3,2	Verre	2,5
Graphite	2,2	Zinc	7,19
Gypse	2,2		
Houille	1,3		

DENSITÉ DE QUELQUES LIQUIDES.

Acide azotique fumant	1,52
Acide *Id.* ordinaire	1,42
Acide sulfurique	1,848

Alcool	0,795
Brôme	2,966
Eau de mer	1,026
Essence de térébenthine	0,861
Huile d'olive	0,915
Mercure	13,596
Sulfure de Carbone	1,263

EXERCICES.

1. Quelle est, en kilogrammes, la valeur de l'effort à faire pour soutenir dans le mercure un morceau de platine du poids de 6 kilogrammes? La densité du mercure est 13,5, celle du platine 23.

2. Calculer la densité d'un corps solide qui, dans l'air, pèse $29^{gr},35$ et dans l'alcool 25,90. La densité de l'alcool est 0,82.

3. Une sphère de platine de 3^{cm} de rayon, suspendue à l'un des plateaux d'une balance, est plongée dans l'eau et équilibrée à l'aide de poids placés dans l'autre plateau. On la fait plonger dans l'alcool. Que doit-on faire pour maintenir l'équilibre? Densité de l'alcool = 0,817.

4. Une sphère de platine ayant 4^{cm} de diamètre est suspendue au-dessous de l'un des plateaux d'une balance très exacte, et plongée dans le mercure. Au-dessous de l'autre plateau de la balance est un cylindre de cuivre droit, à base circulaire, ayant aussi 4^{cm} de diamètre; le cylindre plonge complètement dans l'eau. On demande quelle doit être sa hauteur pour que l'équilibre ait lieu.

Densité du platine	22
Densité du cuivre	8,8
Densité du mercure	13,59

5. Dans l'un des plateaux d'une balance, on place un vase renfermant de l'eau et on lui fait équilibre avec une tare placée dans l'autre plateau. On introduit alors dans l'eau un cylindre vertical de verre que l'on tient à la main et qui a un diamètre de $2^{cm},5$. On demande si l'équilibre

persistera, et, s'il est détruit, quel sera le poids nécessaire pour le rétablir, en supposant que le cylindre soit enfoncé de 7^cm^ dans l'eau. . . .

6. Une poutre de chêne à base carrée de $0^m,8$ de côté, flotte sur l'eau. Calculer la hauteur de la partie immergée. La densité du chêne est 0,81. . . .

7. On veut lester un cylindre de bois de 1 mètre de longueur avec un cylindre de platine de même section, de manière que l'ensemble des deux cylindres réunis bout à bout, demeure en équilibre dans l'eau quand il y est complètement plongé. Quelle est la longueur du cylindre platine ?

Densité du bois. 0,5
Densité du platine. 21,5

8. Un vase renferme du mercure et par-dessus de l'eau. On y fait flotter un petit cube de fer de 6 centimètres de côté. On demande quelle sera la hauteur de la partie plongée dans le mercure.

Densité du fer. 7,8
Id. du mercure. 13,6

9. Un alliage d'or et de cuivre, dans lequel il n'y a eu ni contraction ni dilatation, pèse $875^{gr}5$ dans l'air et $829^{gr}5$ dans l'eau à 4°. Quelles sont les proportions d'or et de cuivre qui le composent.

Densité de l'or 19,26
Id. du cuivre. 8,8

10. Un corps pèse $17^{gr},853$ et a pour densité 2,572. Calculer le poids de l'eau expulsée quand on recherche sa densité par la méthode du flacon.

11. Une ampoule vide, pesant $0^{gr},978$, est en équilibre dans l'éther lorsqu'elle y est complètement plongée. Une autre ampoule, parfaitement semblable à la précédente, pour être en équilibre dans l'acool doit renfermer $0^{gr}125$ d'eau.

Quelle est la densité de l'alcool, sachant que celle de l'éther est 0,715 ?

12. Une petite balle de fer est surmontée d'une tige qui porte un plateau ; la tige et le plateau pèsent 6 grammes. On met la balle sur le mercure et, pour qu'elle s'y enfonce tout entière, il faut ajouter 21 grammes sur le plateau. Trouver le volume de la boule, sachant que la densité du mercure est 13,6, celle du fer 7,8.

13. Pour trouver la densité de l'eau de chaux, Lavoisier s'est servi d'un aréomètre de Fahrenheit, du poids de 278^{gr},75. En le plongeant dans l'eau, il fallait, pour le faire affleurer, ajouter un poids de 1^{gr}088 ; dans l'eau de chaux, il fallait pour l'affleurement 1^{gr}6992. Quelle est, d'après cela, la densité de l'eau de chaux ?

14. Un corps, dont le poids absolu est de 650 grammes, pèse dans l'eau 430 grammes. On demande : 1° quel est son volume ; 2° quel est son poids dans un liquide dont la densité est 1,8.

CHAPITRE IX.

PRESSE HYDRAULIQUE.

85. Principe de la presse hydraulique. — Nous avons énoncé au nº 44, le principe de la proportionnalité des pressions aux surfaces. Pascal, à qui l'on doit ce principe, en donne la démonstration suivante : Soient deux vases communiquants A et B (fig. 63), de section différente, la sec-

Fig. 63. — Transmission des pressions.

tion de A est de 3cq, par exemple, celle de B est 10 fois plus grande ou de 30cq. Dans le vase A, on place sur le liquide un piston du poids de 5 kilogrammes : dès lors le niveau s'abaisse en A et monte en B. Mais on peut empêcher ce mouvement en posant un piston sur le liquide dans le vase B. Or, on trouve que ce second piston doit avoir un poids de 50 kilogrammes. On voit donc que la surface en B, étant 10 fois plus grande qu'en A, la pression transmise en B est 10 fois plus grande que la pression exercée en A.

Cela posé, imaginons deux pistons en A et en B (fig. 64), satisfaisant aux conditions que nous venons d'indiquer, le

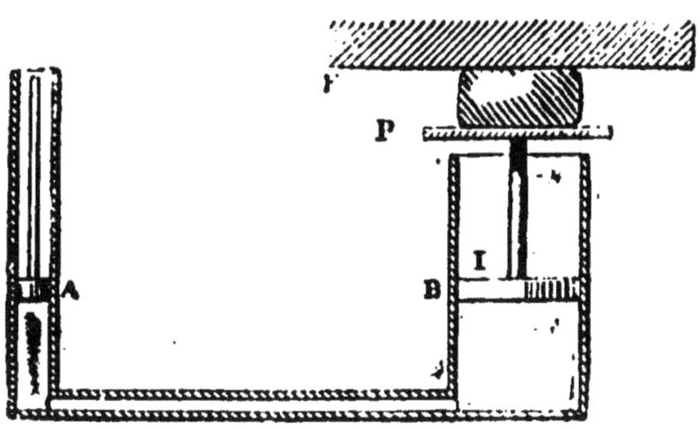

Fig. 64. — Presse hydraulique.

piston B pesant 10 fois plus que le piston A, il se feront équilibre. Exerçons maintenant sur le piston A, une pression de 8 kilogrammes ; il faudra, pour empêcher le piston B de monter, exercer sur lui une pression de 80 kilogrammes et, réciproquement, ce piston exercera sur l'obstacle placé au-dessus de lui une force de 80 kilogrammes. Supposons qu'on ait muni le piston B d'un plateau P, qu'au-dessus du plateau mobile ont ait disposé un plateau fixe F ; tout corps placé entre P et F sera comprimé avec une force de 80 kilogrammes, quand on exercera une pression de 8 kilogrammes sur le piston A. Tel est le principe de la presse hydraulique. Il faut remarquer que, si le piston B s'élève, le piston A doit s'abaisser; quand le piston B s'élève de 1^{cm}, le piston A doit s'abaisser 10 fois plus ou de 10^{cm}, puisque la section de A est dix fois moindre que celle de B.

On a donc, avec une force de 8 kilogrammes, exercé une pression de 80 kilogrammes, mais pour élever le piston B de 1^{cm}, il a fallu abaisser le piston A d'une quantité 10 fois plus grande. Si donc il y a avantage du côté de la force transmise, il y désavantage du côté du chemin parcouru, ce qu'on exprime en disant : « Ce qu'on gagne en force on le perd en vitesse. » C'est là d'ailleurs un principe général que nous retrouverons plus tard en nous occupant de mécanique.

86. Presse hydraulique. — La presse hydraulique, telle que nous venons de la décrire, ne pourrait être un instrument pratique, à cause de la grande différence de longueur à donner aux deux cylindres ; de plus, pour des pressions un peu fortes, l'eau fuit autour du piston B.

Bramah (1749-1814), en mettant à profit l'idée qui lui avait été fournie par son compatriote Maudsley (1771-1831) parvint à faire de la presse hydraulique un instrument industriel.

En voici la disposition ordinaire (fig. 65) : Le tube A est

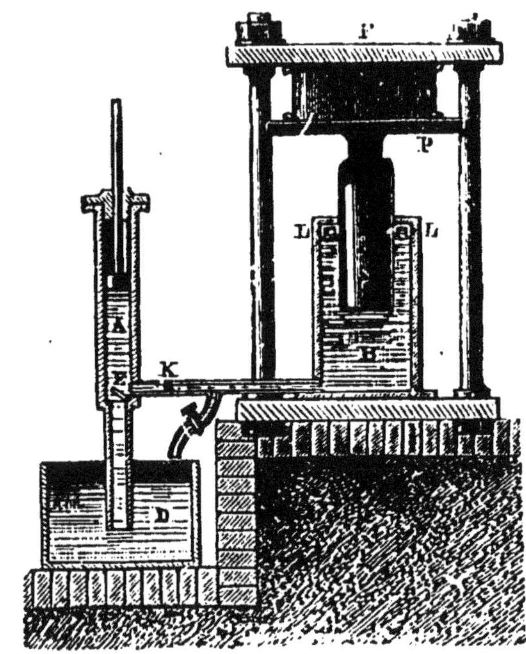

Fig. 65. — Presse hydraulique.

remplacé par une pompe aspirante et foulante, qui prend l'eau dans le puisard D, et la refoule ensuite dans le corps de pompe B ; en faisant ainsi varier la quantité d'eau contenue dans l'appareil, on évite l'inconvénient de donner au

Fig. 66. — Cuir embouti.

tube A une longueur démesurée. La soupape E, qui ne s'ouvre que de bas en haut, permet à l'eau d'arriver du puisard quand le piston monte, et l'empêche de sortir quand il descend; l'eau refoulée ouvre la soupape K et passe dans le cylindre B. Cette soupape K, qui ne s'ouvre que de gauche à droite, s'oppose au retour de l'eau. Un tube muni d'un robinet R permet de faire écouler l'eau du cylindre B dans le puisard, quand le corps M a été suffisamment pressé et qu'on veut le retirer. Le cylindre B renferme un piston plongeur S. Ce piston est entouré du *cuir embouti* (fig. 66) imaginé par Bramah, qui em-

Fig. 65 bis. — Presse hydraulique.

pêche l'eau de s'échapper autour du piston. C'est un morceau de cuir dont la section a la forme d'un U renversé et qui s'applique à la fois sur la surface extérieure du piston et sur la surface intérieure du corps de pompe; l'eau, qui pénètre dans cette espèce de gouttière, l'appuie d'autant plus fortement et contre le piston et contre le cylindre que la pression est plus considérable, et empêche ainsi toute fuite du liquide.

L'appareil est, en outre, muni d'une soupape de sûreté et d'un manomètre qui indique la valeur de la pression (fig. 65 *bis*).

La presse hydraulique est employée à un très grand nombre d'usages. On s'en sert pour extraire le sucre de la pulpe de betteraves, l'huile des graines oléagineuses; pour comprimer le foin, le coton, le papier; pour essayer les générateurs à vapeur, les tuyaux de conduite du gaz, etc.

EXERCICES.

Dans une presse hydraulique, les corps de pompe ont l'un un diamètre de 2^{dcm} l'autre un diamètre de 3^{cm}. Quelle est la pression exercée par le grand piston, quand on maintient sur le petit un poids de 100 kilogrammes ?

Avec ces données, on demande de combien de millimètres s'est élevé le piston dans le grand corps de pompe après 7 coups de piston, sachant que la course du petit piston est de 2 décimètres.

CHAPITRE X.

LA PESANTEUR DE L'AIR. — BAROMÈTRES.

87. Compressibilité et expansibilité des gaz. — Les gaz sont des fluides caractérisés par leur compressibilité et leur expansibilité. La grande compressibilité de l'air a été mise en évidence au moyen du briquet à air (18). Nous avons déjà également indiqué comment on prouve l'expansibilité des gaz (19).

88. Transmission des pressions par les gaz. — Les gaz étant des fluides, les principes que nous avons reconnus pour les liquides leur sont applicables. Pour vérifier le principe de la transmission des pressions, on peut faire l'expérience suivante : on prend une vessie V fer-

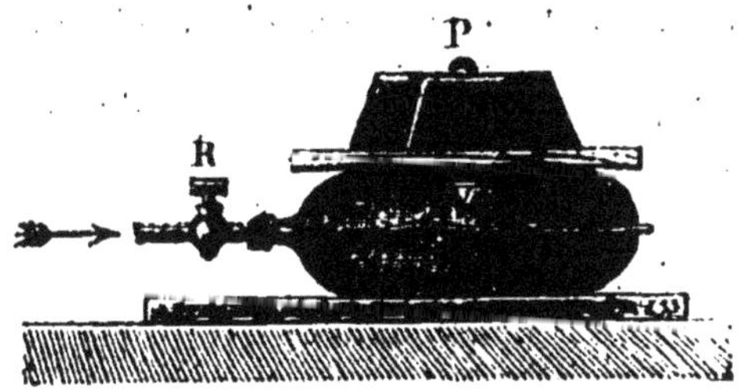

Fig 67. — Transmission des pressions par les gaz.

mée par un robinet R (fig. 67), sur laquelle on applique un poids très lourd P ; si l'on souffle par le tube, dans le sens horizontal, la vessie se gonfle et le poids est soulevé de bas en haut.

89. Les gaz sont pesants. — Le fait de la pesanteur des gaz, indiqué par Aristote, ne fut vérifié expérimentalement qu'au XVIe siècle (1613) par Galilée. Galilée prit un vase qu'il pesa; puis il y comprima de l'air à l'aide d'un soufflet, le pesa de nouveau, et trouva que le poids était plus grand dans le second cas que dans le premier. On fait maintenant l'expérience comme l'indiqua Otto de Guericke.

On prend un ballon de verre d'une capacité de dix litres environ (fig. 68), muni d'une garniture métallique à robinet.

Fig. 68. — Ballon pour montrer que les gaz sont pesants.

On le suspend sous l'un des plateaux de la balance hydrostatique, on lui fait équilibre de l'autre côté avec de la tare. On le visse alors sur la machine pneumatique, on y fait le vide, on le suspend de nouveau sous le plateau de la balance, et l'on constate que la tare l'emporte. Le ballon a donc perdu de son poids. Si on ouvre le robinet, on entend un sifflement dû à la rentrée de l'air, et l'on voit, peu à peu, le fléau redevenir horizontal. L'expérience réussit de la même manière, quel que soit le gaz contenu dans le ballon. Donc tous les gaz sont pesants.

90. Conséquences : pressions aux différents points d'une masse gazeuse en équilibre. — Si les gaz sont pesants, nous pouvons leur appliquer les théorèmes que nous avons trouvés pour les liquides comme conséquences de l'action de la pesanteur sur ces corps ; 1° Dans une masse gazeuse en équilibre, les pressions sont les mêmes en tous les points d'une même tranche horizontale; 2° Deux éléments situés à des hauteurs différentes ne supportent pas la même pression ; l'élément inférieur supporte une pression plus considérable que l'autre; la différence des pressions est égale au poids d'une colonne gazeuse ayant pour base l'élément et pour hauteur la distance verticale des deux éléments. A cause du faible poids des gaz, on a l'habitude de regarder comme égales les pressions supportées en des points dont la différence de hauteur verticale n'est pas trop considérable.

91. Pressions exercées par l'atmosphère. — L'atmosphère au milieu de laquelle nous vivons doit donc exercer des pressions sur tous les corps qui s'y trouvent. Ces pressions s'exercent dans tous les sens. On en démontre l'existence à l'aide de plusieurs expériences.

92. Pressions de haut en bas. — *Le crève-vessie* (fig. 69) se compose d'un manchon de verre, une membrane

Fig. 69. — Crève-vessie.

de vessie est fixée sur l'un de ses orifices. Cette membrane est plane quand elle est pressée des deux côtés par l'atmosphère. On place le manchon sur la platine de la machine pneumatique, on raréfie l'air, la pression intérieure devient moindre, la membrane s'infléchit sous la pression de l'atmosphère et crève avec une forte détonation.

Le coupe-pomme est un appareil analogue. *La pluie de mercure* est une expérience qui prouve également la pression de haut en bas de l'atmosphère.

93. Pressions de bas en haut. — Si l'on prend un vase plein d'eau jusqu'au bord, une éprouvette à pied par exemple, qu'on applique sur le bord une feuille de papier, et qu'on retourne le vase avec précaution, la feuille de papier pressée de bas en haut par l'atmosphère, reste adhérente au vase et empêche le liquide de tomber.

Quand l'ouverture du vase est très étroite, il n'est même pas nécessaire de mettre une feuille de papier sur le bord, la petitesse de l'orifice suffit pour empêcher l'air de diviser le liquide et de monter dans le vase: le liquide reste suspendu. C'est ce qui a lieu pour la pipette et le tâte-vin, sur lesquels nous reviendrons plus loin

94. Pressions dans tous les sens. —Le briquet à air, dont nous avons parlé (18, 87), peut être fermé à l'une

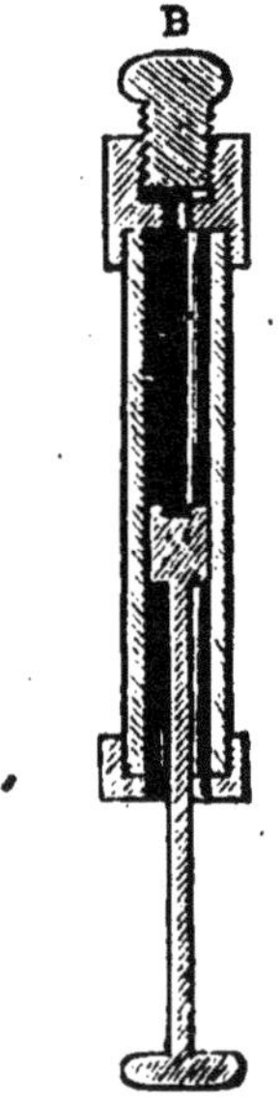

Fig. 70. — Briquet à air.

de ses extrémités par un bouchon mobile B (fig. 70). Enlevons ce bouchon, introduisons le piston par l'autre extrémité et enfonçons-le tout à fait; remettons alors le bouchon à sa place. Il ne reste plus d'air entre le piston et le fond du briquet. Cela étant, si l'on retire en partie le piston, on reconnaît que, dans quelque position qu'on tienne l'appareil, le piston est repoussé vers le fond, pressé qu'il est par l'atmosphère. Cette expérience bien simple nous prouve que l'atmosphère exerce des pressions dans tous les sens.

L'existence de ces pressions dans tous les sens est démontrée ordinairement à l'aide *de l'expérience des Hémisphères de Magdebourg*, due à Otto de Guericke. Ce sont deux hémisphères métalliques creux (fig. 71), qui peuvent s'appliquer exactement l'un sur l'autre par leurs bords. L'un d'eux est muni d'une tubulure à robinet, que l'on visse à volonté sur la machine pneumatique.

Fig. 71. — Hémisphères de Magdebourg.

Quand on veut faire l'expérience, on applique les deux hémisphères l'un sur l'autre, après avoir graissé les bords avec un peu de suif pour empêcher toute rentrée de l'air.

On porte l'appareil sur la machine pneumatique, on raréfie l'air, on ferme le robinet, et on sépare les hémisphères de la machine. On reconnaît alors qu'il est très difficile de les détacher l'un de l'autre ; mais si l'on ouvre le robinet, l'air rentre, et les hémisphères peuvent être séparés sans effort.

95. Ascension de l'eau dans les pompes. — L'ascension des liquides dans les tuyaux des pompes est due à la pression de l'atmosphère; jusqu'à Galilée, on expliquait ce fait en disant que la nature avait horreur du vide. Mais des fontainiers de Florence ayant remarqué que dans une pompe l'eau ne pouvait s'élever à plus de 32 pieds, la nature n'avait donc horreur du vide que jusqu'à cette hauteur; l'explication ancienne devait être rejetée, et c'est Torricelli (1608-1647), élève de Galilée, qui, en 1644, montra par une expérience célèbre, quelle était la véritable cause de l'ascension des liquides dans les tubes.

96. Expérience de Torricelli. — Torricelli prit un tube de 80^{cm} à 1 mètre de long (fig. 72), fermé à l'une de ses extrémités, ouvert à l'autre; il le remplit de mercure, puis, bouchant l'extrémité ouverte avec le doigt, il le retourna et plongea cette extrémité dans une cuvette remplie de mercure : alors, retirant le doigt, il vit le liquide descendre dans le tube et le niveau se fixer à une distance d'environ 76^{cm} au-dessus du niveau du mercure dans la cuvette. Cette expérience se répète très facilement. L'espace A B qu'on appelle la *chambre barométrique*, est complètement vide, par suite aucune pression ne s'exerce en A.

Pour expliquer la suspension de la colonne de mercure dans le tube, nous pouvons regarder le tube et la cuvette (fig. 72 *bis*) comme deux vases communiquants, qui renferment deux fluides différents : le tube renferme du mercure; la cuvette dont nous imaginerons les parois prolongées, renferme de l'air; tous les points de la tranche horizontale CD supportent des pressions égales (61). Considérons la section mn de la colonne de mercure dans le tube et une surface égale $m'n'$ sur le niveau du liquide dans la cuvette; ces

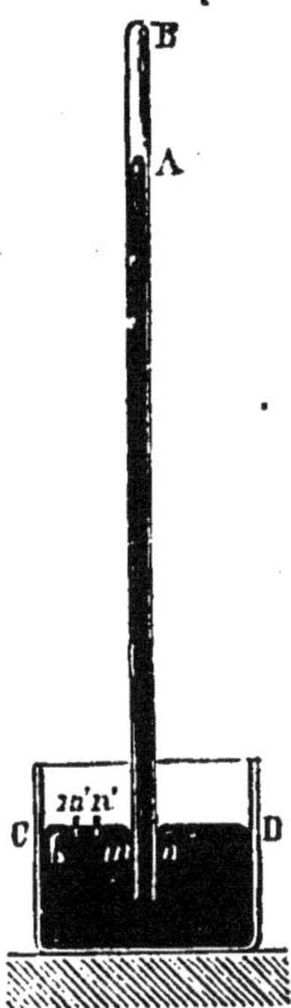

Fig. 72. — Expérience de Torricelli.

deux surfaces doivent être également pressées. Or, $m'n'$ est pressée par l'atmosphère, donc mn doit être surmontée d'une colonne liquide capable d'exercer sur elle une pression égale à celle que supporte m' n'. La pression sur le fond d'un vase étant indépendante de la forme du vase (52), il en résulte que la hauteur verticale de la colonne de mercure soulevée sera la même, quelle que soit la forme du tube, et son inclinaison. On vérifie en effet que, si on incline le tube, le niveau A reste toujours sur un même plan horizontal : il semble monter dans le tube quand on l'incline, mais en réalité il reste toujours à la même distance verticale de C D.

97. Expériences de Pascal. — Si l'explication que nous venons de donner est exacte, c'est-à-dire si le maintien de la colonne soulevée est dû à la pression de l'atmosphère, voici des conséquences qui doivent se réaliser : 1° Quand

Fig. 72 bis. — Expérience de Torricelli.

on fera varier la nature du liquide dans le tube de Torricelli, la hauteur de la colonne soulevée devra varier en même temps, devenir plus grande si le liquide employé est moins dense, diminuer au contraire si la densité du liquide est plus considérable. Pascal vérifia cette prévision à Rouen, et, remplaçant le mercure par de l'eau, il reconnut que la colonne soulevée était 13,6 fois plus grande qu'avec du mercure. On peut, dans un cours, imiter jusqu'à un certain point cette expérience. Au-dessus du niveau C D du mercure, dans la cuvette, on verse un peu d'eau et, en soulevant ce tube au-dessus du niveau du mercure, on remplace le mercure qui se trouvait dans le tube par de l'eau. L'eau dépasse le point où s'arrêtait le mercure et remplit complètement le tube, si ce n'est qu'il reste au-dessus de l'eau une petite bulle provenant de l'air qui était dissous dans l'eau et qui s'est dégagé dès que le niveau de l'eau n'a plus été soumis à la pression de l'atmosphère.

2° Si on s'élève dans l'atmosphère, la pression exercée par l'air étant plus faible, la colonne mercurielle soulevée doit être moindre. C'est encore ce que Pascal vérifia en montant sur la tour Saint-Jacques-la-Boucherie à Paris. Le 19 septembre 1648, Périer, beau-frère de Pascal, qui lui avait écrit à ce sujet, monta sur le Puy-de-Dôme, portant avec lui un tube de Torricelli. Il reconnut que la colonne mercurielle soulevée devenait moindre au fur et à mesure qu'il s'approchait du sommet de la montagne. En redescendant il observa que le mercure remontait peu à peu dans le tube. Enfin, revenu à Clermont, il s'assura que la colonne mercurielle était égale à celle qui se trouvait dans un tube semblable et qui était restée invariable pendant toute la journée. Toutes ces expériences, faciles à répéter, conduisent à la même conclusion, savoir : c'est la pression atmosphérique qui maintient soulevée la colonne liquide dans le tube de Torricelli.

98. Valeur de la pression atmosphérique. — Cet appareil nous donne un moyen bien simple d'évaluer et de mesurer à chaque instant la pression de l'atmosphère. La pression sur la section *m n*, dont nous supposerons la surface égale à 1^{cq}, est égale à la pression qu'exerce l'atmosphère sur une surface égale de 1^{cq}. Or, la pression supportée par *m n* est le poids d'une colonne de mercure ayant 1^{cq} de base et 76^{cm} de hauteur (la hauteur verticale de la colonne mercurielle soulevée étant supposée égale à 76^{cm}). En d'autres termes, cette pression est le poids de 76^{cc} de mercure. Or, le poids spécifique du mercure est 13,6 ; le poids de 76^{cc} de mercure est donc $76 \times 13,6 = 1033^{gr},6$. La pression de l'atmosphère sur un centimètre carré est donc de 1033,6 grammes, ou $1^{k},033$. Sur un décimètre carré, elle sera 100 fois plus forte ou $103^{k},3$; sur un 1^{mq} elle sera encore 100 fois plus forte, ou 10330 kilogrammes. La surface du corps humain étant à peu près de 1 mètre carré, nous supportons de la part de l'atmosphère une pression de 10330 kilogrammes. Si nous sommes insensibles à cette énorme pression, c'est que les fluides intérieurs (liquides ou gaz) de notre corps exercent de dedans en dehors une pression qui fait en chaque point équilibre à la pression de l'atmosphère. L'existence des pressions intérieures se manifeste dans l'opération de la ventouse. Si, en un point quelconque du corps, on applique une cloche dont on extrait l'air à l'aide d'une petite pompe, on voit la peau se gonfler, devenir rouge et le sang jaillir.

Au lieu d'évaluer la pression atmosphérique en poids, comme nous venons de le faire, on se contente ordinairement d'indiquer la hauteur de la colonne de mercure qui lui fait équilibre. Ainsi dire que la pression de l'atmosphère est de 76^{cm}, de 74^{cm}, c'est dire que sur une surface donnée elle presse autant qu'une colonne de mercure de même base et dont la hauteur serait 76, 74 centimètres.

99. Baromètres. — L'observation suivie du tube de Torricelli avait fait connaître, à Pascal et à bien d'autres, que la pression atmosphérique variait constamment en un même lieu. L'appareil qui sert à évaluer à chaque instant la pression atmosphérique et à en indiquer les variations est *le baromètre*(βαρυς μετρον).

Les *baromètres* sont fondés les uns sur l'expérience de Torricelli, ce sont les baromètres à liquides; les autres sur l'élasticité des métaux, ce sont les baromètres métalliques.

Les baromètres à liquides sont tous construits avec du mercure. Ce liquide pouvant toujours être obtenu au même degré de pureté, tous les baromètres seront comparables entre eux; la densité du mercure étant considérable, la hauteur de la colonne soulevée sera moindre qu'avec un autre liquide; le mercure n'émettant presque pas de vapeur à la température ordinaire, la chambre barométrique ne renfermera pas de vapeur dont la pression puisse empêcher la colonne de s'élever autant qu'elle le doit.

Nous indiquerons d'abord les précautions à prendre pour construire un baromètre, précautions qui sont les mêmes quelle que soit la forme de l'appareil. Le mercure à employer doit être pur et sec, le tube dont la longueur est d'au moins 80 centimètres, doit être préalablement lavé, puis bien séché; on le remplit presque complètement de mercure; puis on le couche sur une grille inclinée qu'on chauffe soit au gaz, soit avec des charbons, en commençant par la partie inférieure A (fig. 73). On fait partir ainsi l'air

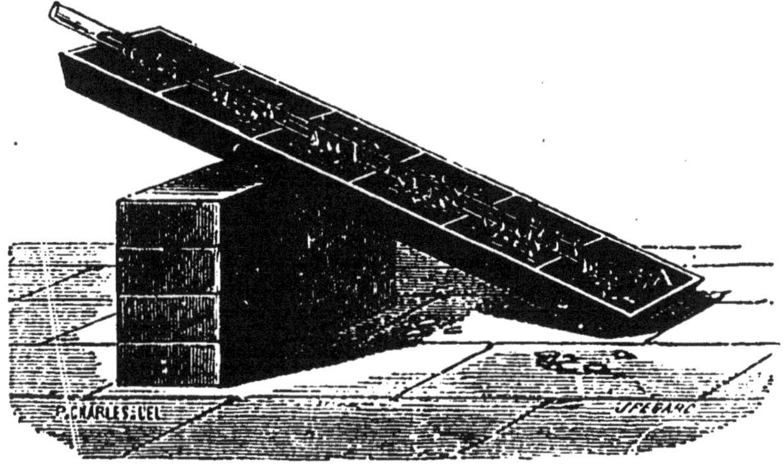

Fig. 73. — Construction du baromètre.

qui est adhérent au tube. On continue à chasser tout l'air de A en B, en chauffant successivement toutes les parties du tube : on reconnaît que tout l'air est chassé à cette circonstance que le mercure prend dans le tube un aspect métallique et brillant. Le tube étant refroidi, on achève de le remplir avec du mercure récemment bouilli. On l'installe alors dans la cuvette, comme il a été dit pour l'expérience de Torricelli, et si l'air a été complètement éliminé on le constate en inclinant le tube, parce qu'alors le mercure le remplit sans laisser la moindre bulle au sommet et qu'il produit un bruit sec quand il vient frapper l'extrémité fermée du tube.

100. Baromètre à cuvette. — On a donné aux baromètres des formes différentes. Le plus simple est le *baromètre à cuvette*, qui se compose essentiellement d'une cuvette dans laquelle plonge le tube barométrique. Le tube étant placé verticalement, une règle graduée en centimètres et millimètres et dont le zéro correspond au niveau C D du mercure dans la cuvette (fig. 74), permet de déterminer à

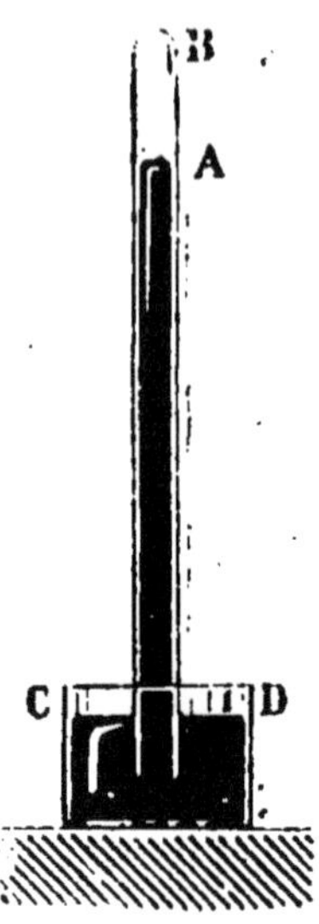

Fig. 74. — Baromètre à cuvette.

chaque instant la hauteur de la colonne mercurielle et par suite la pression atmosphérique.

Si la pression atmosphérique varie, si, par exemple, elle diminue, le niveau s'abaisse en A et s'élève en C D; alors le zéro de l'échelle se trouve au-dessous du niveau que le mercure a maintenant dans la cuvette, et la distance verticale des niveaux est moindre que le nombre de centimètres ou de millimètres qu'on lit au niveau du mercure en A. On a remédié à cet inconvénient à l'aide de dispositions particulières. Pour les baromètres ordinaires, on fait souvent usage d'une cuvette à large surface (fig. 75). Le tube du baromètre plonge dans le réservoir C. Si la pression atmos-

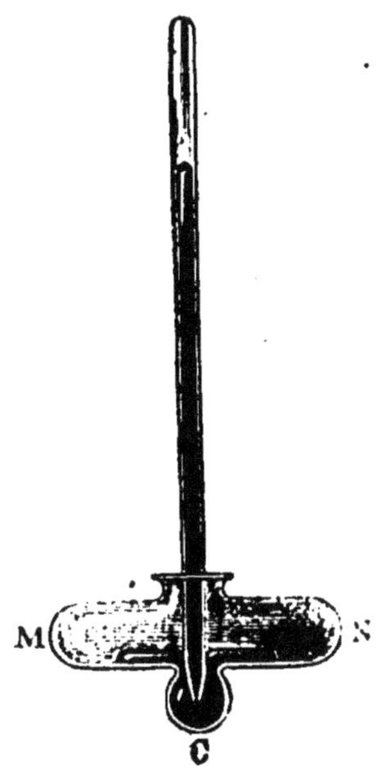

Fig. 75. — Baromètre à cuvette.

phérique varie, diminue par exemple, un peu de mercure arrive dans la cuvette, s'étale sur la surface M N, sans élever le niveau. C'est à ce niveau constant que correspond le zéro de la règle graduée qui sert à évaluer la pression atmosphérique.

101. Baromètre Fortin. — Fortin, constructeur d'instruments de physique à Paris (1750-1831), a donné au baromètre une disposition qui en fait un instrument de précision (fig. 76). La cuvette cylindrique a un fond mobile formé par une peau de chamois. Une vis V permet d'élever ce fond à volonté et, par suite, le niveau du mercure dans la cuvette. Dans chaque observation on amène ce niveau à venir toucher une pointe d'ivoire *i* fixée à la partie supérieure de la cuvette. Le tube du baromètre est renfermé dans une enveloppe en laiton, sur laquelle sont marquées les divisions en centimètres et en millimètres; le zéro de cette échelle correspond à l'extrémité de la pointe d'ivoire. L'enveloppe de laiton est percée de deux fenêtres opposées qui

Fig. 76. — Baromètre Fortin.

permettent d'observer le niveau du mercure dans le tube et, par suite, de voir à quelle division de la règle il correspond. Pour faire une observation, on place l'appareil verticalement, soit en le suspendant par l'anneau C dont il est muni en haut, soit au moyen d'une suspension à la *cardan*. A l'aide de la vis de la cuvette, on amène le niveau du mercure à toucher la pointe d'ivoire, et on lit à quelle division de l'échelle correspond le niveau du mercure dans le tube. La cuvette de ce baromètre est formée à la partie

Fig. 76 *bis*. — Cuvette du baromètre Fortin.

supérieure par le couvercle qui porte l'enveloppe en laiton, et par une peau de chamois qui permet à l'air de passer et de presser le niveau du mercure dans la cuvette. Quand on veut transporter l'appareil, on élève la vis, de manière que la cuvette soit complètement pleine de mercure, puis on retourne l'appareil; l'extrémité ouverte du tube barométrique reste ainsi dans le mercure, et l'on n'a pas à craindre que de l'air pénètre dans la chambre barométrique. Arrivé au lieu de l'observation, on retourne l'appareil de nouveau et l'on procède comme il a été dit plus haut à la détermination de la pression atmosphérique.

102. Baromètre fixe. — Dans les observatoires, on fait usage d'un baromètre dont la disposition a été indiquée par Regnault (fig. 77) : la cuvette en fonte a la forme d'un parallélipipède, dont une face est remplacée par une glace

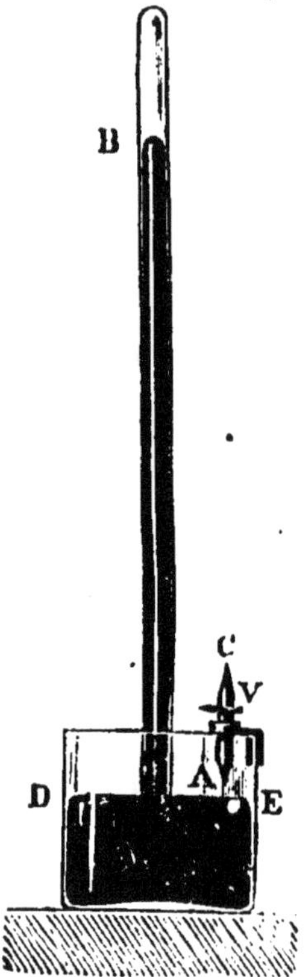

Fig. 77. — Baromètre fixe.

à faces parallèles; une vis V en acier, terminée par deux pointes, et fixée à la cuvette, peut toujours être élevée ou abaissée de manière que la pointe A touche le niveau du mercure dans la cuvette. Pour faire une observation, on amène la pointe à toucher le niveau du mercure D E; puis, à l'aide du cathétomètre, on mesure la distance verticale C B et à la hauteur obtenue on ajoute la longueur connue de la vis.

103. Baromètre à siphon.—Le baromètre à siphon consiste en un tube recourbé A C B (fig. 78), à deux branches inégales ; la plus grande est fermée, la plus courte est ouverte. On construit ce baromètre en prenant les pré-

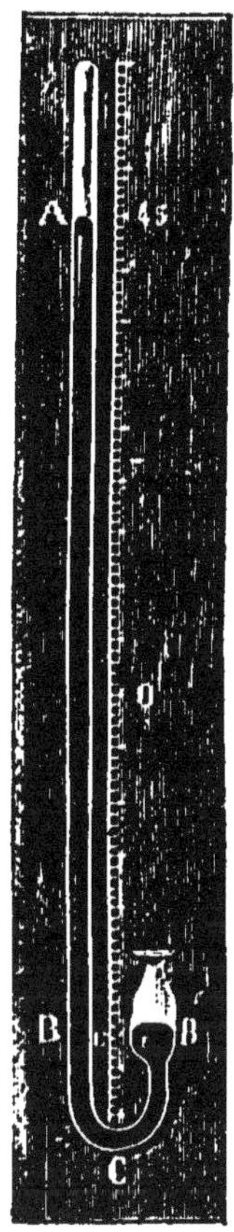

Fig. 78. — Baromètre à siphon.

cautions indiquées plus haut. Ce qui mesure la pression, c'est la distance verticale des niveaux A et B dans les deux branches. L'appareil est ordinairement placé sur une planchette portant des divisions en centimètres et en millimètres. A cause des variations du niveau B, le zéro de l'échelle se trouve entre les deux niveaux A et B, et, pour avoir la valeur de la pression atmosphérique, on ajoute les deux distances observées. Si, par exemple, A correspond à 45 centimètres et B à 31 centimètres, la hauteur de la colonne barométrique sera $45 + 31 = 76^{cm}$.

101. Baromètre de Gay-Lussac. — Gay-Lussac, physicien français (1778-1850), a perfectionné le baromètre à siphon de manière à le rendre transportable; il lui a donné la forme indiquée par la figure (fig. 79), afin que le tube,

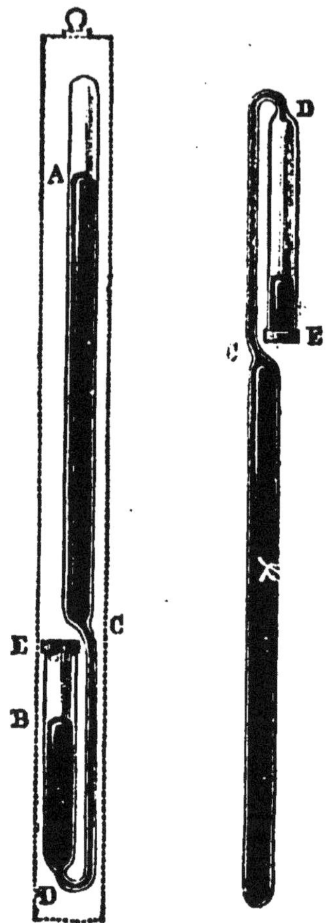

Fig. 79 et 80. — Baromètre de Gay-Lussac.

qui est renfermé dans une enveloppe en laiton, étant suspendu par l'anneau supérieur, se place verticalement. On n'a qu'à lire les divisions auxquelles correspondent les niveaux A et B sur l'enveloppe graduée ; le zéro, comme dans le cas précédent, est entre A et B. La branche la plus courte est formée en E, à l'aide d'une peau de chamois qui permet à l'air de pénétrer, mais s'oppose à la sortie du mercure. Quand on veut transporter le baromètre, on le retourne avec précaution (fig. 80), la grande branche se remplit complètement de mercure, il en reste dans le tube capillaire. Ce mercure empêche la rentrée de l'air, quand on retourne l'instrument pour faire l'observation. Un constructeur, Dunton, a perfectionné l'appareil à l'aide d'une disposition dont le but est encore d'empêcher l'air d'arriver dans la chambre barométrique.

105. Baromètre à cadran. — Le baromètre à cadran, imaginé par l'anglais Robert Hook (1638-1703), est un baromètre à siphon (fig. 81). Sur le mercure de la branche ou-

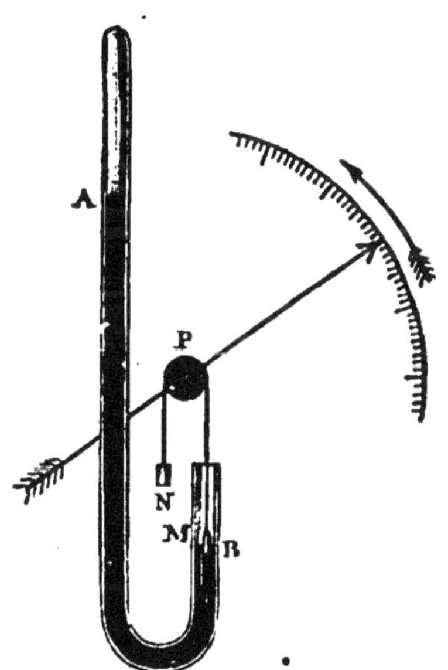

Fig. 81. — Baromètre à cadran.

verte flotte un poids d'acier M, suspendu à un fil qui passe sur la poulie P. A l'autre extrémité de ce fil est un contrepoids N. Sur l'axe de la poulie est fixée une longue aiguille dont le centre de gravité correspond précisément à l'axe. L'extrémité de cette aiguille se meut devant un cercle divisé. Si la pression atmosphérique diminue, le niveau s'élève en B; le poids M étant plus plongé dans le mercure, perd plus de son poids, N l'emporte, la poulie tourne dans le sens de la flèche, en entraînant l'aiguille. Si, au contraire, la pression atmosphérique augmente, M plonge moins dans le mercure; il entraîne le contre-poids et fait marcher l'aiguille en sens contraire. A cause des frottements de l'axe de la poulie sur ses supports, l'appareil est peu sensible et ne peut être employé comme baromètre de précision. On gradue cet appareil par comparaison.

106. Baromètres métalliques. — Les baromètres à mercure sont des appareils de précision et les seuls sur les indications desquels on puisse compter; mais ils sont fragiles et difficiles à transporter; aussi, pour les observations ordinaires, les remplace-t-on par les baromètres métalliques, qui offrent l'avantage d'avoir un petit volume et d'être facilement transportables.

Le baromètre de M. Bourdon, constructeur à Paris, se compose d'un tube métallique fermé (fig. 82), courbé comme

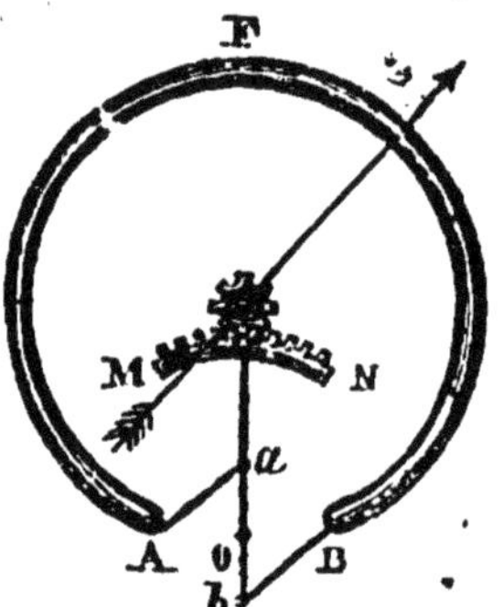

Fig. 82. — Baromètre de M. Bourdon.

Fig. 83. — Section du tube.

l'indique la figure, et fixé en son milieu F. Ce tube, à parois minces, a une section M (fig. 83), elliptique et aplatie; il est vide d'air.

Si la pression atmosphérique augmente, les extrémités A et B se rapprochent ; en vertu de l'élasticité du métal, elles

Fig. 82 *bis*. — Baromètre de Bourdon.

s'écartent si la pression diminue : ce sont ces mouvements, très petits, de A et de B, qu'on amplifie au moyen de la disposition suivante : En A et B sont attachées deux tiges articulées, qui sont reliées, en *b* et *a*, à une tige mobile autour du point O. Cette tige porte un arc denté dont le centre est en O ; cet arc engrène avec une petite roue dentée, sur l'axe de laquelle est une aiguille qui se meut devant un cercle gradué. Quand la pression barométrique augmente, A et B se rapprochent, font marcher l'arc denté MN de gauche à droite, et l'aiguille, entraînée par la roue dentée, marche de droite à gauche.

Le baromètre Vidi se compose d'une boîte cylindrique plate, vide d'air ; le fond supérieur est formé par une lame mince, cannelée, qui se courbe dans un sens ou dans l'autre, sous l'influence des variations de la pression atmosphérique. Ces petits mouvements sont transmis, à l'aide d'un système de leviers, à une aiguille qui se meut devant un cercle divisé.

Ces appareils sont gradués par comparaison avec un baromètre à mercure. Mais, à cause de la variation de l'élasticité des métaux, il est nécessaire de les vérifier de temps en temps et de les régler à nouveau.

107. Usages du baromètre. — Le principal usage du baromètre est de mesurer la pression atmosphérique.

On ne peut en tirer des prévisions sur le temps, qu'à la condition de faire des observations simultanées en un grand nombre de points.

Les observations faites, depuis un grand nombre d'années, ont appris qu'en un même lieu la pression atmosphérique varie constamment, que ces variations du baromètre sont les unes régulières et périodiques, les autres irrégulières. En un même lieu, les variations régulières présentent chaque jour deux maxima et deux minima : les maxima ont lieu vers neuf heures du matin et neuf heures du soir; les minima ont lieu dans la journée, vers trois heures et un peu avant le lever du soleil. Les variations irrégulières dépendent des circonstances atmosphériques, comme les vents, etc.

Quand, dans un même lieu, on observe régulièrement le baromètre, on peut obtenir la hauteur barométrique diurne, mensuelle, annuelle du lieu. Si l'on veut avoir la moyenne mensuelle, on fait la somme des hauteurs observées pendant tout le mois, et on divise cette somme par le nombre d'observations. On opère de même pour avoir la moyenne annuelle. Après plusieurs années d'observation, on calcule la moyenne générale et on obtient la hauteur barométrique du lieu. On reconnaît ainsi que la pression barométrique varie d'un lieu à un autre avec l'altitude et avec la latitude. Vers le 50° degré, c'est-à-dire à peu près à la latitude de Paris, la moyenne au bord de la mer est 760 millimètres. Si l'on se rapproche du pôle, elle va en diminuant; du pôle à l'équateur, elle va en augmentant, jusque vers le 30° ou le 40° degré, pour diminuer ensuite, à mesure qu'on se rapproche de l'équateur. On emploie ordinairement 760 millimètres comme représentant la pression de l'atmosphère : on l'appelle *une atmosphère*.

Nous avons vu, par l'expérience de Périer (97), qu'au fur et à mesure qu'on s'élève dans l'atmosphère, la hauteur de la colonne barométrique va en diminuant. Si le poids spécifique de l'air était partout le même, un calcul simple permettrait de déduire facilement la hauteur dont on s'est élevé d'après la quantité dont la colonne mercurielle aurait diminué. Près du niveau de la mer, l'air pèse à peu près 10,000 fois moins que le mercure à volume égal ; si la colonne mercurielle a diminué de 1 centimètre, c'est qu'on s'est élevé d'une quantité 10,000 fois plus grande ou de 100 mètres. Mais, à cause de la grande compressibilité de l'air, le poids spécifique de l'air diminue rapidement avec la hauteur; aussi la formule qui permet de calculer l'altitude d'après l'observation du baromètre, est loin d'être simple, elle ne peut être donnée ici; on a souvent des tables toutes préparées pour cet usage.

EXERCICES.

1. Le baromètre marquant 751 millimètres, on demande de calculer quelle est la valeur de la pression atmosphérique sur un centimètre carré, un décimètre carré, un mètre carré.

2. La hauteur de la colonne mercurielle étant 765 millimètres dans un baromètre, on demande quelle serait la hauteur de la colonne soulevée dans un baromètre construit avec de l'acide sulfurique de densité 1,84?

3. Un tube bien cylindrique (fig. 84), fermé à une extrémité, est rempli de mercure et retourné sur une cuve à mercure. Quel effort faudra-t-il pour le soutenir, en suppo-

sant que le diamètre soit égal à 4 centimètres carrés et que la hauteur A C = 35cm ?

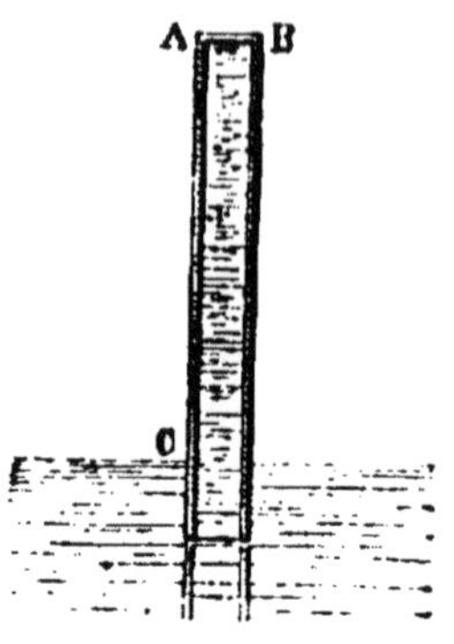

Fig. 84.

CHAPITRE XI.

LOI DE MARIOTTE.

108. Force élastique d'un gaz. — En vertu de son expansibilité, un gaz renfermé dans un espace donné, exerce une certaine pression contre les parois de l'enceinte, et si la paroi est mobile, comme dans le briquet à air, on est obligé d'opérer sur cette paroi une pression égale à celle du gaz pour le forcer à occuper le même volume. Cette pression, rapportée à l'unité de surface, mesure la *force élastique* du gaz, en appelant ainsi la force qui sollicite les molécules du gaz à s'écarter les unes des autres. L'expérience du briquet à air nous montre que si on veut diminuer le volume d'une certaine quantité de gaz, il faut exercer une pression de plus en plus grande ; sa force élastique augmente donc à mesure que son volume diminue. La relation qui lie le volume d'un gaz à la pression qu'il supporte est donnée par la *loi de Mariotte*. Cette loi fut trouvée à la même époque, en France, par l'abbé Mariotte (1620-1684) et en Angleterre par Boyle (1626-1691). En voici l'énoncé :

109. Loi de Mariotte. — *Les volumes occupés par une même masse de gaz sont en raison inverse des pressions qu'il supporte, pourvu que la température reste constante.* La vérification de la loi de Mariotte se fait au moyen d'appareils imaginés et employés par Mariotte : l'un dans le cas où la pression est supérieure à celle de l'atmosphère, l'autre dans le cas de pressions inférieures à celle de l'atmosphère.

110. — Tube de Mariotte. — Dans le premier cas,

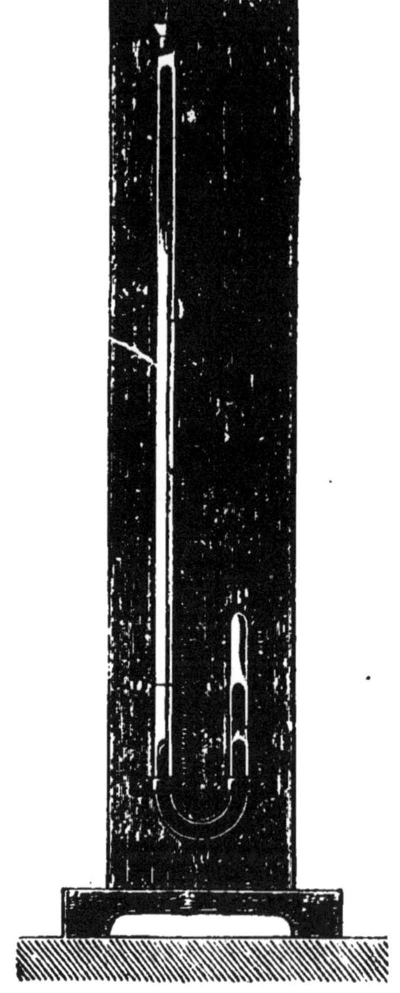

Fig. 85. — Tube de Mariotte.

on se sert du *tube de Mariotte*. C'est un tube à deux branches inégales A et B (fig. 85); la branche la plus courte est fermée, la plus longue est ouverte. L'appareil est fixé sur une planchette portant des divisions ; le long de la grande branche sont des divisions égales en longueur, des centimètres et des millimètres ; celles de la petite branche correspondent à des volumes égaux. Pour faire une expérience, on verse du mercure de manière à isoler de l'air extérieur une petite quantité de gaz en BE. En inclinant le tube dans un sens ou dans l'autre, on amène les niveaux à être sur un même plan horizontal dans l'une et l'autre branche. Or, la pression en D est celle de l'atmosphère ; donc la pression en E, qui est la même, est aussi d'une atmosphère. On note le volume BE = 12, par exemple. On a donc de l'air occupant un volume de 12 divisions sous la pression d'une atmosphère. On verse du mercure par l'ouverture A, le niveau s'élève dans l'une et l'autre branche, mais plus dans la branche de gauche que dans celle de droite ; on s'arrête quand le niveau en F correspond à la division 6. La pression en F est la même que sur la tranche D' dans l'autre branche, et en D' elle est égale à la pression de l'atmosphère plus la pression de la colonne de mercure LD'. Si l'on mesure cette hauteur on trouve qu'elle est juste égale à la colonne mercurielle dans un baromètre voisin : la pression en D' et par suite en F est donc de deux atmosphères. Ainsi l'air occupe un volume deux fois moindre et la pression est devenue deux fois plus grande. Avec un tube suffisamment long, on verra que si l'on réduit le volume de l'air à être égal à 4, la différence de niveau dans les deux branches sera deux fois la colonne barométrique. Par conséquent le volume sera devenu trois fois moindre pour une pression trois fois plus considérable. La loi indiquée est donc bien vérifiée.

111. Cuve profonde. — Pour les pressions moindres que la pression atmosphérique, on prend un long tube de verre fermé à l'une de ses extrémités et gradué en parties d'égal volume. On y introduit du mercure en y laissant un peu d'air ; puis, bouchant l'extrémité ouverte avec le doigt, on le retourne comme le tube de Torricelli, dans une *cuve profonde* (fig. 86) formée d'un tube de fer surmontée d'un cylindre de verre qui permet de voir le

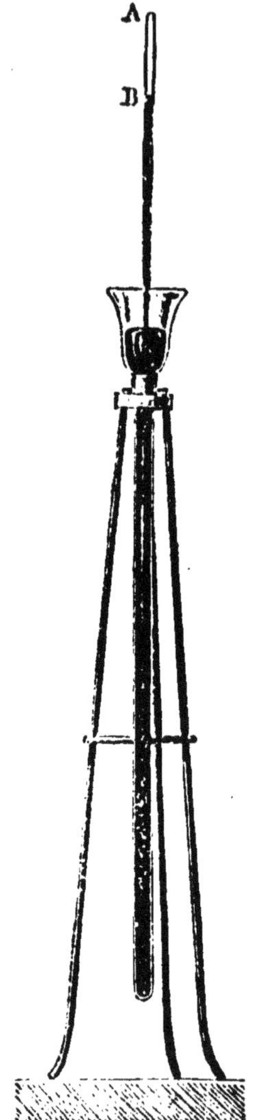

Fig. 86. — Cuve profonde.

niveau du mercure. On enfonce le tube de façon que le niveau dans le tube et dans la cuvette soient sur un même plan horizontal (fig. 87), et on note le nombre de divisions 15, occupé par l'air dans le tube. La pression de l'air enfermé

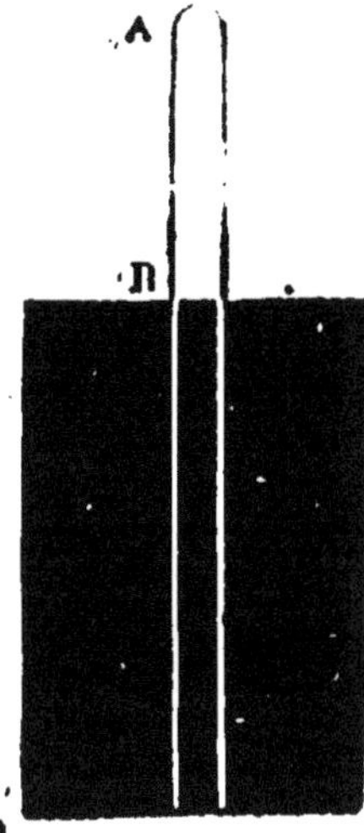

Fig. 87. — Vérification de la loi de Mariotte pour les pressions moindres que celle de l'atmosphère.

dans le tube est alors de 1 atmosphère. On soulève le tube jusqu'à ce que le volume de l'air soit de 30 divisions (fig. 88); pendant ce temps, le niveau du mercure s'élève lui-même. On mesure la différence de niveau BC, et on la trouve égale à 38 centimètres, si le baromètre marque 76 centimètres au moment de l'expérience. Or, la pression en D et en C sur un même plan horizontal sont égales; en D s'exerce la pression de l'atmosphère; en C s'exerce la pression de la colonne de mercure BC augmentée de la pression de l'air qui se trouve en B; la colonne de mercure BC valant 1/2 atmosphère, l'air exerce donc aussi une pression de 1/2 atmosphère. Ainsi, le volume est devenu deux fois plus grand et la pression est deux fois moindre. Si on avait soulevé le tube de manière que le volume occupé par l'air fût devenu 45, c'est-à-dire 3 fois plus grand, la différence du niveau dans le tube et dans la cuvette eût été des 2/3 de la colonne barométrique. La pression de l'air aurait donc été de 1/3 d'atmosphère, puisque, dans toutes les expériences, la pression de l'air ajoutée à celle de la

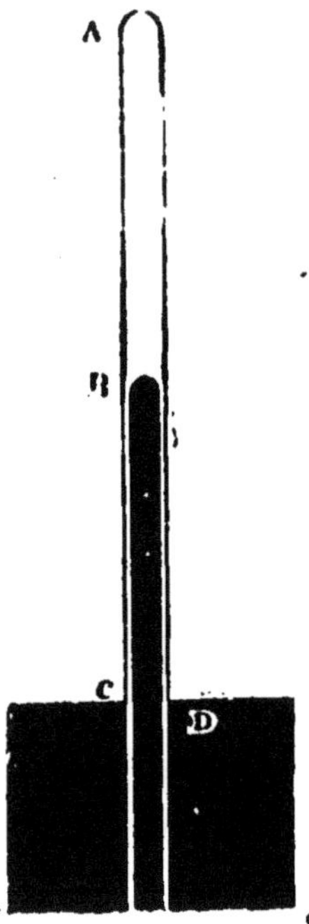

Fig. 88. — Vérification de la loi de Mariotte

colonne de mercure soulevée doit être égale à la pression de l'atmosphère.

112. Limites de l'exactitude de la loi de Mariotte. — En 1825, Despretz (1792-1863) trouva que pour des pressions plus grandes qu'une atmosphère, l'acide sulfureux ne se comportait pas comme l'air ; son volume diminuait plus que celui de l'air. Pouillet (1790-1868), arriva à la même conclusion. Deux autres physiciens français, Arago (1786-1853) et Dulong (1785-1838), dans un travail entrepris sur la vapeur d'eau, refirent les expériences relatives à la loi de Mariotte. Ils se servaient d'un appareil qui n'était qu'un tube de Mariotte de grandes dimensions, et ils trouvèrent que, jusqu'à 27 atmosphères, l'air suivait à peu près la loi de Mariotte. En 1847, Regnault (1810-1878), reprit les mêmes expériences; il perfectionna l'appareil d'Arago et de Dulong, et multiplia les précautions pour se mettre à l'abri de toutes les causes d'erreur. Il opéra dans les mêmes limites de pression qu'Arago et Dulong, et reconnut que tous les gaz s'écartent plus ou moins de la loi de Mariotte. Les gaz, facilement liquéfiables, comme l'acide sulfureux, se compriment plus vite que ne l'indique la loi, surtout lorsqu'ils sont près de passer à l'état liquide. Pour l'acide sulfureux, l'acide sulfhydrique, l'ammoniaque, il put observer les écarts en faisant varier la pression de 1 à 2 atmosphères. Les gaz non liquéfiés à cette époque, l'air, l'oxygène, l'azote s'écartaient aussi de la loi, dans le même sens, mais très peu; l'hydrogène seul se comprime moins que ne l'indique la loi. Depuis cette époque, on a repris les expériences en soumettant les gaz à des pressions de beaucoup supérieures à celles des expériences antérieures, et on a reconnu que la loi de Mariotte n'est rigoureusement exacte pour aucun gaz : que l'hydrogène a une compressibilité moindre que ne l'indique la loi, que tous les autres gaz ont d'abord une compressibilité plus grande ; puis, qu'ils se comportent comme l'hydrogène à partir d'une certaine pression, variable d'un gaz à l'autre, mais toujours très élevée : 65 atmosphères pour l'azote et l'oxyde de carbone, 80 pour l'air, 130 pour l'oxygène. Pour des variations de pression peu considérables, les écarts sont assez petits pour qu'on puisse regarder la loi de Mariotte comme exacte. C'est ce que nous ferons dans toutes les applications.

113. Conséquences de la loi de Mariotte. — Les écarts entre la loi de Mariotte et la manière dont se comportent les gaz étant très petits, surtout quand les pressions exercées ne sont pas très considérables, on regarde la loi de Mariotte comme exacte dans toutes les applications.

Si donc nous appelons V le volume d'une certaine quantité de gaz quand sa pression est H, et V', ce que devient son volume quand la pression est H', on a $\frac{V}{V'} = \frac{H'}{H}$. Désignons par D le poids spécifique ou le poids de l'unité de volume du gaz dans le premier cas, et par D' le poids spécifique du gaz dans le second cas; on a, puisque le poids est le même, $VD = V'D'$, d'où $\frac{V}{V'} = \frac{D'}{D}$ et, par suite, $\frac{D'}{D} = \frac{H'}{H}$, c'est-à-dire que le poids de l'unité de volume d'un gaz quelconque est proportionnel à la pression; par conséquent, le poids d'un volume quelconque de gaz varie proportionnellement à la pression. Si nous avons une quantité quelconque de gaz occupant un volume V sous la pression H, elle occupera un volume moitié moindre $\frac{V}{2}$, si la pression devient double ou 2 H; donc, dans le même volume V, il y aura deux fois plus de gaz, c'est-à-dire un poids deux fois plus grand.

On voit par là qu'on ne saurait déterminer complètement une quantité de gaz par son volume. Il faut indiquer en même temps sa pression, car un même volume peut contenir des quantités de gaz bien différentes selon la pression.

Un litre d'air sous la pression de l'atmosphère pèse 1 gr,293 ou approximativement 1 gr 3, donc : 10 litres d'air pèseront 13 grammes; mais si ces 10 litres d'air étaient à la pression de 5 atmosphères, le poids en serait 5 fois plus grand et égal à 65 gr.

Nous verrons plus tard que le poids d'un gaz contenu dans un volume donné, dépend aussi de sa température. En donnant 1 gr, 293 pour le poids d'un litre d'air sous la pression d'une atmosphère, nous supposons que la température est de 0°.

114. Manomètres. — Les manomètres (μανός, μέτρον)

sont des appareils destinés à mesurer la pression d'un gaz ou d'une vapeur renfermée dans un espace donné. Ils se partagent en manomètres à liquides et manomètres métalliques.

Les manomètres à liquides sont : ou à air libre ou à air comprimé. Le liquide employé est presque toujours le mercure.

115. Manomètre à air libre. — Le manomètre à air libre, qui est le meilleur et le plus exact de ces

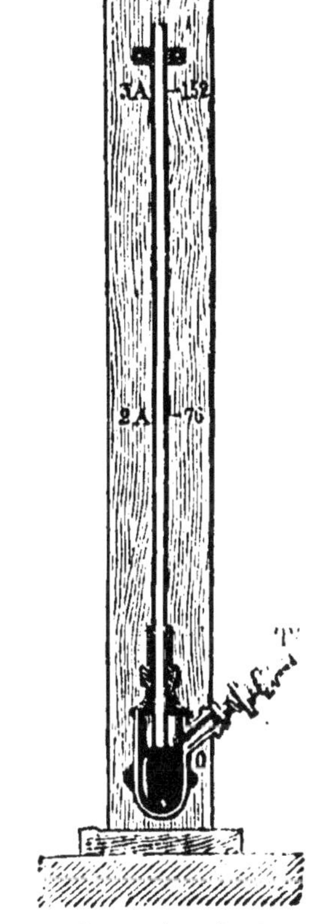

Fig. 89. — Manomètre à air libre.

appareils, se compose (fig. 89) d'un tube de verre ouvert à ses deux extrémités, et plongeant dans une cuvette en fonte O. Cette cuvette, renfermant du mercure, peut être mise en communication par le tube T muni du robinet R avec le réservoir renfermant le gaz dont on veut déterminer la pression.

Le tube est placé le long d'une planchette graduée en centimètres, le zéro correspond au niveau du mercure dans la cuvette. Lorsque la pression dans la cuvette et dans le réservoir est d'une atmosphère, le niveau est sur un même plan horizontal dans le tube et dans la cuvette. Si la pression augmente dans le réservoir, le niveau s'élève dans le tube, et quand il arrive à 76 centimètres au-dessus du niveau de la cuvette, c'est que la pression est de deux atmosphères; si le niveau s'élevait dans le tube à 152 centimètres, c'est-à-dire à deux fois 76 centimètres, la pression dans le réservoir serait de trois atmosphères, et ainsi de suite. — Cet instrument, très exact, a l'inconvénient d'être très long, et, par suite, très fragile et encombrant, s'il doit servir à évaluer des pressions considérables.

116. Manomètre à air comprimé. — Le manomètre à air comprimé (fig. 90) se compose d'un tube de verre, fermé à la partie supérieure et plongeant, comme le précédent, dans une cuvette en fonte fermée, que l'on peut mettre en communication avec le réservoir renfermant le gaz ou la vapeur, au moyen d'un tube T, muni d'un robinet. Le tube de verre A B renferme de l'air, et, quand on construit l'appareil, on le fixe de manière que, lorsque la pression dans la cuvette est d'une atmosphère, les deux niveaux sont sur un même plan horizontal. Quand la pression augmente dans la cuvette, le niveau s'élève dans le tube, mais moins vite que dans le manomètre à air libre, à cause de la résistance de l'air contenu dans le tube, résistance qui augmente d'autant plus que le volume de l'air est moindre. On gradue l'appareil par comparaison avec un manomètre à air libre.

A cause de la fragilité de ces appareils, on les remplace souvent par des manomètres métalliques.

117. Manomètres métalliques. — Le plus simple et le plus employé est celui de Bourdon. Il se compose

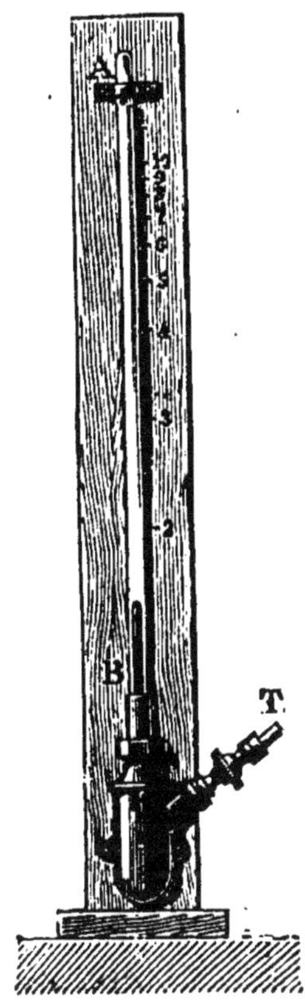

Fig. 90. — Manomètre à air comprimé.

d'un tube métallique creux C B A (fig. 91), de section elliptique, fixé au point C et muni d'un robinet qui permet de le mettre en communication avec le réservoir. Quand la vapeur ou le gaz pénètrent dans le tube avec une pression considérable, le tube se déroule, l'extrémité A marche vers la droite, et entraîne une aiguille D F, mobile autour du point O, devant un arc gradué. Cet appareil se gradue par comparaison avec un manomètre à air libre; mais à cause de la variation de l'élasticité des métaux, il faut le vérifier de temps en temps et le graduer à nouveau.

Fig. 91. — Manomètre métallique de Bourdon.

118. Mélange des gaz. — Expérience de Berthollet. — Si, dans un même vase, on introduit plusieurs gaz n'ayant pas d'action chimique l'un sur l'autre, ils se mélangent intimement, quelles que soient leurs densités. L'air est un mélange d'oxygène et d'azote; quoique l'oxygène soit plus dense que l'azote, la composition de l'air est la même à toutes les hauteurs.

Berthollet, chimiste français (1748-1822), fit, à ce sujet, l'expérience suivante : il prit deux ballons égaux, A et B, (fig. 92) à robinet, introduisit de l'acide carbonique dans le vase B, et de l'hydrogène dans le vase A, les deux gaz étant à la même pression; puis il vissa ces deux ballons l'un sur l'autre, les installa dans les caves de l'Observatoire, où la température est constante et en ouvrit les robinets. Au bout de quelque temps, il reconnut que chaque ballon renfermait une égale quantité d'acide carbonique et d'hydrogène; de plus, la pression, dans chacun d'eux, était restée la même qu'au commencement de l'expérience. L'acide carbonique, dont le poids spécifique est un peu plus de 21 fois celui de l'hydrogène, avait passé en partie du ballon inférieur dans le ballon supérieur, et de l'hydrogène était descendu dans le ballon inférieur. L'acide carbonique s'é-

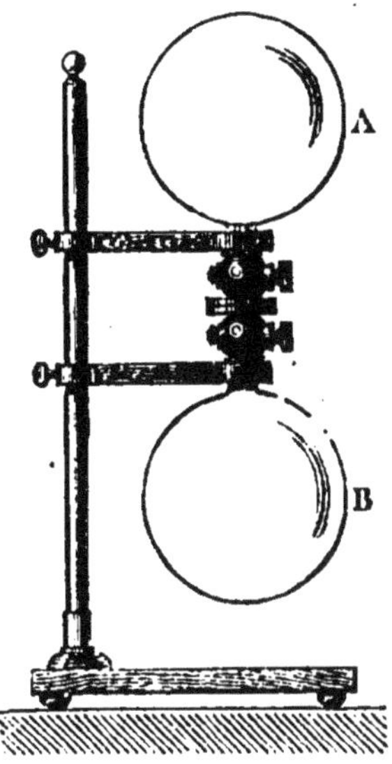

Fig. 92. — Expérience de Berthollet. — Mélange des gaz.

tait donc répandu dans un espace double de celui qu'il occupait d'abord, sa pression était devenue moitié de ce qu'elle était. De même pour l'hydrogène. La pression totale étant restée ce qu'elle était au commencement de l'expérience, on en conclut que la pression du mélange n'est autre chose que la somme des pressions que les gaz auraient eues si chacun d'eux eût été seul.

119. Loi du mélange des gaz. — Nous avons là une vérification du théorème général indiqué par le chimiste anglais Dalton (1766-1844), savoir : dans un mélange de plusieurs gaz, chacun des gaz se comporte comme s'il était seul, et la pression du mélange est égale à la somme des pressions exercées par chacun d'eux.

Cette propriété qu'a un gaz de se mélanger ainsi à un autre et de se répandre dans toute sa masse, a reçu le nom de *diffusion*.

120. Dissolution des gaz dans les liquides. — Les gaz se dissolvent dans les liquides : l'eau de seltz en est une preuve. Les poissons ne peuvent vivre dans l'eau que grâce à l'air qui s'y trouve en dissolution. Si l'on chauffe de l'eau, une partie de l'air qui s'y trouve s'échappe. La quantité de gaz dissoute dans un volume donné de liquides dépend de la nature du gaz : l'acide carbonique se dissout mieux dans l'eau que l'oxygène ou l'azote. — Pour un même gaz, la quantité que peut renfermer un volume donné de liquide est d'autant plus grande que la pression de ce gaz au-dessus du liquide est plus considérable. C'est en augmentant ainsi la pression de l'acide carbonique dans un réservoir contenant de l'eau que l'on fabrique l'eau de seltz.

EXERCICES

1. Dans un vase vide, de la capacité de $3^l,25$, on introduit de l'air qui, sous la pression de 76 centimètres, occupe $1^l,7$: calculer la nouvelle pression.

2. Une masse d'air occupe un volume de 2 décilitres lorsqu'elle est soumise à une pression de 76 centimètres : que deviendra son volume, lorsqu'elle ne sera plus soumise qu'à une pression de 8 centimètres?

3. Dans un tube de Mariotte, dont les deux branches ont même section, se trouve une masse d'air qui occupe un volume de 12 divisions ; on verse du mercure de manière que le volume occupé par l'air ne soit plus que de 8 divisions. On demande à quoi sera égale la différence des niveaux dans les deux branches, le baromètre, au moment de l'expérience, marquant 765 millimètres?

4. Un tube barométrique plongeant dans une cuve profonde, renferme de l'air ; le niveau est le même dans le tube et la cuvette ; on soulève le tube de manière que le volume occupé par l'air soit 5 fois plus grand. Que sera la différence des niveaux, la pression atmosphérique étant 760 millimètres au moment de l'expérience?

5. Un tube barométrique, plongeant dans une cuve profonde et dressé verticalement, renferme de l'air sec dans sa partie supérieure ; le volume de cet air est de 3 centimètres et la hauteur du mercure dans le tube au-dessus du niveau du mercure dans la cuvette est de 588 millimètres. On soulève le tube jusqu'à ce que le volume occupé par l'air, soit 4 centimètres, la hauteur du mercure dans le tube est alors 630 millimètres. Calculer, d'après cela, la valeur de la pression atmosphérique.

6. Calculer le poids d'air que renferme un ballon de 15 litres de capacité, cet air étant à la pression de $3^{at},5$ et à la température de 0°.

7. On a un ballon rempli d'air à 0° sous la pression de 760 millimètres. On fait le vide partiellement, et l'on constate qu'il est sorti 48 grammes d'air. La pression de l'air qui reste est de 20 millimètres. On demande quel est le poids de cet air restant, et quel est le volume du ballon.

8. Le tube d'un manomètre à air comprimé est bien calibré, il a une longueur de 60 centimètres. Quand la pression sur le niveau du mercure de la cuvette est d'une atmosphère, le niveau est le même dans la cuvette et dans le tube ; on exerce sur le mercure de la cuvette une pression qui fait monter le niveau de 45 centimètres dans le tube. Calculer cette pression.

9. Dans un vase de la capacité de 2 litres, on introduit 10 litres d'air sous la pression de 3 atmosphères, 15 litres d'hydrogène sous la pression de 2 atmosphères et 3 litres d'acide carbonique sous la pression de 1/2 atmosphère. On demande quelle est la pression du mélange.

10. Dans un cylindre dont la base est un cercle de 30 centimètres de rayon et la hauteur 50 centimètres, on introduit 200 litres d'oxygène sous la pression de 750 millimètres. Combien de litres d'azote, sous la pression de 600 millimètres, faudra-t-il ajouter pour que le mélange ait une force élastique égale à 4 atmosphères?

CHAPITRE XII.

MACHINE PNEUMATIQUE. — MACHINES DE COMPRESSION.

121. Description de la Machine pneumatique. — La machine pneumatique est un appareil destiné à raréfier l'air ou un gaz renfermé dans un espace limité. In-

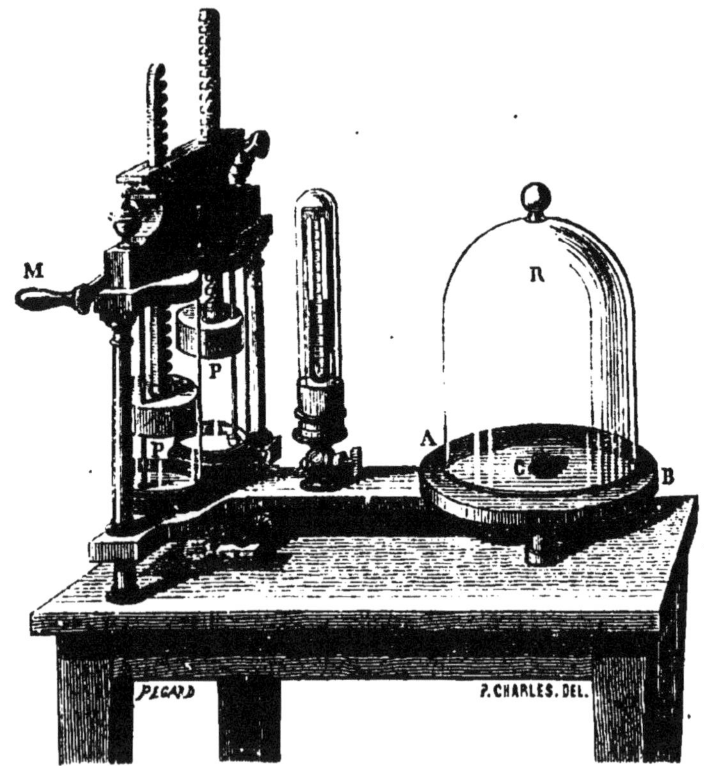

Fig. 93. — Machine pneumatique.

ventée en 1650 par Otto de Guericke (1602-1686), bourgmestre de Magdebourg, elle fut successivement perfectionnée par Boyle, Hauksbée (vers 1650-1713), Papin (1650-1710), S'Gravesand (1688-1742), etc.

La machine pneumatique (fig. 93), telle qu'on la trouve actuellement, se compose de deux corps de pompe cylindri-

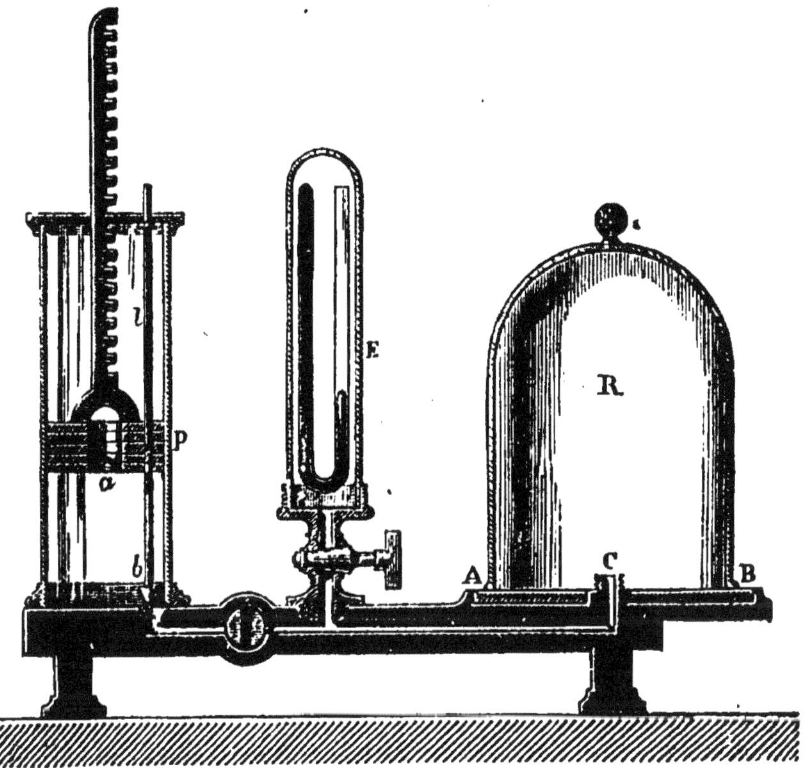

Fig. 93 *bis*. — Machine pneumatique.

ques, communiquant tous deux avec un canal qui vient déboucher en C, au milieu de la platine AB de la machine. Cette platine est formée par un disque en cristal dressé à l'émeri, sur lequel on applique les cloches dont on veut extraire l'air. L'extrémité du canal est munie d'un pas-de-vis qui permet d'y fixer également les vases où l'on veut faire le vide. Les deux corps de pompe étant semblables, nous n'en décrirons qu'un : le piston (fig. 93 *bis*), formé de rondelles de cuir maintenues entre deux plaques de métal, est muni d'une soupape *a*, s'ouvrant de bas en haut; elle permet ainsi à l'air de passer de la partie inférieure du corps de pompe à la partie supérieure, mais elle empêche le retour inverse. Le piston est traversé à frottement dur par une tige *t* qui, à la partie inférieure, porte un petit bouchon conique *b* fermant exactement l'ouverture de communication entre le corps de pompe et le canal qui mène à la platine. Lorsque le piston est mis en mouvement, il entraîne cette tige dans un sens ou dans l'autre. Un petit renflement placé au haut de cette tige vient butter contre la partie supérieure du corps de pompe et l'arrête dès que le bouchon se trouve à une très petite distance de l'ouverture. Les pistons *p* sont mis en mouvement à l'aide d'une manivelle M, qui donne un mouvement alternatif à une roue dentée engrenant avec les tiges à crémaillère.

122. Jeu de la machine. Supposons le piston au bas du corps de pompe et soulevons-le : la tige *t* est entraînée, l'ouverture *b* laissée libre, l'air qui se trouve dans le récipient et le canal de communication se répand en partie dans le corps de pompe, il occupe un volume plus grand, sa pression devient moindre. Pendant toute la durée de l'ascension du piston, la soupape *a* reste fermée, puisqu'elle est plus pressée en dessus par l'atmosphère qu'elle ne l'est par l'air qui se trouve au-dessous.

Si nous abaissons maintenant le piston, immédiatement la tige *t* ferme l'ouverture *b*; l'air enfermé dans le corps de pompe est comprimé au fur et à mesure que le piston descend; sa pression augmentant devient, à un certain moment, supérieure à celle de l'atmosphère; l'air ouvre alors la soupape *a* et s'échappe à l'extérieur; on a ainsi enlevé du récipient tout l'air qui a passé dans le corps de pompe. Le même phénomène se reproduira à chaque *coup de piston*. Nous appelons ainsi une allée et une venue du piston.

Représentons par $V = 6^l$ la capacité du récipient y compris le canal de communication, par $V' = 1^l$ la capacité du corps de pompe quand le piston est au haut de sa course; proposons-nous de trouver comment varie la pression dans le récipient quand on fait jouer la machine. Remarquons d'abord que lorsque le piston est au haut de sa course, l'air occupe un volume de 7 litres, que le piston étant amené au bas de sa course, il n'en reste plus que 6 ; donc à chaque coup de piston on enlève $\frac{1}{7}$ de l'air contenu dans le récipient : on ne peut donc jamais faire le vide, puisqu'on ne retire à chaque coup de piston qu'une fraction de l'air qui reste.

Nous pouvons exprimer d'une manière générale ce que devient la pression après chaque coup de piston. Au commencement de l'expérience, le piston étant au bas de sa course, nous avons une masse d'air qui occupe un volume V sous la pression H. Soulevons le piston, cet air occupe un volume $V + V'$ sous la pression H_1, donnée par la relation $\frac{H_1}{H} = \frac{V}{V+V'}$ d'où $H_1 = H \frac{V}{V+V_1}$, mais cette pression H_1 est précisément celle que conservera l'air dans le récipient quand le piston sera revenu au bas de sa course. Si nous donnons un second coup de piston, nous aurons le même raisonnement pour la nouvelle pression :

$$H_2 = H_1 \cdot \frac{V}{V+V'} = H\left(\frac{V}{V+V'}\right)^2,$$

c'est-à-dire que pour obtenir la pression après chaque coup de piston, il faut multiplier par $\frac{V}{V+V'}$ la pression qui restait après le coup précédent. Après n coups de piston la pression H_n serait $H_n = H\left(\frac{V}{V+V'}\right)^n$. Or, la fraction $\left(\frac{V}{V+V'}\right)$ étant moindre que 1, $\left(\frac{V}{V+V'}\right)^n$ sera d'autant plus petit que n sera plus grand, mais ne sera jamais nul, donc H_n ne sera jamais nul; cela montre bien qu'on ne pourra jamais obtenir le vide.

Avec les nombres V = 6 V' = 1 que nous avons pris plus haut pour exemple, nous avons pour les valeurs des différentes pressions $H_1 = \frac{6}{7} H$, $H_2 = H \left(\frac{6}{7}\right)^2$ $H_n = H \left(\frac{6}{7}\right)^n$.

123. Avantage des deux corps de pompe.— L'emploi de deux corps de pompe dans la machine pneumatique accélère la raréfaction de l'air dans le récipient, puisqu'on double ainsi le nombre des coups de piston. Mais il y a un autre avantage bien plus marqué, c'est de faciliter la manœuvre de la machine. En effet, lorsqu'on a déjà donné plusieurs coups de piston, l'air qui reste dans le récipient étant raréfié, le piston, pendant son ascension, se trouve soumis sur sa face supérieure à la pression de l'atmosphère, et sur sa face inférieure à une pression très faible; de là une grande difficulté pour soulever le piston, difficulté qui dépend d'ailleurs de la surface du piston. Au contraire, quand on abaisse le piston, on est tout d'abord obligé de faire un effort pour le retenir, puisqu'il est plus pressé par dessus que par dessous, effort qui doit être maintenu jusqu'au moment où la soupape du piston s'ouvre. Avec deux pistons se mouvant ensemble de manière que l'un descend quand l'autre monte, la résistance de l'atmosphère qui s'oppose à l'ascension de l'un des pistons est détruite par la pression qui s'exerce sur l'autre, et qui tend à accélérer son mouvement de descente, si bien qu'on n'a plus qu'à vaincre la différence des pressions supportées par les faces inférieures des pistons.

124. Mesure de la pression de l'air dans le récipient. — On peut, de plusieurs manières, mesurer à chaque instant la pression de l'air dans le récipient et reconnaître si la loi trouvée est exacte. On peut faire usage du *baromètre dans le vide.* L'appareil (fig. 94) se compose d'une cloche à bords rodés pouvant s'appliquer exac-

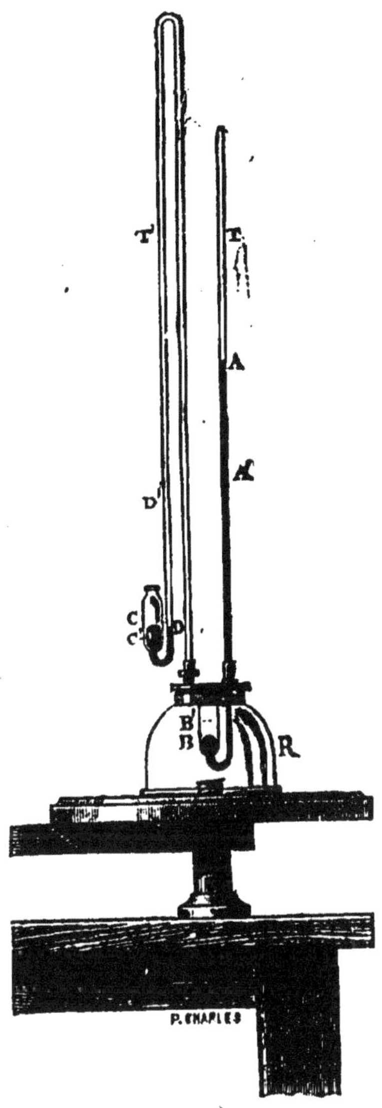

Fig. 94. — Baromètre dans le vide.

tement sur la platine de la machine. Dans la tubulure se trouvent fixés deux tubes : l'un T est un baromètre à siphon, dont la plus courte branche est dans la cloche; l'autre T' est un tube à trois branches terminé extérieurement par un réservoir, comme le baromètre à siphon. Quand la pression sous la cloche est celle de l'atmosphère, les niveaux dans le tube T sont A et B on a un baromètre; dans le tube T' ils sont en C et D sur un même plan horizontal. Si l'on place la cloche sur la platine de la machine et qu'on fasse le vide, on voit le niveau s'abaisser en A, et s'élever en D, la pression devenant moindre sous la cloche et par suite en B et en D; la quantité dont le niveau s'abaisse en A indiquant de combien la pression a diminué sous la cloche est précisément égale à celle dont il s'élève en D, et à chaque instant la somme des deux différences de niveau est égale à la hauteur de la colonne de mercure dans un baromètre voisin. Ce qui mesure la pression de l'air sous le récipient est la hauteur A' B', ou bien ce qui manque à la distance C' D' pour être égale à la hauteur du baromètre. Cet appareil est remplacé dans les machines pneumatiques par *l'éprouvette* de la machine ou *baromètre tronqué.*

125. Eprouvette de la machine. — L'éprouvette due à *Mairan*, physicien français (1678-1771), est un tube de verre A C B (fig. 95), à deux branches égales de 20 centimètres environ; l'une des deux branches est ouverte, l'autre est fermée. On a rempli de mercure la branche fermée, et la branche ouverte jusqu'en D. Le tube est fixé sur une planchette métallique portant des divisions en centimètres, le zéro correspond au point où arriverait le mercure dans l'une et l'autre branche s'il était sur un même plan horizontal. Le tout se trouve dans une *éprouvette* en verre fixée sur le canal de communication de la machine. Quand la pression sous le récipient est devenue moindre que la différence de niveau B D, le mercure commence à s'élever en D et à s'abaisser en B. Si le vide était fait dans le récipient, les deux niveaux se trouveraient sur un même plan horizontal, correspondant au zéro; la pression de l'air restant sous le récipient est à chaque instant mesurée par la différence des niveaux B' D'.

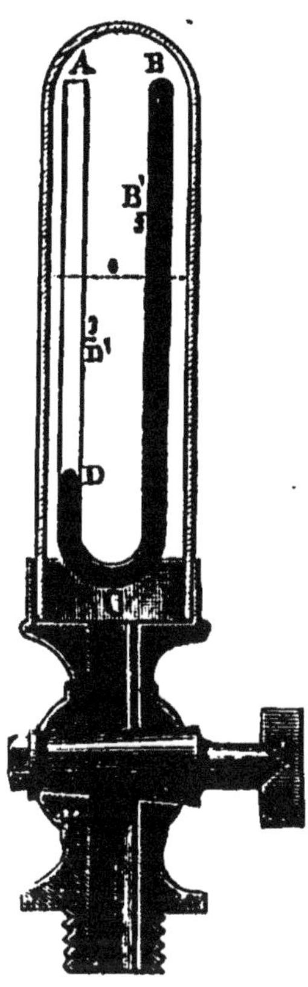

Fig. 95. — Éprouvette de la machine.

Si par exemple B' et D' se trouvent devant les divisions 3, la pression sera mesurée par 6^{cm} de mercure.

126. Espace nuisible.— Si, à l'aide d'un des appareils précédents, on évalue à chaque instant la valeur de la pression du gaz restant sous le récipient, on trouve que la loi indiquée précédemment (122) ne se vérifie pas; c'est que les conditions que nous avons supposées pour établir cette loi ne sont pas complètement réalisées dans la pratique. Ainsi il n'est pas vrai que le piston, au point le plus bas de sa course, s'applique exactement contre le fond du corps de pompe. Il existe toujours entre l'un et l'autre un petit espace appelé *espace nuisible*; quand on a abaissé le piston autant que possible, il reste donc au-dessous de lui une petite quantité d'air à la pression de l'atmosphère. Cet air empêche qu'il ne pénètre dans le corps de pompe autant d'air qu'il pourrait en venir du récipient et, par suite, la pression ne diminue pas autant qu'elle devrait le faire. L'existence de cet espace nuisible fait que la pression ne peut diminuer dans le récipient au delà d'une certaine limite facile à déterminer; appelons u cet espace nuisible et V' le volume du corps de pompe. Quand le piston est au bas de sa course, il reste au-dessous de lui un volume d'air u à la pression H de l'atmosphère; répandu dans l'espace V' cet air aurait la pression H_1 donnée par la loi de Mariotte $\frac{H}{H_1} = \frac{u}{V'}$ d'où $H_1 = H\frac{u}{V'}$. Si l'air dans le récipient a une pression égale à H_1 il n'en pourra plus passer dans le corps de pompe et la machine ne fonctionnera plus. On démontre que cette limite même ne peut jamais être atteinte. Des dispositions particulières ont permis de la reculer davantage et d'obtenir des pressions très faibles.

127. Clef de la machine. — Lorsqu'on cesse de faire fonctionner la machine, on observe dans la plupart des cas que la machine ne tient *pas le vide*, c'est-à-dire que la pression, loin de demeurer constante, augmente d'une manière lente. Cette augmentation de pression est due à la rentrée de l'air qui a lieu autour des pistons et par les soupapes, à la faveur de petits interstices que les constructeurs ne peuvent éviter entièrement. On remédie à cette diminution de pression au moyen de la clef. La *clef de la machine* est un robinet placé sur le canal de communication. Elle sert à établir ou à intercepter la communication entre le récipient et le corps de pompe; elle sert aussi à laisser rentrer l'air sous le récipient, qu'il serait fort difficile d'enlever de dessus la platine à cause de la pression de l'atmosphère. Le robinet qui constitue la clef peut être amené dans l'une des trois positions indiquées par la figure (96). Dans la position (1) la communication existe entre les corps de pompe et le réci-

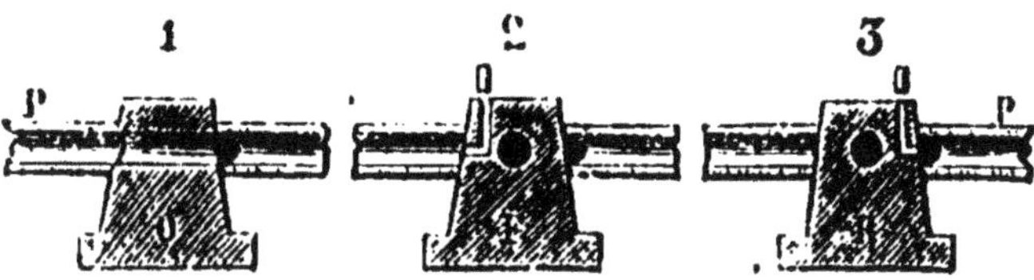

Fig. 96. — Clef de la machine pneumatique. — Ses diverses positions.

pient, l'opérateur en est averti par la lettre O (ouvert). Si l'on fait tourner le robinet de 90°, il a la position (2); toute communication est interceptée; il présente alors à l'opérateur la lettre F (fermé). Supposons enfin qu'on le tourne de 180° et qu'on l'amène dans la position (3), alors si on enlève le petit bouchon métallique qui ferme le petit canal *c*, l'air rentre en sifflant sous le récipient. Cette position est indiquée par la lettre R (rentrée de l'air) que voit l'opérateur.

128. Usages de la machine pneumatique. — Fontaine dans le vide. — On peut faire un très grand nombre d'expériences avec la machine pneumatique; nous nous en sommes servis (92, 94) pour prouver la pression de l'atmosphère au moyen du *crève-vessie* et des *hémisphères de Magdebourg*. Sous le récipient, plaçons une bougie allumée, et faisons le vide, nous verrons au bout de quelques coups de piston la bougie s'éteindre et nous aurons ainsi démontré la nécessité de l'air pour la combustion. L'expansibilité des gaz que nous avons démontrée par l'expérience de Boyle (19) peut aussi être mise en évidence au moyen de la *fontaine dans le vide*. On prend un petit flacon (fig. 97) qu'on remplit d'eau jusqu'en A B; on le ferme avec un bouchon traversé par un tube effilé en *a* et plongeant jusqu'au fond; on le place sous le récipent, et dès les premiers coups de piston, on voit l'eau jaillir par la pointe effilée du tube: c'est que la pression de l'air diminuant sous le récipient ne fait plus équilibre à la pression de l'air qui est en c. Pendant que l'eau jaillit, l'air en c occupe un volume plus grand, sa pression devient moindre, et quand

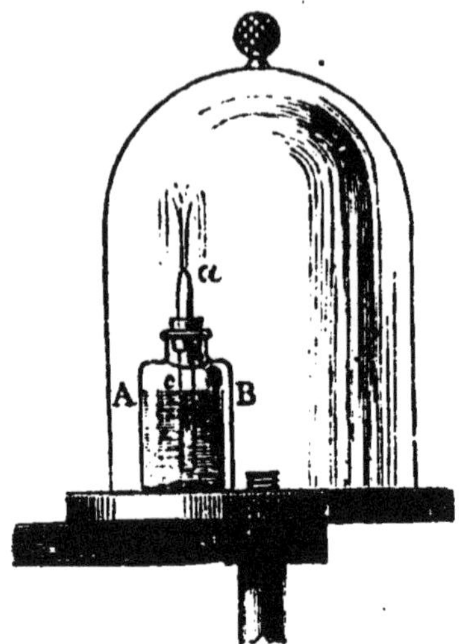

Fig. 97. — Fontaine dans le vide.

on laisse rentrer l'air sous le récipient, on voit des bulles d'air pénétrer par le tube et venir occuper la place de l'eau qui est sortie.

La machine pneumatique est devenue un appareil employé dans l'industrie. On s'en sert pour enlever les gaz viciés dans le percement des tunnels d'une grande longueur, celui du Mont-Cenis par exemple. Nous verrons plus loin d'autres applications.

129. Machines de compression. — Ce sont des appareils destinés à comprimer l'air ou un gaz quelconque dans un espace fermé. La plus simple de ces machines est notre soufflet ordinaire; il se compose de deux planchettes A et B (fig. 98) qui, réunies par une peau, peuvent être rapprochées ou éloignées l'une de l'autre; une tuyère T fait communiquer avec l'extérieur l'espace compris entre les deux planchettes. Si on les écarte l'une de l'autre, l'air extérieur pénètre dans l'espace E par la tuyère T et par la soupape D, qu'il soulève. Si on les rapproche, l'air comprimé ferme la soupape D et s'échappe par la tuyère T.

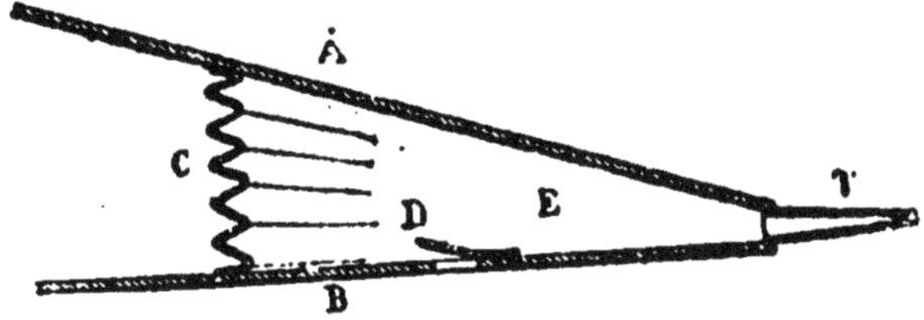

Fig. 98. — Soufflet.

130. Pompe de compression. — Elle se compose d'un corps de pompe cylindrique dans lequel se meut un piston

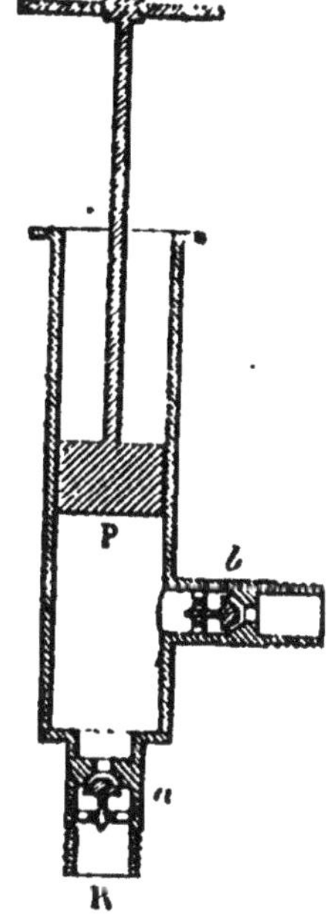

Fig. 99. — Pompe de compression.

plein P (fig. 99). A la partie inférieure se trouve une ouverture formée par une soupape *a* s'ouvrant de l'intérieur à l'extérieur; un tuyau placé au-dessous le met en communication avec le récipient R où l'on veut comprimer le gaz. Latéralement se trouve une ouverture munie d'une soupape s'ouvrant de l'extérieur à l'intérieur et par laquelle le corps de pompe est mis en communication avec l'air extérieur ou avec un réservoir renfermant le gaz à comprimer. Le jeu de la machine est très simple. Le piston étant au bas de sa course, si on le soulève, l'air du récipient R ferme la soupape *a*. Quand le piston est au-dessus du tube latéral, la pression atmosphérique fait ouvrir la soupape *b*, l'air pénètre dans le corps de pompe, celui-ci se trouve ainsi plein d'air sous la pression de l'atmosphère quand le piston est au haut de sa course. Dès qu'on abaisse le piston, l'air dont la pression l'emporte sur celle de l'atmosphère ferme la soupape *b*, le volume qu'il occupe diminue, sa pression augmente, et il arrive un moment où la soupape *a*, plus pressée par dessus que par dessous, s'ouvre, et l'air pénètre dans le récipient R. A chaque coup de piston on introduit ainsi dans le récipient un même volume d'air, celui du corps de pompe, à la même pression, celle de l'atmosphère : donc la pression augmente de quantités égales dans le récipient. La quantité dont augmente ainsi la pression à chaque coup de piston se calcule en s'appuyant sur la loi du mélange des gaz (119). Soit V le volume du récipient, V′ celui du corps de pompe, on a une masse d'air qui occupe d'abord le volume V′ sous la pression H; quand elle occupera le volume V, sa pression H_1 sera donnée par :

$$\frac{H_1}{H} = \frac{V'}{V} \text{ d'où } H_1 = H\frac{V'}{V}.$$

Cette pression s'ajoute à celle qui existe déjà dans le récipient, et elle représente la quantité dont la pression varie dans celui-ci à chaque coup de piston. Si H_0 est la pression initiale dans le récipient, la pression après *n*, coups de piston, sera devenue $H_n = H_0 + nH\frac{V'}{V}$ Un manomètre quelconque mis en communication avec le récipient indiquera, à chaque instant, la valeur de la pression.

La pression devrait, d'après cela, augmenter indéfiniment dans le récipient. En réalité il existe pour la machine de compression comme pour la machine pneumatique une pression limite qu'on ne peut dépasser. Elle est due à l'existence de l'espace nuisible au-dessous du piston.

Si le corps de pompe, au lieu de prendre l'air dans l'atmosphère pour le refouler dans le récipient, prise un gaz dans un réservoir adapté à la tubulure latérale, le jeu de la machine est le même, mais la loi suivant laquelle la pression varie n'est plus celle que nous avons indiquée.

131. Fontaine de compression. — La pompe de compression est employée toutes les fois qu'on veut comprimer l'air ou un gaz quelconque aussi bien dans l'industrie que dans les expériences de physique et de chimie; nous citerons seulement *la fontaine de compression*.

La fontaine de compression (fig. 100) se compose d'un ré-

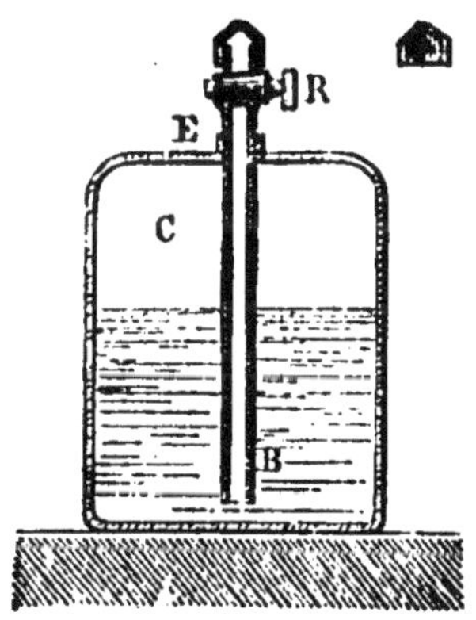

Fig. 100. — Fontaine de compression.

servoir métallique à parois résistantes et d'un tube B ouvert, muni d'un robinet R, qui pénètre par la tubulure E jusqu'au fond. On remplit le vase d'eau jusqu'à une certaine hauteur; on adapte le tube B sur lequel on visse la pompe de compression; puis le robinet R étant ouvert, on comprime de l'air qui vient s'accumuler en C. On enlève alors la pompe après avoir fermé le robinet, on visse sur le tube un ajutage, on ouvre le robinet et l'eau jaillit, poussée par l'air qui est en C et dont la pression est supérieure à celle de l'atmosphère. La hauteur du jet va peu à peu en diminuant, parce que la pression en C devient de plus en plus petite, au fur et à mesure que le volume augmente.

Si, au lieu d'air, on comprime de l'acide carbonique puisé dans un vase adapté à la tubulure T, cet acide se dissout en partie dans l'eau et on obtient ainsi de l'eau de Seltz, qu'on recueille par le robinet M.

CHAPITRE XIII.

POMPES.

132. Pompes. — Les pompes sont des appareils destinés à élever l'eau ou les liquides. Leur invention est généralement attribuée à Ctesibius, qui vivait à Alexandrie au IIIe siècle av. J.-C.

Nous les partagerons en pompes aspirantes, et en pompes aspirantes et foulantes.

133. Pompe aspirante. La pompe aspirante se compose d'un corps de pompe A (fig. 101), muni d'un tuyau de déversement C; il est réuni par la partie inférieure au tuyau d'aspiration T, qui plonge dans le puisard d'où l'on veut élever l'eau. Au point de réunion de ces deux tuyaux se trouve une soupape *dormante b*, qui s'ouvre de bas en haut. Dans le corps de pompe se meut un piston creux, muni d'une soupape s'ouvrant également de bas en haut. Supposons le piston au bas de sa course, le tuyau d'aspiration étant plein d'air à la pression de l'atmosphère. Si on soulève le piston, le vide tend à se faire au-dessous de lui; la soupape *a* pressée à la partie supérieure par l'atmosphère reste fermée; la soupape *b* s'ouvre, pressée par l'air qui se trouve au-dessous; une partie de l'air du tuyau d'aspiration passe alors dans le corps de pompe; son volume augmentant, sa pression devient moindre et la pression de l'atmosphère qui s'exerce en M M', fait monter l'eau dans le tuyau d'aspiration. Quand le piston est au haut de sa course, la colonne d'eau soulevée, ajoutée à la pression de l'air répandu dans le corps de pompe et le tuyau d'aspiration, fait équilibre à la pres-

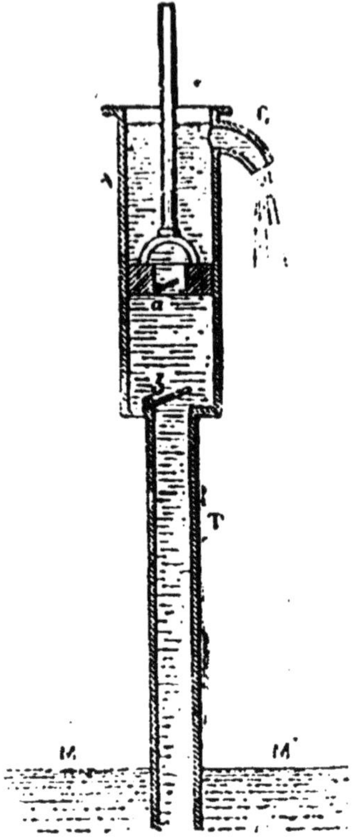

Fig. 101. — Pompe aspirante.

sion atmosphérique. A ce moment, la soupape *b*, également pressée des deux côtés, se ferme par son propre poids. Si on abaisse le piston, l'air qui se trouve dans le corps de pompe est comprimé. Sa pression augmentant fait bientôt ouvrir la soupape *a* et il s'échappe dans l'atmosphère. A un second coup de piston les mêmes phénomènes se reproduisent, la colonne d'eau soulevée dans le tuyau d'aspiration devient plus grande. Après un certain nombre de coups de piston, l'eau arrive dans le corps de pompe, et quand on abaisse le piston, dès qu'il atteint l'eau, le liquide passe par dessus : la pompe est alors *amorcée.* Au coup de piston suivant l'eau est soulevée, atteint l'orifice et s'écoule par le tuyau latéral, tandis que l'eau du puisard, toujours poussée par la pression atmosphérique, continue à remplir le tuyau d'aspiration et le corps de pompe. Il en sera de même à chacun des coups de piston qu'on donnera désormais : chaque fois que le piston monte, il soulève l'eau qui est au-dessus de lui et aspire l'eau du puisard ; quand il descend, la soupape *a* étant ouverte, le liquide est simplement traversé par le piston. Ce qui détermine en réalité l'ascension de l'eau dans le tuyau d'aspiration, c'est la pression de l'atmosphère qui s'exerce en M. La longueur de la colonne d'eau soulevée ne peut dépasser 10^{m},33, hauteur qui fait équilibre à la pression de l'atmpsphère. Donc la distance du niveau de l'eau M M' dans le puisard à la partie inférieure du piston au point le plus élevé de sa course, doit au plus être égale à 10^{m},33. Mais à cause des imperfections de construction, on ne dépasse jamais 8 mètres dans la pratique.

134. Pompe aspirante élévatoire.—Elle ne diffère de la pompe aspirante, que nous venons de décrire, que par les dispositions suivantes : le corps de pompe est hermétiquement fermé en E F (fig. 102) ; latéralement, est adapté un tuyau L, dans lequel se trouve en *c* une soupape s'ouvrant de bas en haut, et un peu au-dessus est un canal de déversement muni d'un robinet. Le jeu de cette pompe est exactement le même que précédemment : quand le piston monte, l'eau est aspirée du puisard, et celle qui se trouve au-dessus de lui est soulevée, ouvre la soupape *c* et s'élève dans le tuyau L, ou se déverse par le canal latéral, suivant que le robinet est fermé ou ouvert.

135. Pompe aspirante et foulante.—Cette pompe se compose d'un corps de pompe (fig. 103), dans lequel se meut un piston plein, relié à la partie inférieure à un tuyau d'aspiration, comme dans la pompe aspirante, une soupape

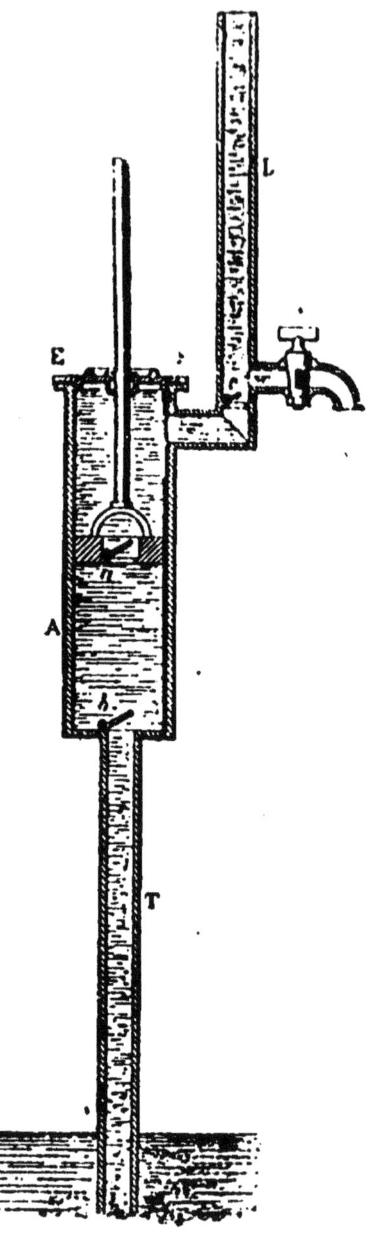

Fig. 102. — Pompe aspirante élévatoire.

dormante *b* se trouve également au point de jonction du corps de pompe et du tuyau d'aspiration. Du bas du corps

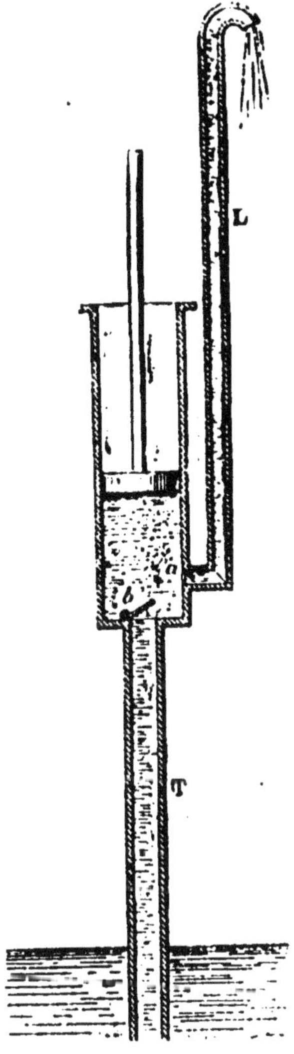

Fig. 103. — Pompe aspirante foulante.

de pompe s'élève le tuyau d'ascension L, à la naissance duquel se trouve une soupape *a* s'ouvrant de dedans en dehors.

Lorsqu'on soulève le piston, l'air du tuyau d'aspiration passe dans le corps de pompe, la pression atmosphérique fait monter l'eau dans T; quand on abaisse le piston, l'air, comprimé dans le corps de pompe, ouvre la soupape *a* et s'échappe par L. Quand la pompe est amorcée, c'est-à-dire quand l'eau est arrivée dans le corps de pompe, si l'on abaisse le piston, elle est refoulée, ouvre la soupape *a* et s'élève dans le tuyau L; chaque fois que le piston monte, l'eau passe du puisard dans le corps de pompe; quand le piston descend, elle passe du corps de pompe dans le tuyau d'aspiration. La distance du niveau de l'eau dans le puisard à la partie inférieure du piston, arrivé au point le plus haut de sa course, ne peut dépasser 10^{m},33. Mais le tuyau d'ascension peut avoir une longueur aussi grande qu'on veut.

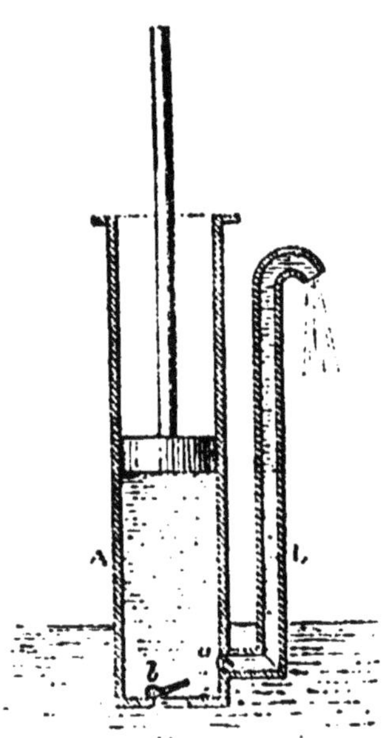

Fig. 104. — Pompe foulante.

Si on supprime le tuyau d'aspiration, on a la pompe foulante, qui est fréquemment employée (fig. 104).

136. Effort à faire pour la manœuvre d'une pompe. — Dans la pompe aspirante il n'y a d'effort à faire que pendant l'ascension du piston; dans la pompe aspirante élévatoire, aussi bien que dans les pompes foulantes, il faut exercer un effort plus ou moins grand quand on fait descendre et quand on fait monter le piston.

137. L'écoulement dans les pompes est intermittent. — Pompe à incendie. — Dans ces différentes pompes, l'écoulement du liquide est intermittent. Dans les pompes aspirantes, le liquide s'écoule seulement quand on soulève le piston; c'est lorsqu'on l'abaisse que l'écoulement a lieu dans les pompes foulantes. Si la quantité du liquide soulevé à chaque coup de piston est supérieure à celle qui peut s'écouler par l'orifice pendant le même temps, l'écoulement peut être continu. On parvient mieux à obtenir un jet continu au moyen d'un réservoir d'air, comme celui qui se trouve dans la pompe à incendie.

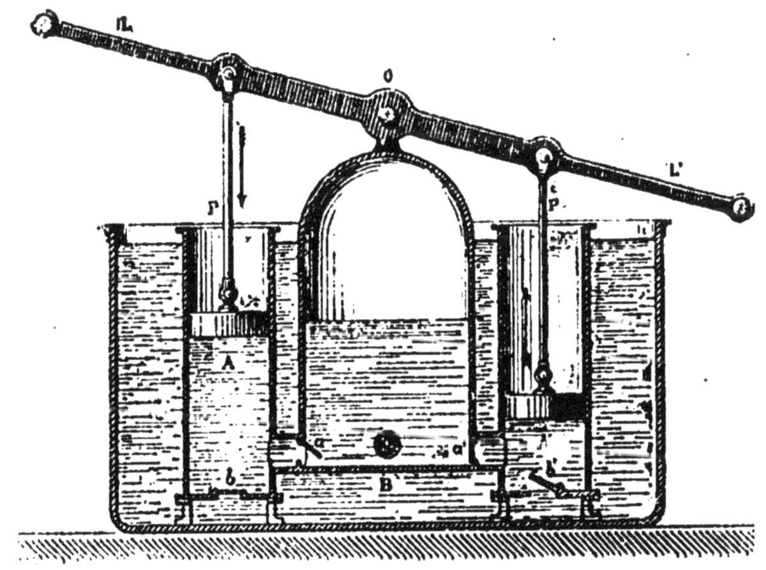

Fig 103. — Pompe à incendie.

La pompe à incendie, dont on trouve la description dans les ouvrages de Héron d'Alexandrie (IIIe siècle av. J. C.), se compose de deux pompes foulantes ; les corps de pompe A et A' (fig. 105) sont placés dans une bâche B, où l'on verse de l'eau ; les pistons P et P' sont mis en mouvement par un levier L L', mobile autour du point O, de sorte que l'un monte quand l'autre descend. Ces corps de pompe communiquent l'un et l'autre avec un réservoir fermé R, du fond duquel part le tube T par lequel l'eau s'échappe. Si le piston P' monte, *b'* est ouvert, *a'* fermé ; l'eau passe de la bâche dans le corps de pompe. En même temps, P descend, *b* est fermé, *a* ouvert ; l'eau passe du corps de pompe dans le réservoir et comprime l'air ; la pression de cet air refoule l'eau et la chasse par le tube T. On a de cette façon un jet continu.

CHAPITRE XIV.

SIPHON.

138. Siphon. — Le siphon se compose essentiellement d'un tube deux fois recourbé et il sert à transvaser les liquides. Les Egyptiens en faisaient usage 1700 ans avant notre ère. Le jeu du siphon est fondé sur la pression de l'atmosphère.

Soit à transvaser un liquide du vase A (fig. 106) dans le

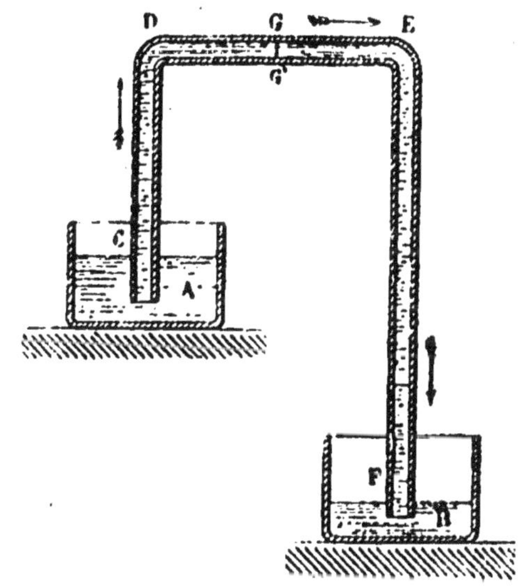

Fig. 106. — Siphon.

vase B. Pour cela, plaçons un tube C D E F plongeant dans l'un et l'autre vase et préalablement rempli du même liquide que celui qui se trouve en A et en B. Considérons dans la partie horizontale D E, une tranche G G'; elle est pressée à droite et à gauche. Si les deux pressions sont égales, elle restera en équilibre; sinon, elle cèdera à la plus forte et l'écoulement aura lieu. Or, l'atmosphère presse sur le niveau de A en C, et cette pression se transmet en GG' par le liquide; mais là, elle est diminuée de celle qui est due à la colonne liquide D C. Si donc H représente la pression de l'atmosphère exprimée en colonne du liquide renfermé dans le vase, et h la distance verticale du centre de G G' au niveau en C, la pression que supporte G G' de gauche à droite est représentée par H-h; de même si h' est la distance verticale du centre de G G' au niveau F, la pression que supporte G G' de droite à gauche, est représentée par H-h'. Puisqu'ici h' est plus grand que h, la pression H-h l'emporte sur la pression H-h' ; la tranche est donc plus pressée de gauche à droite que de droite à gauche et l'écoulement aura lieu dans le sens de la flèche.

L'écoulement aura donc lieu du niveau le plus élevé au niveau le plus bas; si l'extrémité de la branche E F débouchait dans l'air, il en serait encore de même, pourvu que l'ouverture fût assez petite pour que la colonne liquide ne pût être divisée et que l'air ne pût pénétrer. Les deux conditions essentielles pour le fonctionnement du siphon sont : 1° que la pression exercée en C puisse se transmettre en G; aussi, placé dans le vide, le siphon ne saurait fonctionner, comme on peut s'en assurer par expérience; 2° il faut que la pression exercée par l'atmosphère, quelle qu'elle soit, soit supérieure à celle de la colonne D C; le siphon ne fonctionnerait pas si, le liquide à transvaser étant du mercure, DC était supérieur à 76 centimètres. — Ces conditions étant remplies, le siphon doit être *amorcé*, c'est-à-dire rempli du liquide à transvaser. Le procédé le plus simple pour amorcer le siphon, c'est d'aspirer avec la bouche à l'extrémité F, jusqu'à ce que le liquide arrive dans la branche E F, au-dessous du niveau C. Mais ce procédé ne peut être employé lorsque le liquide à transvaser est dangereux, comme de l'acide sulfurique.

On fait alors usage d'un siphon ayant la forme ci-contre (fig. 107); la branche la plus courte étant plongée dans le

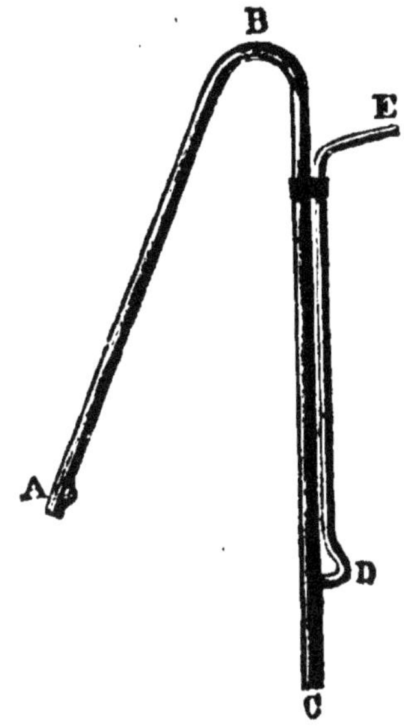

Fig. 107. — Siphon.

liquide, on bouche l'extrémité C avec le doigt, et on aspire avec la bouche, par la tubulure latérale E D jusqu'à ce que le liquide arrive un peu au-dessous du niveau en A; on retire alors le doigt et l'écoulement a lieu.

Le siphon A B C (fig. 108) étant une fois amorcé, peut

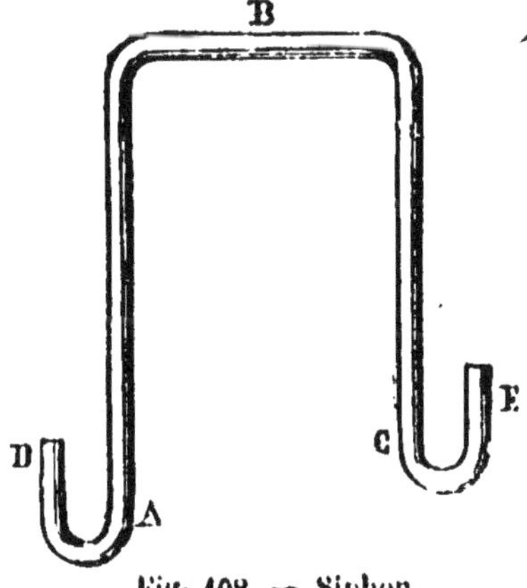

Fig. 108 — Siphon.

servir indéfiniment. Lorsqu'il est à l'air, la pression de l'atmosphère, qui s'exerce en D et en E, maintient le liquide dans le siphon. Si on plonge la branche A dans le liquide, de manière que le niveau soit au-dessus de E, l'écoulement a lieu. Cet appareil est très employé dans les fabriques d'acide sulfurique pour transvaser le liquide dans les bonbonnes.

Les siphons sont employés, non seulement dans l'industrie, mais en grand pour amener l'eau d'un côté d'une colline à l'autre; dans ce cas, on amorce le siphon en enlevant l'air à l'aide d'une pompe adaptée à la partie supérieure.

139. Vase de Tantale. — Cet instrument, très anciennement connu, n'est qu'une application du siphon. Voici la forme qu'on lui donne le plus ordinairement. C'est un verre à pied V (fig. 109) dont le pied est creux et tra-

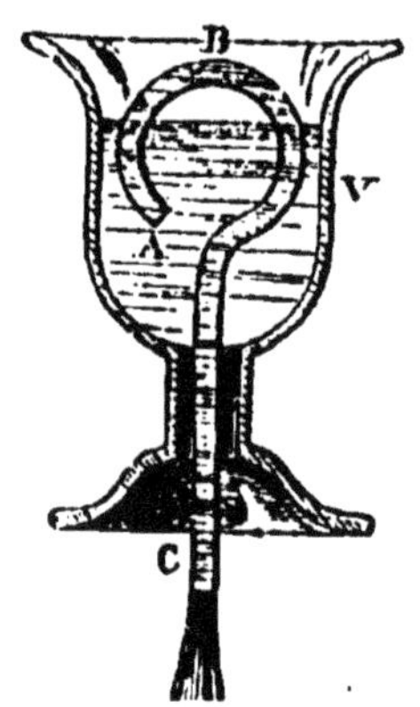

Fig. 109. — Vase de Tantale.

versé par un tube qui y est fixé; ce tube A B C est ouvert à ses deux extrémités. Si l'on verse de l'eau dans le vase, elle pénètre dans le tube, à la même hauteur; quand le niveau, dans le verre, atteint le point B, le siphon constitué par le tube A B C est amorcé, l'écoulement a lieu et le vase se vide, jusqu'à ce que le niveau, dans le vase V, arrive au-dessous de A.

140. Fontaines intermittentes naturelles. — L'intermittence de certaines fontaines peut être expliquée par le jeu du siphon. Une cavité naturelle, dans laquelle l'eau de pluie peut s'accumuler par les fissures F, F, F (fig. 110), communique avec l'extérieur par un canal A B D,

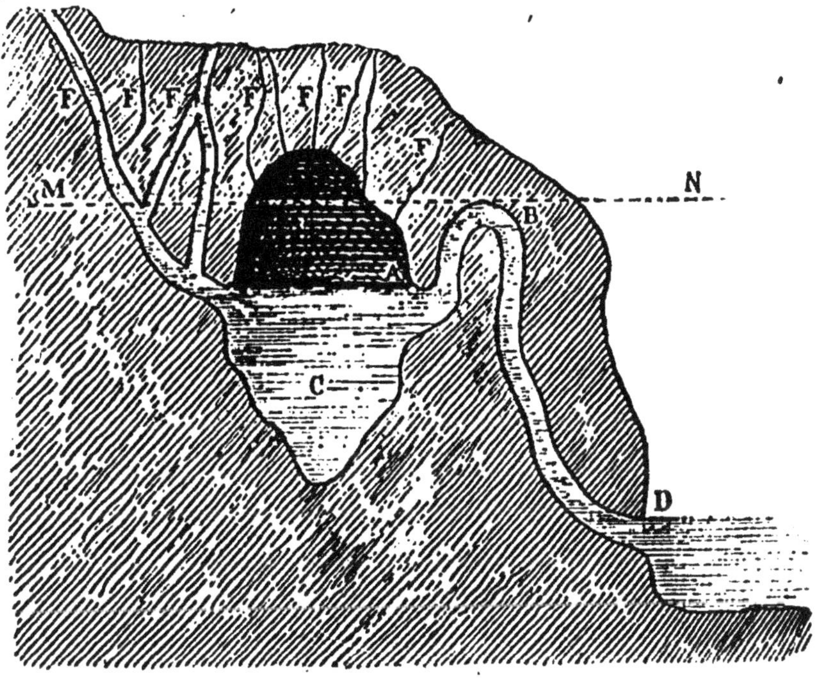

Fig. 110. — Fontaine intermittente.

recourbé en forme de siphon. L'eau arrivant dans la cavité C, le niveau s'élève peu à peu, et quand il atteint MN, le siphon A B D est amorcé et l'écoulement a lieu. La quantité d'eau qui s'échappe par D étant supérieure à celle qui arrive par les fissures, le niveau s'abaisse en C, et quand il est arrivé au-dessous de A, le siphon cesse de fonctionner ; l'écoulement ne recommencera que lorsque le niveau sera de nouveau parvenu en M N.

141. Pipette. — La pipette dont on fait un si fréquent usage en physique, est encore un instrument où intervient la pression atmosphérique. C'est un tube A B (fig. 111), de

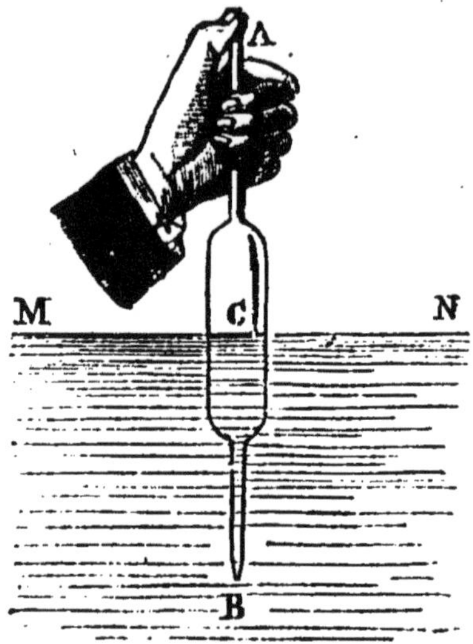

Fig. 111. — Pipette.

forme quelconque, ouvert à ses deux extrémités, l'orifice en B étant très petit. Si on enfonce l'appareil dans un liquide dont le niveau est en M N, le liquide monte à la même hauteur dans le tube. On ferme avec le doigt l'extrémité A, puis on retire la pipette; l'air contenu dans A augmente un peu de volume par suite de la sortie d'une petite quantité de liquide, la pression de cet air devient moindre et il arrive un moment où cette pression, ajoutée à celle de la colonne liquide, fait équilibre à la pression atmosphérique qui s'exerce en B. L'écoulement s'arrête alors, et ne recommence que lorsqu'on enlève le doigt en A et que la pression de l'atmosphère s'exerce en C.

CHAPITRE XV.

AÉROSTATS.

142. Le principe d'Archimède s'applique aux gaz. — Les gaz exerçant des pressions sur les corps qui y sont plongés, le principe d'Archimède, que nous avons démontré et vérifié pour les corps plongés dans les liquides (65), doit aussi s'appliquer aux gaz. Donc : *tout corps plongé dans un gaz éprouve une poussée dirigée de bas en haut et égale au poids du volume de gaz déplacé.*

143. Baroscope. — La vérification de ce principe se fait au moyen du *baroscope* (βαρός, σκοπεῖν), imaginé par Otto de Guericke. L'appareil se compose d'un petit fléau de balance AB (fig. 112), aux deux extrémités duquel sont suspendues deux sphères de volumes différents, l'une, C, grosse et creuse ; l'autre, D, d'un volume beaucoup moindre et pleine. La petite boule D est suspendue à un écrou qu'on peut déplacer le long d'un des bras du fléau taraudé. On commence par amener la petite boule D dans une position telle que dans l'air le fléau reste horizontal. On place alors l'appareil sous le récipient de la machine pneumatique, et, pendant que la pression diminue, on voit le fléau s'incliner du côté de la grosse boule ; il redevient horizontal dès qu'on laisse rentrer l'air sous le récipient. Il doit bien en être ainsi, car les deux boules supportent des poussées dans l'air, celle de la plus grosse étant plus considérable. Quand on enlève l'air, on détruit ces poussées ; on rend à chacune des boules le poids qu'elle perdait, et c'est à la plus grosse qu'on rend le plus, puisque

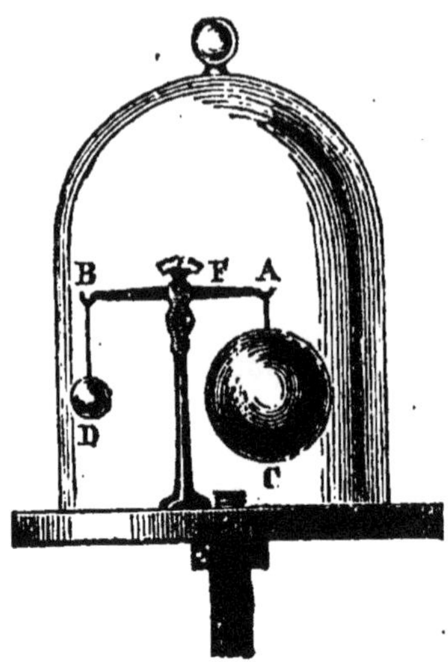

Fig. 112. — Baroscope.

son volume est plus grand; le fléau doit donc s'incliner de son côté.

144. Perte de poids des corps dans l'air. — Le principe étant vérifié, on doit admettre que tout corps placé dans un gaz est soumis à deux forces : 1° son poids qui le tire de haut en bas; 2° la poussée qui agit sur lui de bas en haut. — Si le poids est supérieur à la poussée, le corps tombe, c'est le cas ordinaire. Les poids que nous évaluons sont donc moindres que les véritables poids des corps, c'est-à-dire ceux qu'on observerait si on les pesait dans le vide, mais la différence est tellement faible, qu'il ne faut en tenir compte que dans les expériences rigoureuses. En effet, soit une masse de plomb de 3 décimètres cubes, le poids spécifique du plomb est 11,35; le poids des 3 décimètres cubes de plomb serait donc $11,35 \times 3 = 34^{k},05$ dans le vide. Un litre d'air pèse $1^{g},3$, (113); 3 litres d'air pèseront $1^{gr},3 \times 3 = 3^{g},9$, le poids apparent du plomb dans l'air sera donc 34050g — 3g,9 = 34046g,1. L'erreur que nous commettrons en prenant ce dernier poids pour le poids réel est donc très faible; elle n'est que 0,0001 du poids réel.

Si la poussée et le poids du corps sont égaux, le corps reste en équilibre.

Enfin, si la poussée est supérieure au poids du corps, il s'élève, c'est le cas des *aérostats*.

145. Aérostats. — L'idée des aérostats est très ancienne; mais les premières expériences qui eurent du succès ne furent faites qu'à partir de 1780. Elles sont dues aux frères Montgolfier, fabricants de papier à Annonay. Joseph Montgolfier (1740-1810) et son frère Étienne Montgolfier (1745-1799) se servirent d'abord d'air chaud pour gonfler leur ballon. Ils construisirent un ballon de toile, doublée de papier, ayant 35 pieds de diamètre et un volume de 22,000 pieds cubes; au-dessous d'une large ouverture pratiquée à la partie inférieure, ils allumèrent un grand feu; l'air chaud, en s'élevant, pénétra dans le ballon le gonfla, et l'on vit le ballon monter dans l'air, où il resta assez longtemps. Une nacelle, suspendue au-dessous du ballon et dans laquelle se trouvaient des matières en combustion, servait à maintenir l'air intérieur à une température élevée. La nouvelle de cette expérience, qui eut lieu le 5 juin 1783, à Annonay, se répandit immédiatement dans toute la France. Étienne Montgolfier vint la répéter à Versailles, le 19 septembre de la même année. Mais, dès le 27 août, le physicien Charles (1746-1823) avait lancé, à Paris, un ballon gonflé avec de l'hydrogène. On osa bientôt s'aventurer dans la nacelle supportée par ces ballons. Les premiers qui montèrent ainsi en ballon, furent le marquis d'Arlandes et Pilatre des Roziers (1756-1785), qui périt victime de son audace. Les voyages se succédèrent rapidement, et actuellement les ballons sont employés non seulement dans les réjouissances publiques, mais à de véritables expéditions scientifiques.

Les *montgolfières*, ballons gonflés à l'air chaud, sont remplacés maintenant par les aérostats qu'on emplit d'hydrogène, ou, le plus souvent, de gaz de l'éclairage.

146. Description d'un ballon. — Nacelle. — Force ascensionnelle. — Un ballon ou aérostat est formé par une enveloppe qui est à peu près sphérique quand elle est gonflée. Cette enveloppe est du taffetas verni ou un composé de plusieurs tissus, aussi peu perméable que possible au gaz intérieur. A la partie supérieure (fig. 113),

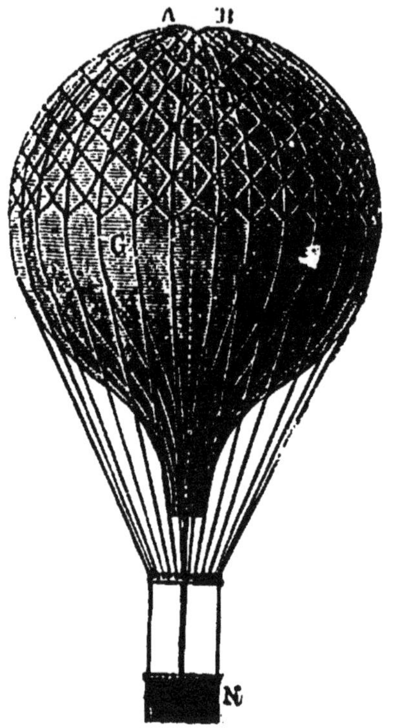

Fig. 113. — Aérostat.

une soupape A B, pouvant s'ouvrir de l'extérieur à l'intérieur, est attachée à une corde, qui descend à la portée de l'aéronaute. Le ballon est muni d'une ouverture, qu'on laisse toujours libre; c'est par là qu'on introduit le gaz pour gonfler le ballon. Il est enveloppé d'un filet qui supporte la nacelle, où se placent les voyageurs avec leurs instruments et le lest.

On appelle *force ascensionnelle* d'un aérostat la force avec laquelle il est poussé de bas en haut; c'est la différence entre le poids de l'air déplacé et le poids total du ballon. Un calcul simple permet d'obtenir la valeur de cette force ascensionnelle. Un mètre cube d'air pèse $1^k,3$, un mètre cube d'hydrogène pèse $1^k,3 \times 0,0692 = 0^k,0897$ (la densité de l'hydrogène est 0,0692); on appelle densité d'un gaz le rapport du poids d'un certain volume de ce gaz au poids d'un même volume d'air (164). La différence $1^k,3 - 0^k,0897 = 1^k,2103$ est la force qu'il faudrait employer pour maintenir en équilibre 1 mètre cube d'hydrogène dans l'air. Si donc on donne à l'enveloppe un poids de 1 kilogramme, la force ascensionnelle du ballon sera $0^k,2103$. On voit, d'après ce calcul, que la force ascensionnelle d'un ballon augmente avec son volume et qu'elle est d'autant plus grande que la densité du gaz est plus faible.

La pression de l'air diminuant (97) au fur et à mesure qu'on s'élève dans l'atmosphère, le volume du ballon doit donc tendre à augmenter à mesure qu'il monte; c'est pour lui permettre de se gonfler sans crainte de rupture qu'on a la précaution de ne pas le remplir complètement au départ. L'ouverture inférieure permet au gaz de s'échapper si la pression du gaz devient plus grande que celle de l'air. A partir du moment où le ballon est tout à fait gonflé, la force ascensionnelle va en diminuant avec la hauteur; en effet, l'air déplacé, dont le volume ne change plus et dont la pression diminue, pèse de moins en moins; d'un autre côté, le poids du ballon augmente un peu, par la raison que les tissus ne sont jamais imperméables aux gaz, et qu'au bout de quelque temps un peu de gaz est sorti du ballon et a été remplacé par de l'air. Le ballon peut donc atteindre une région où son poids est égal au poids de l'air qu'il déplace; il demeure alors en équilibre. Pour monter plus haut, l'aéronaute jette un peu de lest, ce qui diminue le poids du ballon. Si, au contraire, il veut descendre, il ouvre la soupape supérieure; un peu de gaz s'échappe, il est remplacé par de l'air qui pénètre par l'ouverture inférieure, le poids du ballon augmente. C'est à l'aide de ces manœuvres convenablement combinées que l'aéronaute peut, sinon se diriger complètement, du moins éviter bien des accidents. L'observation d'un baromètre permet à l'aéronaute de reconnaître s'il monte ou s'il descend et d'évaluer la hauteur à laquelle il se trouve.

EXERCICES.

1. Le récipient d'une machine pneumatique a une capacité de cinq litres; celle du corps de pompe est de 2 litres. On demande ce qu'est devenue la pression dans le récipient après un coup de piston; la pression initiale était de 750^{mm}.

2. La cloche d'une machine pneumatique a une capacité de $6^{l},30$, elle est remplie d'air à la pression de 758^{mm}. On fait jouer la machine, la pression indiquée par le manomètre n'est plus que de 181^{mm}. On demande, 1° quel était le poids de l'air contenu dans la cloche au commencement; 2° quel est le poids de l'air qu'on a retiré.

3. Un piston se meut dans un tube cylindrique horizontal dont le rayon est de 40^{cm}; l'une des extrémités de ce tube est ouverte, l'autre communique avec une machine pneumatique dont l'éprouvette marque 12^{cm}. On demande d'évaluer en kilogrammes la force qui fera marcher ce piston.

4. Un récipient de 6 litres de capacité est en communication avec une pompe de compression qui injecte de l'air pris à l'extérieur; la capacité du corps de pompe est de $1^{l},5$. Que sera devenue la pression au bout de 2 coups de piston? Au commencement de l'expérience le récipient renfermait de l'air à la pression de l'atmosphère.

5. Un tube ouvert à la partie inférieure et fermé à la partie supérieure, contient une colonne d'eau de $0^{m},60^{cm}$ et au

dessus de l'air. Quelle est la pression de cet air, la pression atmosphérique étant de 758^{mm}?

6 Un morceau d'or pèse 3^{k},25 dans le vide. Calculer son poids dans l'air où la pression est de 760^{mm}; le poids spécifique de l'or est 19,26.

7. Calculer la force ascensionnelle d'un ballon sphérique de 5^{m} de rayon, rempli d'hydrogène, et dont l'enveloppe pèse 4 kilogrammes; le litre d'air pèse 1^{gr},3, et la densité de cet hydrogène est 0,07.

LIVRE II

CHALEUR.

CHAPITRE PREMIER.

DILATATION DES CORPS PAR LA CHALEUR. — THERMOMÈTRE.

147. Les sensations de chaud et de froid sont dues à une cause particulière, qui a reçu le nom de *chaleur* ou *calorique*.

Les effets de la chaleur sur les corps sont; 1° des variations de volume; 2° des changements d'état.

148. Dilatation, Pyromètre de Brongniart. — Tous les corps se dilatent par la chaleur. Quelques expériences mettent le fait en évidence; le pyromètre de Brongniart (1770-1847) montre la dilatation des corps en longueur, ou dilatation linéaire. Une barre métallique A B (fig. 114) est supportée par deux petites colonnes; fixée en B, elle est libre de l'autre côté, et vient en A s'appuyer contre le petit bras d'un levier coudé AOC, mobile autour du point O, et dont la grande branche se meut devant un cadran divisé. Une lampe à alcool L, permet de chauffer la barre A B. A la température ordi-

11.

naire on dispose la barre de manière que l'aiguille OC soit devant la division zéro. On allume l'alcool; la barre

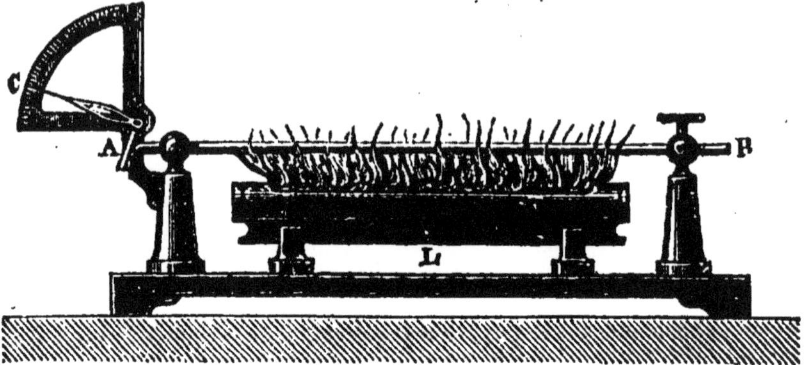

Fig. 114. — Pyromètre de Brognat.

s'échauffe, et comme elle est fixée en B, son extrémité A se déplace seule; elle pousse donc le petit bras O A, et l'on voit l'aiguille s'élever le long du cadran. La grande branche O C du levier étant, je suppose, 10 fois plus grande que le petit bras O A, le déplacement de C sera 10 fois plus grand que le déplacement de A. La lampe éteinte, la barre se refroidit, reprend sa longueur primitive et l'aiguille revient au zéro.

149. Anneau de S'Gravesande. — Pour montrer

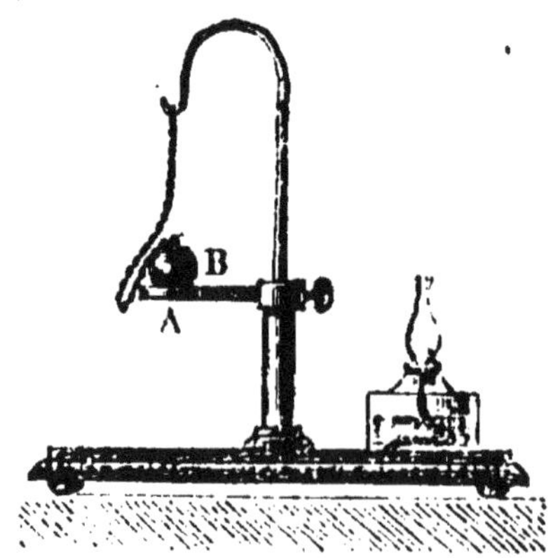

Fig. 115. — Anneau de S'Gravesande.

la dilatation des corps en volume ou dilatation cubique, on se sert de l'anneau de S'Gravesande (1688-1742). Il consiste en un anneau A, métallique, en laiton par exemple (fig. 115); une boule B, faite avec la même substance, passe exactement dans l'anneau. Si l'on chauffe la boule, sans chauffer l'anneau, elle ne peut plus passer ; son volume a donc augmenté. Mais si l'on chauffe en même temps, et de la même manière, la boule et l'anneau, la boule passe toujours dans l'anneau en le remplissant exactement ; la boule pleine s'est donc dilatée comme l'anneau creux. On en conclut que tout corps creux se dilate de la même manière que s'il était plein.

150. Dilatation des liquides. — Pour prouver la dilatation des liquides on prend un ballon B (fig. 116), à

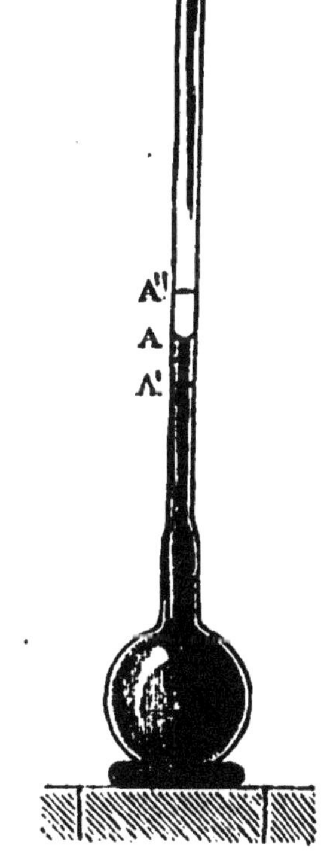

Fig. 116. — Dilatation des liquides.

long col, renfermant un liquide coloré. Le liquide remplit le ballon et une partie du col jusqu'en un point A, qu'on marque avec un index. On plonge l'appareil dans de l'eau chaude, et l'on voit tout d'abord le niveau du liquide s'abaisser en A', s'arrêter, puis remonter et, peu à peu, atteindre, dépasser le point A, et arriver jusqu'en A''. Si on retire le ballon, le niveau continue encore un peu à monter, puis il revient au niveau primitif en A. Le ballon étant plongé dans l'eau chaude, c'est le verre qui s'échauffe le premier; par suite de l'augmentation de volume du verre le niveau du liquide s'abaisse, puis le liquide s'échauffant, se dilate à son tour, le niveau remonte, et puisqu'il dépasse le point A, c'est que le liquide se dilate plus que le solide; quand on retire le ballon de l'eau chaude, le verre se refroidissant le premier se contracte, le niveau du liquide con-

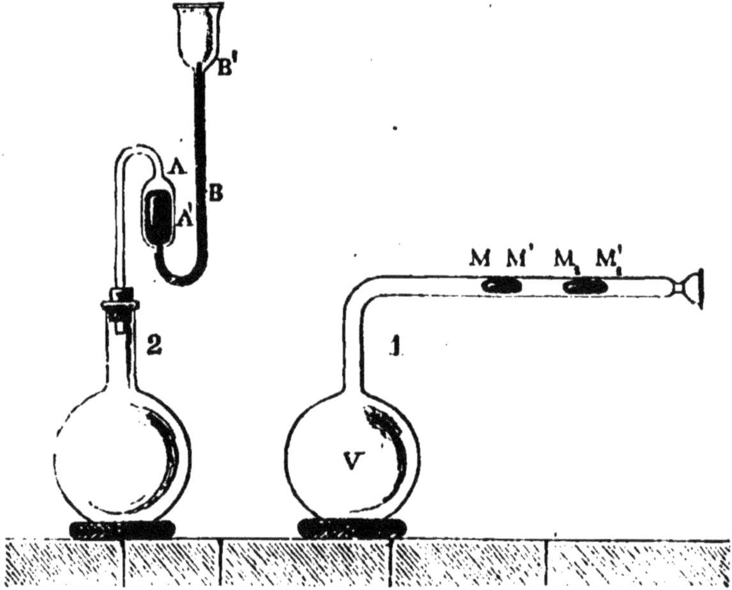

Fig. 117. — Dilatation des gaz.

tinue à monter jusqu'à ce que le liquide se contracte aussi par le refroidissement. La dilatation observée A A'' n'est pas la dilatation absolue du liquide, c'est seulement la différence de dilatation du liquide et du solide ; c'est ce qu'on appelle la *dilatation apparente* du liquide. Cette expérience montre que les liquides se dilatent beaucoup plus que les solides.

151. Dilatation des gaz. — La dilatation des gaz se démontre à l'aide d'un appareil semblable (fig. 117, 1 ou 2). Dans le ballon V se trouve une masse de gaz séparée de l'atmosphère par l'index M M'.; si on échauffe le ballon, en appliquant seulement les mains, on voit l'index marcher et arriver en M_1 ; avec l'appareil (2) le niveau du liquide s'abaisse en A', s'élève en B' ; en même temps que le volume du gaz a augmenté, sa pression est devenue plus grande. L'effet de la chaleur sur les gaz est donc aussi d'augmenter leur force élastique. Les gaz sont de tous les corps, ceux qui se dilatent le plus ; on peut se représenter leur dilatation comme étant au moins 150 fois plus grande que celle des solides.

152. Exceptions. — Il existe quelques exceptions au fait général de la dilatation des corps par la chaleur. Un morceau de bois, un morceau de carton chauffés, diminuent de volume; cela tient à ce qu'ils ont perdu une certaine quantité d'eau, leur poids est devenu moindre. L'argile et la porcelaine ont, après la cuisson, un volume moindre qu'avant d'être mises au four, ce qui tient encore à une perte d'eau, et à une nouvelle disposition moléculaire de la matière. Ce ne sont là que des exceptions apparentes, L'eau nous offre une exception réelle. Si l'on prend une masse d'eau à 4° et qu'on fasse varier la température à partir de ce point, son volume augmente, soit qu'on l'échauffe, soit qu'on la refroidisse. A 4°, l'eau, sous le même volume, pèse donc plus qu'à toute autre température. C'est la température du maximum de densité de l'eau ; c'est à cette température que 1 centimètre cube d'eau pèse 1 gramme. Cette anomalie présentée par l'eau peut être mise en évidence par l'expérience suivante : Deux réservoirs T et T' (fig. 118), surmontés de tubes très fins, renferment,

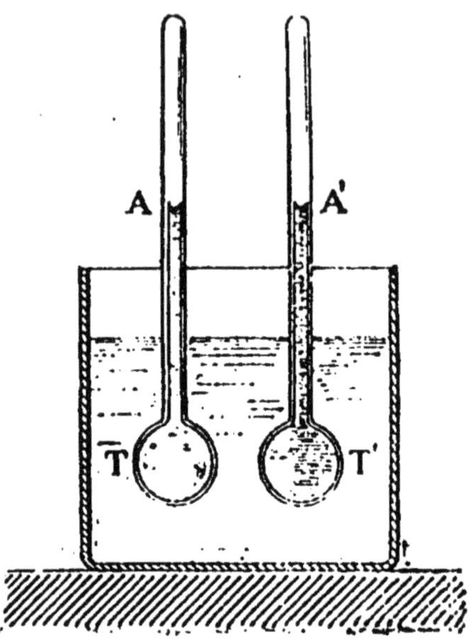

Fig. 118. — L'eau se dilate par le refroidissement de 0° à 4°.

le premier de l'alcool, le second de l'eau; on les plonge dans un vase contenant de l'eau, qu'on refroidit en y jetant de la glace; on suit la marche des niveaux A et A' dans l'un et l'autre tube. A mesure que l'eau du vase se refroidit, on voit les deux niveaux baisser; mais il arrive un moment où le niveau A' cesse de descendre, s'arrête et remonte, tandis que l'autre continue sa marche descendante : à ce moment l'eau, au lieu de se contracter, se dilate donc en se refroidissant.

153. Appareil à couronne de Hope. — Le physicien écossais Hope, pour démontrer 'existence du maximum de densité de l'eau à 4°, s'est servi du principe en vertu duquel les liquides placés dans un même vase se disposent par ordre de densité, le plus dense à la partie inférieure. Il indiqua pour cela *l'appareil à couronne*, qui est ordinairement employé dans les cours. Un vase cylindrique en verre A B (fig. 119) porte en son milieu une couronne

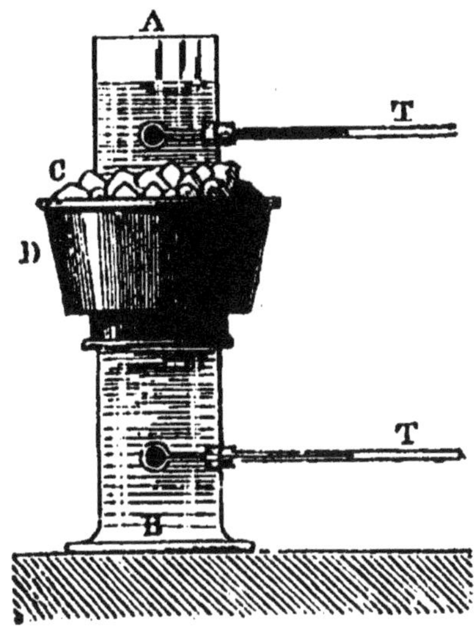

Fig. 119. — Appareil à couronne de Hope.

C D qui l'entoure; deux thermomètres T et T' ont leur réservoir sur l'axe du vase cylindrique. On met dans le vase de l'eau à 10°, les deux thermomètres donnent la même indication 10°. On remplit la couronne de glace, les thermomètres baissent, mais T' plus vite que T; T' arrive à 9°, à 8°, à 4° avant le thermomètre T; mais à partir de ce moment T' reste stationnaire et T atteint 4° puis 3°, 2°, 0° : donc à 4° la densité de l'eau est supérieure à celle qu'elle possède à 3°, 2°, 0°. Le maximum de densité a donc lieu à 4°.

154. Conséquences — Il est nécessaire de tenir compte de la dilatation des corps, aussi bien dans les applications pratiques que dans les observations de précision. Les corps, augmentant de volume par la chaleur, leur densité diminue. Dans le baromètre, la colonne mercurielle soulevée sera d'autant plus grande, pour une même pression de l'atmosphère, que le mercure dans le tube barométrique sera plus chaud et par suite moins dense. On comprend donc que, dans les observations barométriques, il y aura des corrections à faire relatives à la chaleur; des tables qu'on trouve dans un grand nombre d'ouvrages indiquent ces corrections pour chaque température.

Dans les constructions, certaines précautions doivent être prises pour éviter les mauvais effets que pourrait produire la dilatation des corps. Par exemple, les rails, sur un chemin de fer, ne doivent pas être placés en contact immédiat les uns avec les autres, car en se dilatant ils donneraient lieu à une pression telle qu'ils se courberaient. La distance des rails cesserait d'être partout la même, et des déraillements s'ensuivraient. Les tuyaux de conduite pour l'eau ou pour le gaz doivent être, pour la même raison, emboîtés les uns dans les autres. Les roues de locomotives et de wagons sont entourées d'un cercle de fer, le bandage, qui doit s'appliquer exactement sur tout leur pourtour. A cet effet on chauffe le bandage, il se dilate et la roue y est facilement placée; en se refroidissant il se contracte et touche la roue sur tout le contour. Si, par suite de mesures mal prises, le bandage a été choisi trop petit, la roue peut bien y pénétrer quand il est chaud, mais elle est brisée lorsque, par suite du refroidissement, la contraction a lieu : c'est là un exemple qui montre combien grandes sont les forces développées dans la dilatation et la contraction des corps par la chaleur.

155. Température. Thermomètre. — Si l'on met en contact deux corps, A et B, et qu'il ne se produise aucune variation de volume ni dans l'un ni dans l'autre, ces deux corps sont dits à des *températures égales.* Si l'un des corps, A, se contracte, et que l'autre, B, se dilate, on dit qu'ils sont à des *températures différentes*, et que la température de A est plus élevée que celle de B : en effet, A s'est refroidi, et a cédé de la chaleur à B, qui s'est dilaté en s'échauffant; les deux corps seront à une même température quand leurs volumes ne changeront plus.

La difficulté et l'impossibilité de mettre en présence les corps dont on veut comparer les températures a conduit à l'emploi d'un corps auxiliaire, nommé *thermomètre* (θέρμη, μέτρον), qu'on peut mettre successivement en contact avec les corps à étudier. Si le thermomètre T, mis successivement en contact avec les corps A et B, a le même volume avec chacun d'eux, les températures des deux corps A et B sont égales; si le volume qu'il prend, quand il est en contact avec A, est plus grand que celui qu'il avait avec B, la température de A est plus élevée que celle de B. Les volumes de ce corps intermédiaire permettent donc de comparer et d'évaluer les températures de tous les corps.

C'est avec un liquide qu'on construit ordinairement le thermomètre, parce que les liquides se dilatent plus que les solides, et que les variations de leur volume sont indépendantes de la pression. Les gaz se dilatent plus que les liquides ; un thermomètre construit avec un gaz sera plus sensible qu'un thermomètre construit avec un liquide, mais il faudra tenir compte de la pression, ce qui nécessitera des calculs qu'on n'a pas à faire avec les thermomètres à liquides. — Parmi les liquides, on a fait choix du mercure, parce que, ce liquide pouvant être toujours obtenu dans les mêmes conditions de pureté, tous les thermomètres sont comparables entre eux; de plus, comme le mercure ne se solidifie qu'à une très basse température (—39°,5) et ne bout qu'à une température assez élevée (350°), il peut servir dans une étendue considérable.

156. Thermomètre à mercure. Construction. — Pour construire un thermomètre, on choisit un tube capillaire, bien calibré, c'est-à-dire ayant le même diamètre intérieur dans toute sa longueur. On le reconnaît en faisant promener dans ce tube une petite colonne de mercure, qui doit avoir la même longueur dans toutes les positions où on l'amène. On soude à l'une des extrémités un réservoir A (fig. 120), cylindrique ou sphérique, et à l'autre un réservoir B qui servira d'entonnoir. On trouve dans le commerce de ces tubes tout préparés.

Fig. 120. — Construction du thermomètre.

On verse du mercure en B; l'air qui se trouve au-dessous de C est alors soumis à la pression de l'atmosphère augmentée de la colonne BC; son volume doit donc diminuer, et, par conséquent, le mercure pénètre dans le tube; la pression à laquelle le gaz est soumis devient ainsi plus grande, son volume diminue davantage, et le mercure continue à descendre; il en pénètre alors dans le réservoir, jusqu'à ce que le volume occupé par l'air soit précisément celui qui correspond à la pression de l'atmosphère augmentée de la colonne BC (fig. 121). Si l'on incline le tube dans la position (fig. 122), la pression supportée par l'air du réservoir devient moindre, un peu d'air s'échappe par le réservoir supérieur; en redressant le tube, on fait pénétrer une nouvelle quantité de mercure dans le

Fig. 121. — Construction du thermomètre.

réservoir, et en recommençant plusieurs fois cette manœuvre, on le remplit presque complètement. Lorsque le

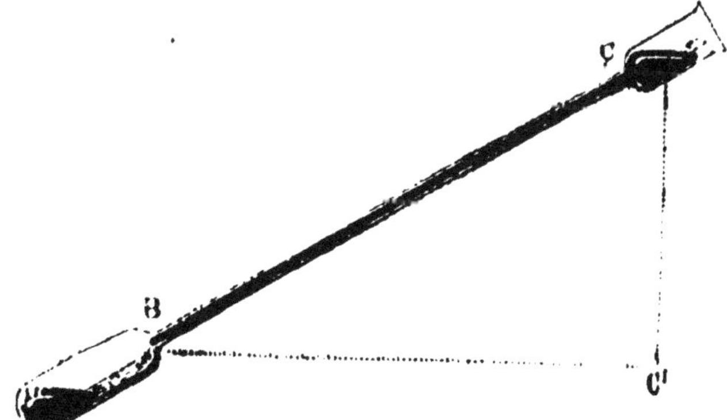

Fig. 122. — Construction du thermomètre.

tube est très fin, ce procédé de remplissage ne peut être employé. Dans ce cas, on chauffe le réservoir (fig. 123) ; l'air

Fig. 123. — Construction du thermomètre.

qui y est contenu se dilate et s'échappe à travers le mercure qui se trouve dans l'entonnoir supérieur; puis par le refroidissement, la force élastique de l'air qui reste devenant moindre, la pression de l'atmosphère fait descendre un peu de mercure. En répétant plusieurs fois cette opération, on parvient à remplir l'appareil de mercure et à en chasser tout l'air. On règle la quantité de mercure à conserver dans le tube, de manière que, pour la température la plus basse à déterminer avec le thermomètre, le niveau du mercure soit en dehors du réservoir inférieur, et que pour la température la plus élevée, il remplisse presque complètement le tube. On chauffe alors l'appareil pour faire monter le mercure jusqu'à la naissance du réservoir supérieur, et l'on détache celui-ci, à l'aide du chalumeau, en même temps qu'on ferme le tube; on évite ainsi qu'il reste de l'air dans l'appareil.

157. Points fixes. — On place le thermomètre ainsi construit dans de la glace fondante, et là où arrive le niveau du mercure on fait un trait. Pour cette détermination, ce qu'il y a de plus simple, c'est de placer un entonnoir au-dessus d'un flacon F (fig. 121); on le remplit de glace

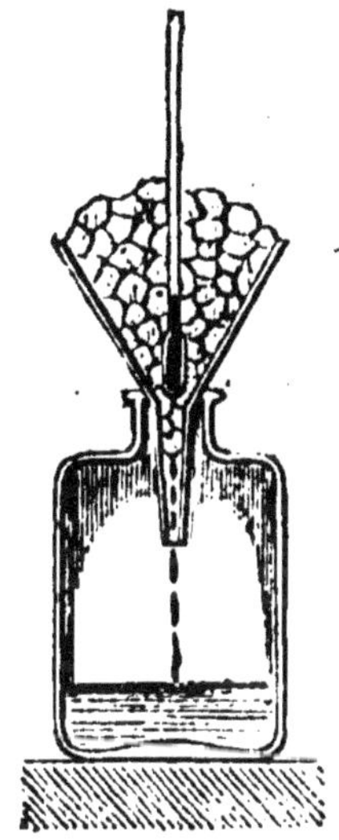

Fig. 121. — Détermination du zéro du thermomètre.

fondante et on y place le thermomètre, de manière que toute la portion occupée par le mercure y soit plongée; l'eau provenant de la fusion de la glace coule dans le flacon.

On plonge ensuite le thermomètre dans de la vapeur d'eau bouillante, et là où s'arrête le niveau du mercure on marque un autre trait. L'appareil employé pour cette opération est un vase de laiton (fig. 125), où l'on fait bouillir de l'eau; la vapeur produite passe dans le tube central A B qui surmonte la chaudière et s'échappe, après avoir circulé dans l'enveloppe extérieure par le tube EF, préservant ainsi du refroidissement celle qui se trouve

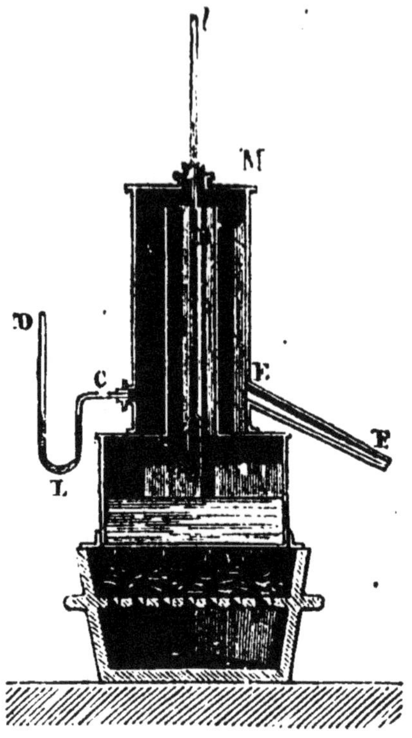

Fig. 125. Appareil pour la détermination du point 100.

en AB; c'est là qu'on place le thermomètre à graduer, de manière qu'il soit entièrement plongé dans la vapeur; un petit manomètre à eau CLD communique avec la partie centrale et indique si la pression de la vapeur est ou non égale à la pression atmosphérique.

158. Graduation, échelles diverses. — L'intervalle compris entre les deux points fixes ainsi obtenus est partagé en un certain nombre de parties égales qu'on appelle *degrés* du thermomètre. Le plus souvent on marque 0 au point correspondant à la glace fondante et 100 au point correspondant à la vapeur d'eau bouillante et on partage l'intervalle en 100 parties égales appelées *degrés centigrades*. On prolonge les divisions au-dessous du zéro et

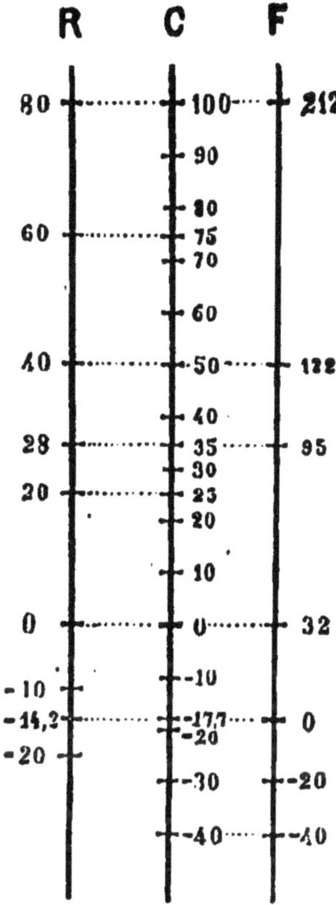

Fig. 126. — Les trois échelles barométriques.

au-dessus du point 100. Les divisions au-dessous de zéro sont précédées du signe —.

Si dans une observation, le mercure arrive à la division 35, la température est 35 degrés. Si le mercure arrive à la division 12 au-dessous de zéro, la température est —12 degrés. La graduation centigrade est la plus généralement adoptée. Réaumur, physicien et naturaliste français (1683-1757), a indiqué une autre graduation qui est encore souvent employée : le zéro est le même que dans la graduation centigrade, mais au point donné par la vapeur d'eau bouillante, on marque 80, et on partage l'intervalle en 80 parties. L'échelle Fahrenheit, usitée en Angleterre et aux Etats-Unis, diffère des précédentes : à la glace fondante, on marque 32, et à la vapeur d'eau bouillante 212, de sorte que l'intervalle compris entre les deux points fixes, contient 212—32 ou 180 degrés.

On a ainsi trois échelles thermométriques différentes (fig. 126) ; une même température peut donc être représentée par des nombres différents. Proposons-nous d'exprimer, en degrés Réaumur, une température qui, en degrés centigrades, est représentée par 35. Puisque 100 degrés centigrades valent 80 degrés R,

1 degré centigrade vaut : $\frac{80}{100}$ R ou $\frac{4}{5}$ R

et 35 degrés centigrades vaudront : $\frac{4}{5} \times 35 = 28^\circ$ R.

Pour transformer un certain nombre de degrés centigrades en degrés Réaumur, il faut multiplier le nombre de degrés centigrades par $\frac{4}{5}$, et réciproquement si l'on veut passer de l'échelle Réaumur à l'échelle centigrade, il faudra multiplier le nombre proposé par $\frac{5}{4}$.

Si nous voulons exprimer la température 35° C en degrés Fahrenheit, nous ferons un raisonnement analogue : 100 degrés centigrades valent 180 degrés F.

1 degré centigrade vaut : $\frac{180}{100}$ ou $\frac{9}{5}$ degrés F,

35 degrés centigrades vaudront : $\frac{9}{5} \times 35 = 63^\circ$ F

au-dessus du zéro de l'échelle centigrade. Mais comme le zéro de l'échelle centigrade correspond à la division 32 de l'échelle Fahrenheit, il faudra ajouter 32 et la température cherchée sera $63 + 32 = 95$. Donc, pour transformer en degrés Fahrenheit une indication exprimée en degrés centigrades, on multiplie la température donnée par $\frac{9}{5}$ et on ajoute 32. Réciproquement, si l'on veut transformer des degrés Fahrenheit en degrés centigrades, on retranche 32 du nombre donné et on multiplie le résultat obtenu par $\frac{5}{9}$.

159. Sensibilité. — Un thermomètre sensible est un thermomètre qui indique de très petites différences de température; un thermomètre sensible est aussi celui qui indique rapidement la température des corps avec lesquels on le met en contact. Il y a donc pour les thermomètres deux espèces de sensibilité, que ne pourra pas posséder le même appareil. La première sensibilité, qui consiste à indiquer de très petites différences de température, exige que les degrés aient sur la tige une grande longueur, et pour cela il faut que la masse du mercure soit grande et le diamètre du tube très petit. Dans un thermomètre où la masse de mercure sera faible, les degrés seront peu étendus sur la tige, mais un semblable instrument se mettra rapidement en équilibre de température avec les corps environnants, il possèdera la seconde espèce de sensibilité.

160. Thermomètre à alcool. — Le mercure se solidifiant environ à —40°, et bouillant à la température de 350°, le thermomètre à mercure ne peut servir pour indiquer des températures inférieurs à —40 degrés ou supérieures à 350 degrés. Pour les températures très basses, on fait usage du *thermomètre à alcool;* ce liquide n'a jamais pu en effet être obtenu à l'état solide. L'alcool étant incolore, on colore ordinairement avec de la teinture rouge d'orseille celui qu'on emploie pour les thermomètres. L'introduction de l'alcool se fait plus simplement que celle du mercure; on chauffe le réservoir rempli d'air et on le retourne rapidement en faisant plonger l'extrémité ouverte (fig. 127) dans un vase V contenant l'alcool coloré, l'air se refroidit, se contracte et la pression atmosphérique fait monter un peu de liquide dans le tube; on le retourne alors, on le chauffe, l'alcool bout, sa vapeur chasse l'air contenu dans le tube, et l'on fait plonger de nouveau la pointe effilée dans le vase V; cette fois la pression atmosphérique fait remplir complètement le tube. On le ferme alors à la lampe.

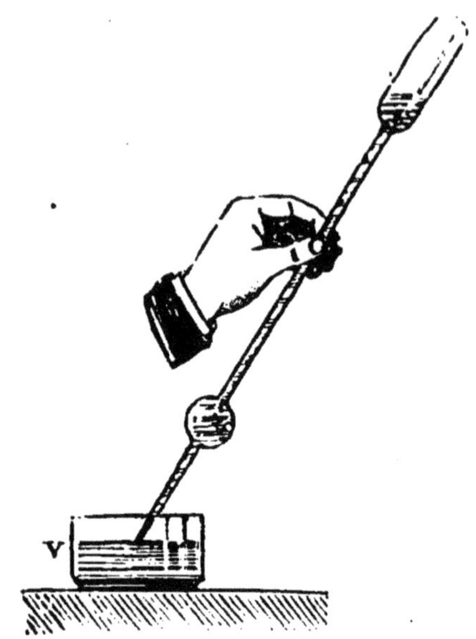

Fig. 127. — Construction du thermomètre à alcool.

On obtient le zéro du thermomètre à alcool comme pour le thermomètre à mercure; mais, l'alcool bouillant à 78°, l'appareil ne peut être plongé dans la vapeur d'eau bouillante, car la pression exercée par la vapeur d'alcool pourrait amener la rupture du tube. On place alors le thermomètre à alcool et un thermomètre à mercure dans de l'eau chaude; si le thermomètre à mercure indique 25°, on fait un trait là où arrive le niveau de l'alcool, puis on partage en 25 parties égales l'intervalle compris entre ce trait et le zéro et l'on prolonge les divisions au-dessus et au-dessous des points 0 et 25°.

Le thermomètre à alcool ainsi gradué ne donne les mêmes indications que le thermomètre à mercure que pour les températures 0° et 25°, pour toutes les autres il y a désaccord. Rien ne prouve, en effet, que les deux liquides se dilatent de la même manière dans les mêmes circonstances. Deux thermomètres à mercure ne donnent des indications identiques qu'à la condition qu'ils aient été construits avec le même verre. C'est, en effet, la dilatation apparente, c'est-à-dire la différence de la dilatation du mercure et de celle du verre qui sert à déterminer les températures.

161. Mesure des hautes températures, Pyromètres. — Pour les températures très élevées, on fait usage d'appareils connus sous le nom de *Pyromètres* (πῦρ, μέτρον). On les emploie pour les fours à porcelaine. Brongniart se servait d'une barre métallique AB (fig. 128)

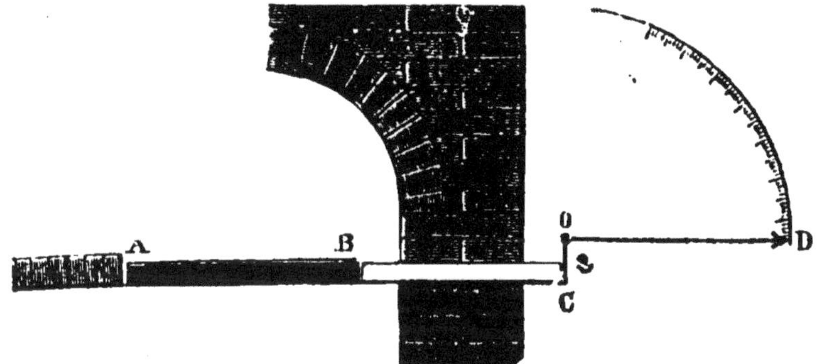

Fig. 128. — Pyromètre pour four à porcelaine.

placée complètement dans le four; une de ses extrémités A était fixe, l'autre B poussait une tige de porcelaine BC qui, traversant la paroi, s'appuyait sur le petit bras d'un levier, dont le grand bras se mouvait devant cadran divisé.

Wedgwood, manufacturier anglais (1730-1795), a imaginé un pyromètre fondé sur la contraction permanente qu'éprouve l'argile quand elle est portée à une température élevée. Deux règles métalliques (fig. 129) placée l'une à côté de l'autre, et formant un angle très petit, laissent entre elles un intervalle dans lequel on peut faire glisser de petits cylindres d'argile. Ils sont construits de façon qu'avant d'être portés au four, ils pénètrent jusqu'au zéro de la division. On les met au four; puis, quand ils en ont pris la température, on les retire et on les fait glisser autant que

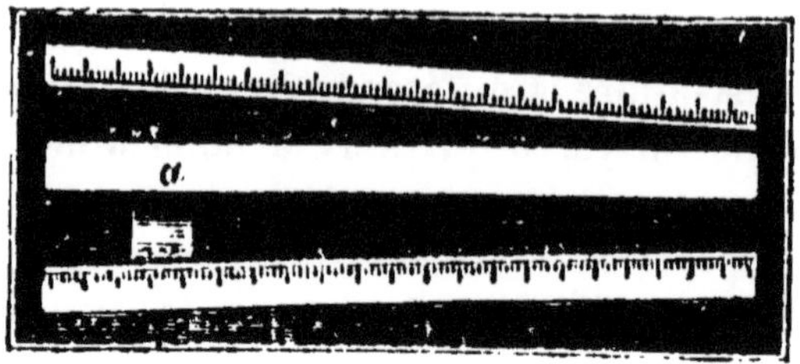

Fig. 120. — Pyromètre de Wedgwood.

possible entre les deux règles. La division où ils s'arrêtent donne la température du four.

162. Coefficients de dilatation.— Des expériences du genre de celles que nous avons indiquées pour prouver la dilatation des corps par la chaleur, mais plus précises, et où l'on pouvait faire des mesures, ont permis d'étudier la marche de la dilatation des corps. On a reconnu que dans des limites assez étendues de température, les corps se dilatent régulièrement. Si l'on prend une barre à 0°, qu'on mesure sa longueur L_0, qu'on la porte à 10°, à 20°, et que, dans chaque cas on mesure sa longueur L_{10}, L_{20}, l'augmentation $L_{20}—L_0$ sera double de l'augmentation $L_{10}—L_0$, c'est-à-dire que l'allongement est proportionnel à l'élévation de la température. Il en est de même si l'on étudie les variations de volume. On a appelé *coefficient de dilatation linéaire* d'une substance, l'allongement qu'éprouve l'unité de longueur de cette substance pour une élévation de température de 1°. Le *coefficient de dilatation cubique* d'un corps est l'augmentation de volume qu'éprouve l'unité de volume de ce corps pour une élévation de température d'un degré. Le coefficient de dilatation varie d'un corps à l'autre pour les solides et les liquides, mais tous les gaz ont à peu près le même coefficient de dilatation qui est égal à 0,00367.

La connaissance du coefficient de dilatation d'un corps est très utile pour en déterminer la longueur ou le volume dans toutes les circonstances de température. Le coefficient de dilatation linéaire du fer est 0,0000122. Cherchons ce que devient une barre de fer de 20 mètres à 0° pour une élévation de température de 40°. Une barre de fer de 1 mètre pour une élévation de température de 1° subit une augmentation de longueur de $0^m,0000122$; pour une élévation de température de 40°, l'allongement sera $0,0000122 \times 40 = 0,000488$, et si la barre a 20 mètres, l'allongement sera 20 fois plus grand ou $0,0000122 \times 40 \times 20 = 0,00976$: la longueur totale sera donc $20 + 0,00976 = 20^m,00976$. Si on représente par L_0 la longueur à 0°, par h le coefficient de dilatation linéaire, par t le nombre de degrés dont on a élevé la température de la barre, l'allongement éprouvé par la barre est $L_0 h t$; sa longueur totale L est donc $L_0 + L_0 h t = L_0(1 + ht)$, formule qui permet de calculer la longueur à toutes les températures. Pour avoir la longueur d'une barre à t_0, on multiplie sa longueur à o_0 par $(1 + ht)$ qu'on appelle *binôme de dilatation linéaire.* On a une formule analogue pour le cas de la dilatation cubique $V = V_0\ (1 + kt)$, dans laquelle V représente le volume du corps à t degré, V_0 le volume à 0°, k le coefficient de dilatation cubique. Pour avoir le volume d'un corps à $t°$, on multiplie son volume à 0° par $(1 + kt)$ qu'on appelle le *binôme de dilatation cubique.*

Si on a un volume 50^l de gaz à 0° et qu'on le porte à 100°, le volume devient $50\,(1 + 0,00367.100) = 50.\,1,367 = 68^l,35$, à la condition que sa pression reste la même.

Le poids spécifique d'un corps varie avec la température; il est facile de calculer ce qu'il devient: par exemple, le poids spécifique du mercure à 0° est 13,6; un volume V_0 de mercure à cette température pèse donc $V_0 \times 13,6$. Si on le porte à $t°$, le volume devient $V_0\ (1 + k\,t)$, mais son poids n'a pas changé; si donc on appelle D le poids spécifique à t, on a pour le poids $V_0\ (1 + k\,t)$ D. Ce poids étant le même que le poids à 0°, on peut poser $V_0\ 13,6 = V_0$ $(1 + k\,t)$ D, d'où $D = \frac{13,6}{1 + k\,t}$. La formule générale est

$D = \frac{D^0}{1 + k t}$, c'est-à-dire que pour avoir le poids spécifique d'un corps à t, il suffit de diviser le poids spécifique à 0° par le *binôme de dilatation cubique*.

163. Poids spécifique et densité des gaz. — On appelle *poids spécifique* d'un gaz le poids de l'unité de volume (1 litre) de ce gaz, ce gaz étant pris à zéro et sous la pression de 760mm. La détermination du poids spécifique d'un gaz peut se faire en cherchant quel est le poids de ce gaz qui remplit un ballon de capacité connue. On fait équilibre avec de la tare au ballon plein de gaz et suspendu sous l'un des plateaux de la balance hydrostatique, puis on y fait le vide; les poids marqués qu'on est obligé d'ajouter pour rétablir l'équilibre, quand on a de nouveau suspendu le ballon, représentent le poids du gaz enlevé; à l'aide d'un calcul fondé sur la loi de Mariotte, on obtient le poids du gaz qui remplirait le ballon à la pression de 760mm. En pesant le ballon plein d'eau et vide, on déduit son volume: on a donc tout ce qu'il faut pour avoir le poids de l'unité de volume du gaz. Cette détermination n'a été faite que pour l'air, et on a trouvé qu'à Paris un litre d'air à 0° sous la pression de 760mm pèse 1gr,293.

Pour tous les autres gaz, ce que l'on a déterminé, et ce que l'on trouve dans la plupart des ouvrages de physique et de chimie, c'est leur densité. Les densités des gaz ne sont pas prises par rapport à l'eau comme celles des solides et des liquides, mais par rapport à l'air. La densité d'un gaz est le rapport du poids d'un certain volume de ce gaz au poids du même volume d'air, tous les deux étant pris à zéro et sous la pression de 760mm. La connaissance de la densité d'un gaz permet de calculer immédiatement son poids spécifique. En effet, soient P le poids d'un gaz dont le volume est de V litres, et p le poids du même volume d'air, tous les deux étant pris à zéro et sous la pression de 760mm; par définition, si D est la densité du gaz, on a $D = \frac{P}{p}$, mais à 0° sous 760mm; le poids de

1 litre d'air est 1,293, p est donc égal à $V \times 1,293$, et par suite $D = \frac{P}{V.\ 1,293}$, d'où $P = V.\ 1,293\ D$. Si le volume considéré V est égal à 1^l, le poids P est le poids spécifique du gaz; nous voyons donc que pour avoir le poids spécifique d'un gaz, il faut multiplier sa densité par 1.293, poids d'un litre d'air.

La formule $P = VD$ que nous avons trouvée pour les solides et les liquides, et dans laquelle D représente le poids spécifique ou la densité (72), serait vraie aussi pour les gaz, si on y remplaçait D par le poids spécifique du gaz; mais D étant la densité du gaz, la formule $P = V\ D$ ne convient plus à ce genre de corps et doit être remplacée par la nouvelle formule $P = V.\ 1,293.\ D$.

Tout ce qui précède suppose que l'air ou le gaz considéré se trouvent à 0°, sous 760^{mm}; proposons-nous maintenant de calculer le poids d'un volume donné d'air et d'un gaz quelconque dans des conditions déterminées de température et de pression.

Un litre d'air pèse $1^{gr},293$ à 0° sous 760^{mm}; si on le porte à la température de $15° = t$, sous la même pression, le volume devient $1 + 0,0367.15$ (162) et le poids n'est pas changé. Si on appelle π le poids du litre d'air à 15° sous 760^{mm}, on a donc $\pi\ (1 + 0,00367,15) = 1^{gr}.293$, d'où $\pi = \frac{1,293}{1 + 0,00367.15}$. En général le poids du litre d'air à $t°$ sous 760^{mm} est $\pi = \frac{1,293}{1 + 0,00367.t°}$.

Si la pression est H au lieu d'être 760^{mm}, les poids de volumes égaux de gaz étant proportionnels aux pressions (113) le poids μ, d'un litre d'air sous H à la température t sera $\mu, = \frac{1,293}{1 + 0,00367\ t} \cdot \frac{H}{760}$. Pour avoir le poids de V litres d'air dans ces conditions, il suffit de multiplier V par μ,: on a donc $P = V.\ \frac{1,293}{1 + 0,00367.\ t} \cdot \frac{H}{760}$. Ainsi le poids de

30 litres d'air à 15° sous 758mm sera donné par la formule

$$P = 30. \frac{1,293}{1 + 0,00367.15} \cdot \frac{758}{760} = 36,95.$$

Cherchons maintenant le poids P d'un volume V d'un gaz de densité D, sous la pression H et à la température t. A 0° sous 760mm, le poids d'un litre de ce gaz est $1,293 \times D$; en raisonnant comme pour l'air, on trouve qu'à t^o sous 760mm le poids du litre est $\frac{1,293.\ D}{1 + 0,00367\ t}$, puisque tous les gaz ont même coefficient de dilatation (162). Sous la pression H le poids du litre devient $\frac{1,293.\ D}{1 + 0,00367\ t} \cdot \frac{H}{760}$, et le poids P d'un volume V dans ces conditions est $P = V. \frac{1,293.\ D}{1 + 0,00367.\ t} \cdot \frac{H}{760}$. La densité de l'azote étant 0,9714, le poids de 50 litres d'azote à 30° sous 740mm sera $P = 50. \frac{1,293 \times 0,9714}{1 + 0,00367.30} \cdot \frac{740}{760} = 55,42.$

TABLEAU DES POIDS SPÉCIFIQUE ET DES DENSITÉS DES PRINCIPAUX GAZ.

	Densité.	Poids spécifique.
Air	1,0000	1,293
Oxygène.	1,1056	1,429
Hydrogène. . . .	0,0692	0,0895
Azote	0,9174	1,256
Chlore.	2,47	3,193
Ammoniaque . . .	0,597	0,7729
Protoxyde d'azote.	1,527	1,974
Bioxyde d'azote. .	1,038	1,342
Acide sulfureux .	2,234	2,888
Oxyde de carbone.	0,9569	1,237
Acide carbonique	1,529	1,977
Cyanogène. . . .	1,806	2,336

EXERCICES.

1. Un thermomètre Réaumur marque 56°. Comment cette température sera-t-elle exprimée en degrés centigrades ?

2. Un thermomètre Réaumur marque 44°. Exprimer cette température en degrés Fahrenheit.

2. Quelle est la température indiquée par le thermomètre centigrade et par le thermomètre Réaumur, quand le thermomètre Fahrenheit marque zéro ?

4. Un thermomètre Fahrenheit marque 59°. Quelles seront les températures indiquées dans les mêmes circonstances par le thermomètre centigrade et par le thermomètre Réaumur?

5. Pour quelle température les thermomètres centigrade et Fahrenheit donneront-ils la même indication?

CHAPITRE II.

CHANGEMENTS D'ÉTAT DES CORPS. — FUSION. — SOLIDIFICATION.

164. Définitions.— La chaleur détermine encore dans les corps des changements d'état : elle fait passer un corps solide à l'état liquide et un corps liquide à l'état de gaz. Il est à croire que tous les corps pourront être obtenus sous les trois états ; si quelques-uns ne sont connus que sous un ou deux états, c'est que les moyens dont nous disposons pour opérer ces changements ne sont pas assez puissants ; le nombre en diminue chaque jour, grâce aux progrès continuels de la science. D'autres, comme la craie et certaines matières organiques, se décomposent quand on les chauffe, avant d'avoir atteint une température suffisante pour devenir liquides ou gazeux. Hales (1677-1761), en chauffant la craie dans un canon de fusil fermé de manière à empêcher sa décomposition, parvint à la liquéfier.

On appelle *fusion* le passage de l'état solide à l'état liquide.

La *solidification* est le passage de l'état liquide à l'état solide.

La *vaporisation* est le passage d'un corps à l'état de gaz ou de vapeur.

Le passage de l'état de gaz à l'état liquide s'appelle *liquéfaction*.

165. Lois de la fusion. Point de fusion. — Le phénomène de la fusion est soumis à deux lois : 1° *Un* *corps fond toujours à une même température, qu'on appelle point de fusion du corps.*

Cette constance du point de fusion se vérifie facilement à l'aide d'un thermomètre; c'est en nous appuyant sur ce fait que nous avons déterminé le point 0 du thermomètre.

Le point de fusion varie d'un corps à l'autre. Nous donnons ici les points de fusion de quelques corps :

Mercure......	—39°5	Zinc........	450°
Eau.........	0°	Argent........	951°
Phosphore....	44°,2	Or............	1035°
Cire jaune...	76°,2	Cuivre........	1054°
Cire blanche..	68°,7	Fonte..	1100°
Soufre.......	114°,5	Fer...........	1500°
Etain.........	235°	Platine	1775°
Plomb........	335°	Iridium	1950°

166. Chaleur latente de fusion. — 2° *La température reste constante pendant tout le temps que dure la fusion.*

Sur un foyer ardent, on place un vase renfermant de la glace et au milieu de la glace un thermomètre. Tant que la glace n'est pas entièrement fondue, le thermomètre reste à zéro. La chaleur, fournie par le foyer, est uniquement employée à produire le changement d'état sans déterminer une élévation de température sensible au thermomètre : on lui donne le nom de *chaleur latente* (*cachée*) *de Fusion* ou simplement *chaleur de fusion*.

L'expérience suivante met en évidence cette absorption de chaleur nécessaire à la fusion des corps. Si l'on prend 1 kilogramme d'eau à 79° et 1 kilogramme d'eau liquide à 0° et qu'on les mélange, on obtient 2 kilogrammes d'eau à 39° 50. Si l'on prend 1 kilogramme d'eau à 79° et 1 kilogramme de glace à zéro, on obtient 2 kilogrammes d'eau à 0°. La quantité de chaleur nécessaire pour fondre 1 kilogramme de glace, sans changer sa température, est donc égale à la quantité de chaleur abandonnée par 1 kilogramme d'eau se refroidissant de 79° à zéro.

167. Etat vitreux. — En général, le passage de l'état solide à l'état liquide a lieu d'une manière subite. Exemple : la glace; mais certains corps comme le verre, la cire, passent par un état intermédiaire, *l'état pâteux ou vitreux.*

Dans ce dernier cas, la température du corps continue à s'élever depuis le moment où il commence à se ramollir jusqu'à celui ou il est complètement liquide. Les lois citées plus haut ne s'appliquent pas d'une manière absolue à ces corps.

168. Lois de la solidification. — *La solidification* est soumise à des lois analogues à celles de la fusion :

1° Un liquide se solidifie toujours à la même température, le point de solidification est le même que le point de fusion.

Le fait est facile à vérifier, à l'aide d'un thermomètre.

2° Pendant tout le temps que dure la solidification, la température reste constante.

Le corps qui se solidifie abandonne alors la chaleur qu'il a absorbée pour se fondre. Une expérience analogue à celle que nous avons indiquée plus haut met en évidence ce dégagement de chaleur. Si l'on prend 1 kilogramme d'eau à 0° et 1 kilogramme de plomb solide à 335 et qu'on les mélange, la température du mélange est 10°. Si on prend 1 kilogramme d'eau à 0° et 1 kilogamme de plomb liquide à 335° et qu'on les mélange, la température est de 15°. La différence est due ici à la chaleur qu'a abandonnée le plomb liquide en se solidifiant.

Lorsque, par une nuit d'hiver bien froide, de l'eau abandonnée à l'air atteint la température de zéro, elle ne se solidifie que peu à peu à cause de la chaleur dégagée par chaque petite aiguille de glace qui se forme, chaleur qui compense les pertes dues au rayonnement.

169. Surfusion. — En maintenant un liquide dans une immobilité complète, on peut l'amener à une température bien inférieure à son point de solidification, et le conserver liquide. On dit alors qu'il est *surfondu* et le phénomène à reçu le nom de *surfusion*. Du phosphore peut rester liquide à 30° et même à une température bien inférieure sous l'eau renfermant un peu de potasse ou d'acide azotique. Fahrenheit est le premier qui a reconnu que l'eau peut rester liquide au-dessous de zéro. Despretz (1792-1863) a pu maintenir de l'eau liquide à —20° dans des tubes capillaires. M. Gernez a montré qu'on détermine la solidification brusque en introduisant dans le liquide surfondu un petit fragment solide de ce même corps; du soufre surfondu à 90° se solidifie immédiatement par l'introduction d'un petit morceau de soufre solide. Au moment de la solidification le corps abandonne la chaleur qu'il avait absorbée pour se fondre et la température s'élève subitement. Le frottement de deux corps solides dans un liquide surfondu peut déterminer également sa solidification brusque.

170. Dissolution. — Les solides se dissolvent dans les liquides, par exemple, le sucre, le sel dans l'eau; c'est une véritable fusion, et elle ne peut avoir lieu qu'autant que de la chaleur est fournie au corps solide pour déterminer son changement d'état. De là l'abaissement de température qui se produit dans presque toutes les dissolutions. Comme la dissolution est souvent accompagnée d'une combinaison chimique et que toute combinaison chimique donne lieu à un dégagement de chaleur, ce que nous observons dans les dissolutions est seulement la différence des deux résultats, si bien qu'au lieu d'un refroidissement on a quelquefois une élévation de température. Si on mélange 1 kilogramme de glace avec 4 kilogrammes d'acide sulfurique, il y a élévation de température. Si on mélange 1 kilogramme d'acide sulfurique et 4 kilogrammes de glace, c'est un abaissement de température que l'on observe, la quantité de glace à fondre étant bien plus grande dans le second cas que dans le premier et d'autre part l'action chimique étant moindre.

171. Mélanges réfrigérants. — On utilise l'absorption de chaleur qui accompagne la dissolution pour produire artificiellement du froid. Les *mélanges réfrigérants*, si souvent employés dans les expériences scientifiques et dans l'industrie, sont obtenus en mélangeant plusieurs substances dont une au moins est solide, et qui s'unissent de manière à donner lieu à un liquide. Nous citerons quelques-uns de ces mélanges :

		Abaissement de température.
Azotate d'ammoniaque.	1	de + 10 à — 15.
Eau	1	
Sulfate de soude . . .	8	de + 10 à — 17.
Acide chlorhydrique. .	5	
Glace pilée ou neige. .	2	de 0 à — 20.
Sel marin.	1	

Chaque mélange réfrigérant a une température inférieure qu'il ne peut dépasser ; c'est la température à laquelle le liquide que donne la dissolution passe à l'état solide.

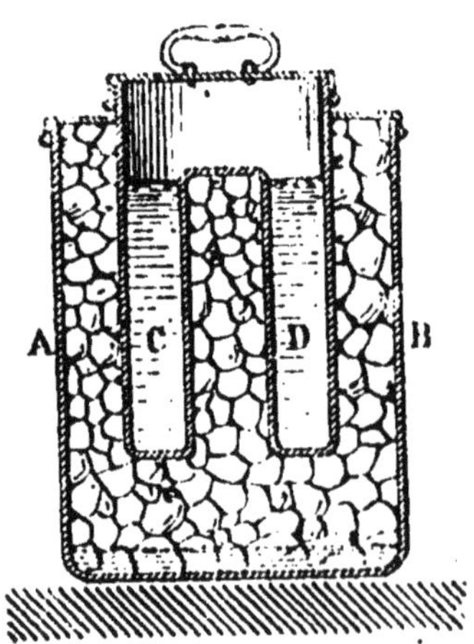

Fig. 130. — Glacière artificielle.

Pour faire usage de ces mélanges, on emploie des glacières artificielles qui toutes ont une disposition analogue à celle que représente la figure 130 : un vase AB où l'on place le mélange, et au milieu le vase CD renfermant le corps à refroidir. Le vase AB est entouré d'une enveloppe de drap, afin qu'il ne reçoive pas de chaleur de l'air extérieur, et que toute la chaleur absorbée par le mélange réfrigérant soit prise ainsi au corps CD.

172. Cristallisation par refroidissement d'une dissolution saturée. — Un poids donné de liquide, ne peut dissoudre qu'une quantité déterminée d'un solide. La quantité dissoute est en général d'autant plus grande que la température est plus élevée. Quand le liquide renferme tout ce qu'il peut dissoudre du solide, la dissolution est dite *saturée*. Supposons qu'une dissolution, après avoir été saturée à une certaine température, se refroidisse : une partie du corps dissous repasse peu à peu à l'état solide et se dépose sous forme de *cristaux* : on appelle cristal un corps affectant une forme géométrique régulière, le sel marin cristallise en cubes. La lenteur avec laquelle la sodification a lieu est ce qui permet aux cristaux de se former, en donnant aux molécules le temps de se tourner et de se disposer convenablement les unes par rapport aux autres. Si, par un moyen convenable, on provoque une solidification subite, on obtient un corps *amorphe*, c'est-à-dire sans forme cristalline.

173. Sursaturation. — Il arrive quelquefois qu'une dissolution renferme plus de matière solide que la saturation n'en comporte; on dit alors qu'elle est *sursaturée*. Pour obtenir une dissolution sursaturée on prépare une dissolution saturée à chaud, puis, après l'avoir filtrée, on la laisse refroidir dans un vase fermé. Dans les cours on prend un tube de la forme ci-contre (fig. 131), on le remplit d'une dissolution chaude de sulfate de soude, on chauffe avec une lampe à alcool, la dissolution bout, la vapeur chasse l'air et on ferme au chalumeau en C. Le tube ainsi préparé peut se conserver sans que le sel cristallise. Si l'on brise la pointe du tube, l'air rentre brusque-

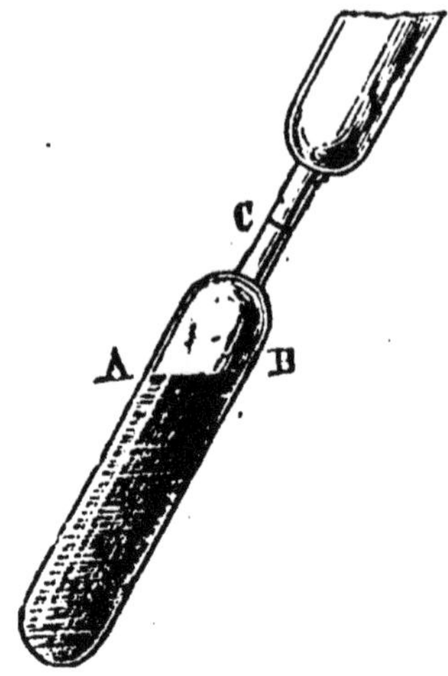

Fig. 131. — Tube pour la sursaturation.

ment et l'on voit des cristaux apparaître sous forme d'aiguilles dans toute la masse; il se produit en même temps une élévation de température due au passage à l'état solide du sulfate de soude qui dans la dissolution se trouvait à l'état liquide. Dans cette expérience la cristallisation du sulfate de soude n'est pas provoquée, comme on l'a cru pendant longtemps, par la rentrée subite de l'air. M. Gernez a démontré par des expériences nombreuses que, pour déterminer la cristallisation d'une dissolution sursaturée, il fallait y introduire un petit cristal du corps dissous, ou un cristal *isomorphe*, c'est-à-dire affectant la même forme cristalline. Or, l'air qui rentre dans le tube, au moment où l'on en brise la pointe, y ramène quelques parcelles de sulfate de soude, que la vapeur avait entraînées et déposées près de cette pointe pendant qu'on faisait bouillir la dissolution.

171. Cristallisation par refroidissement d'un solide fondu. — Quand un liquide repasse à l'état solide, la solidification se fait lentement, parce que la chaleur, dégagée par le seul fait du changement d'état, empêche la température de s'abaisser rapidement : les molécules ont donc le temps de se disposer régulièrement les unes par rapport aux autres, et le corps cristallise : c'est ainsi qu'on obtient le soufre et le bismuth cristallisés. Mais si le liquide, avant de se solidifier, prend l'état pâteux comme la cire ou le verre, on n'obtient plus de cristaux, parce que les molécules gênées dans leur mouvement ne peuvent plus se tourner convenablement.

175. Changements de volume qui accompagnent la fusion et la solidification. — Un corps qui passe de l'état solide à l'état liquide, ou de l'état liquide à l'état solide, éprouve, par le seul fait de son changement d'état, une variation de volume plus ou moins considérable. En général un corps solide augmente de volume en se liquéfiant, un corps liquide diminue de volume en se solidifiant. On fait fondre du soufre dans un creuset; puis, quand il est tout entier à l'état liquide, on l'abandonne à l'air; la solidification commence, et tant qu'elle dure, la température restant constante, on voit le niveau du liquide baisser peu à peu, ce qui montre bien la diminution de volume. La densité des corps éprouve des changements en sens inverse, elle augmente dans la solidification et diminue dans la fusion; la densité du phosphore solide à 44°,2 est supérieure à celle du phosphore liquide à la même température. Si l'on fait fondre de la cire dans un vase, les parties encore solides restent au fond, et la cire liquide est au-dessus.

176. Augmentation de volume de la glace quand elle se forme. — Quelques corps font exception : l'argent, le bismuth, la fonte, l'eau augmentent de volume en se solidifiant; la densité de la glace à 0° est moindre que celle de l'eau à 0°; aussi voit-on, pendant l'hiver, les glaçons flotter à la surface des rivières. Pour démontrer l'expansion qu'éprouve la glace en se solidifiant, on remplit exactement un petit ballon avec de l'eau, on le bouche hermétiquement, et on le place au milieu d'un mélange réfrigérant formé de glace et de sel; l'eau se congèle, augmente de volume et brise le ballon, avec un bruit sec qui annonce la fin de l'expérience; souvent on trouve le bouchon repoussé hors du ballon, mais relié au goulot, par un cylindre de glace. La force avec laquelle se produit cette augmentation de volume est considérable Huyghens (1629-1695) faisait l'expérience dans un canon de fusil, on la répète souvent ainsi dans les cours. Le major d'artillerie E. Villiam, à Québec (1784) remplit d'eau une bombe de 13 pouces de diamètre, ferma l'ouverture avec un bouchon de fer enfoncé fortement, et l'exposa à la gelée, le bouchon fut lancé à plus de 100 mètres et un cylindre de glace de 2 décimètres de long sortit de l'ouverture.

L'augmentation de volume que l'eau éprouve en se solidifiant est de $\frac{1}{11}$. La densité de la glace est 0,91725. C'est cette expansion de la glace qui détermine pendant l'hiver la rupture des tuyaux de conduite et celle des pierres dites *gélives*, dont le défaut est d'être assez poreuses pour se laisser pénétrer par l'eau. Au printemps, lorsque la température s'abaisse beaucoup la nuit, la sève qui remplit les vaisseaux dans les jeunes pousses des plantes peut être gelée; alors, en se distendant, elle les brise et détermine la désorganisation des tissus. Il faut cependant, pour que cet accident se produise, que la température descende au-dessous de zéro. Nous avons vu en effet que dans les tubes capillaires l'eau se gèle plus difficilement que dans les vases ordinaires.

177. Modification des points de fusion et de solidification.— Si l'on empêche ces variations de volume, on peut modifier le point de fusion ou de solidification. Bunsen a reconnu qu'en comprimant de la paraffine et en l'empêchant ainsi d'augmenter de volume, il retardait son point de fusion ; au lieu de fondre à 46°,3 elle reste solide jusqu'à 50°. De même, si on comprime l'eau en même temps qu'on abaisse sa température, on peut l'amener au-dessous de 0° sans qu'elle perde l'état liquide : c'est ce que Thomson a vérifié par l'expérience.

178. Regel.— L'abaissement du point de congélation de l'eau par la pression permet d'expliquer le fait du moulage de la glace. Si l'on prend de la glace pilée ou de la neige, et qu'on la comprime fortement dans un moule, on obtient une masse de glace parfaitement transparente ayant la forme du moule ; d'après M. Tyndall, la pression étant considérable aux points où les morceaux de glace se touchent, un peu de glace se liquéfie avec abaissement de température, l'eau coule, alors la pression devient moindre, l'eau qui restait aux points de contact se solidifie et fait comme un ciment qui soude ensemble les morceaux de glace. On a donné à ce phénomène le nom de *regel*. On l'a expliqué aussi par la propriété que possède la glace de se souder fortement à elle-même et à d'autres corps. Une expérience bien simple permet de montrer le phénomène du regel. On prend un cylindre de glace A B (fig. 132) qu'on

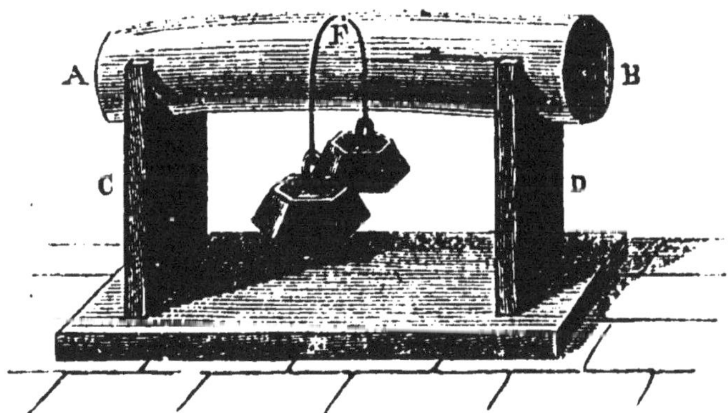

Fig. 132. — Cylindre de glace traversé par un fil de fer.

fait reposer sur deux supports C et D ; aux extrémités d'un fil de fer on suspend deux poids de quelques kilogrammes et on les place en F sur le bloc de glace; la traction exercée par les poids fait pénétrer le fil dans la glace, et quand le fil a passé complètement à travers le bloc, celui-ci reste entier; il semble n'avoir pas été entamé. Les deux parties se trouvant en contact, se ressoudent immédiatement à mesure que le fil pénètre.

CHAPITRE III.

VAPORISATION.— VAPEURS SATURANTES ET NON SATURANTES.— MAXIMUM DE TENSION.

179. Vaporisation. — Chaleur latente de vaporisation. — La vaporisation est le passage d'un corps à l'état de vapeur ; il y a des corps solides qui se vaporisent sans passer par l'état liquide ; le camphre, l'iode nous en offrent des exemples.

Un corps peut passer à l'état de vapeur à toute température, il n'y a donc pas pour chaque corps un point de vaporisation, comme il y a un point de fusion. Quand un corps se vaporise, il absorbe une certaine quantité de chaleur, sans que pour cela sa température s'élève ; l'éther qui s'évapore sur la main produit un froid dû à ce qu'une partie de la chaleur de la main est employée à vaporiser le liquide. Réciproquement une vapeur se liquéfie à toute température ; mais lorsqu'elle passe à l'état liquide, elle abandonne la chaleur qu'elle avait absorbée pour se vaporiser. Un kilogramme d'eau à 100° étant mélangé à $5^k,360$ d'eau à 0° donne $6^k,36$ d'eau à la température de 15°,7. Si on mélange 1 k. de vapeur d'eau à 100° et $5^k,360$ d'eau à 0°, le tout se trouve à 100°. La différence des deux résultats est due à la chaleur qu'a abandonnée la vapeur d'eau en se liquéfiant, et elle prouve que 1^k de vapeur d'eau à 100°, en se condensant sans changer de température, abandonne une quantité de chaleur capable d'élever de 0° à 100° la température de 5k,360 d'eau. Nous reviendrons plus loin sur les applications de ces faits. Nous nous occuperons d'abord de la formation des vapeurs.

180. Formation des vapeurs dans le vide.— Disposons un tube de Torricelli dans une cuve profonde (fig. 133) et introduisons dans ce tube une goutte d'un liquide

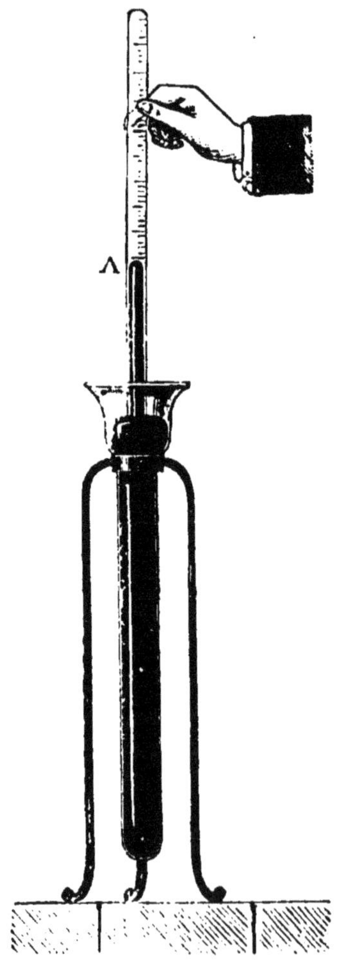

Fig. 133. -- Formation des vapeurs dans le vide.

volatil, d'éther par exemple; le liquide disparaît dès qu'il arrive dans la chambre barométrique et en même temps le niveau du mercure s'abaisse. L'éther se transforme donc immédiatement en vapeur dans le vide ; cette vapeur exerce sur la surface du mercure dans le tube une pression qui diminue la hauteur de la colonne soulevée, et la différence de hauteur avant et après l'introduction du liquide, mesure la pression de la vapeur ou sa force élastique, ou encore sa *tension*. On introduit une nouvelle quantité d'éther ; il disparaît encore, et le mercure s'abaisse davantage. Mais si l'on renouvelle l'épreuve plusieurs fois, il arrive un moment où le liquide ne disparaît plus; il en reste une petite couche au-dessus du niveau du mercure, et dès lors ce niveau reste constant.

A ce moment, l'espace renferme toute la vapeur qu'il peut contenir ; on dit qu'il est *saturé* et que la tension de la vapeur, plus grande que lorsque l'espace n'est pas saturé, est la *tension maxima*.

181. — Les vapeurs non saturantes suivent la loi de Mariotte.— Considérons le cas où l'espace n'est pas saturé, et faisons varier son volume en enfonçant le tube dans la cuve profonde ou en le retirant ; la différence de niveau et par suite la pression de la vapeur varie ; si le volume diminue, la différence de niveau devient moindre, ce qui signifie que la pression de la vapeur augmente ; elle diminue au contraire, si le volume devient plus grand. A chaque instant la pression de la vapeur est égale à la différence entre la hauteur de la colonne barométrique et la hauteur de la colonne soulevée dans le tube à expérience. Si on mesure cette pression et le volume correspondant occupé par la vapeur, on reconnaît que la vapeur se comporte comme un gaz, elle suit la loi de Mariotte. Ce que nous avons appelé vapeur doit donc être regardé comme un gaz. C'est un gaz voisin de son point de liquéfaction, et la loi de Mariotte s'y applique avec la même approximation qu'aux gaz faciles à liquéfier. On a reconnu également qu'au point de vue de la chaleur les vapeurs se comportent comme les gaz, ils se dilatent de la même façon.

182. Vapeurs saturantes. — Supposons en second lieu que l'espace soit saturé, ce que nous reconnaissons à la présence d'une petite couche de liquide au-dessus du mercure. Nous avons beau enfoncer le tube dans la cuve profonde ou le retirer, tant que l'espace ne cesse pas d'être

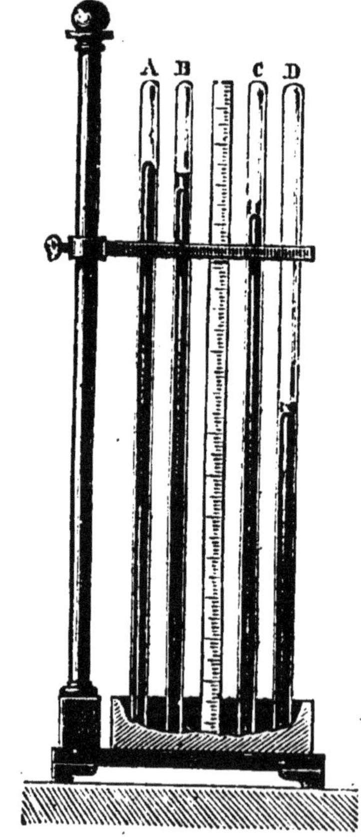

Fig. 134. — Tension des vapeurs de différents liquides.

saturé, la différence de niveau dans le tube et dans la cuvette reste constante; par suite la pression de la vapeur est elle-même constante. Si on enfonce le tube, le volume diminue, une petite quantité de vapeur se condense, la couche liquide augmente. Si on retire le tube le volume augmente, un peu de liquide passe à l'état de vapeur, la petite couche liquide diminue. *La tension maxima d'une vapeur saturante est donc constante et indépendante de l'espace occupé par elle.*

183. Tension des vapeurs de différents liquides. — La tension maxima d'une vapeur dépend de la nature du liquide. Que dans plusieurs tubes barométriques (fig. 134) plongeant dans une même cuvette, on introduise différents liquides, éther, alcool, eau, de manière à avoir l'espace saturé, le niveau ne s'arrêtera pas sur un même plan horizontal dans tous les tubes ; il est plus bas dans le tube D renfermant de l'éther, un peu moins dans C où se trouve l'alcool, et moins encore dans B qui contient de l'eau. A est un baromètre parfait servant de terme de comparaison.

184. Tension d'une vapeur à différentes températures. — Pour un même liquide, la tension maxima de la vapeur dépend de la température. Dans une même cuvette renfermant du mercure, plongent deux baromètres (fig. 135); l'un A est un baromètre parfait, l'autre B renferme un peu de liquide au-dessus du mercure. La chambre barométrique est donc saturée. Un manchon M contenant de l'eau dont on peut faire varier la température, entoure les deux tubes. Si on élève la température, le niveau s'abaisse en B; la pression de la vapeur augmente donc avec la température.

La différence des niveaux dans les tubes A et B mesure à chaque instant la pression exercée par la vapeur qui se trouve dans le tube B. On a donc là un moyen d'évaluer pour chaque température la pression exercée par une vapeur. Ces mesures ont été faites par un grand nombre de physiciens, Dalton (1766-1844), Gay-Lussac, Arago, Dulong, Regnault. Ils se sont surtout occupés de la vapeur d'eau. Nous ne décrirons pas leurs appareils; nous donnerons seulement quelques nombres pris parmi les résultats

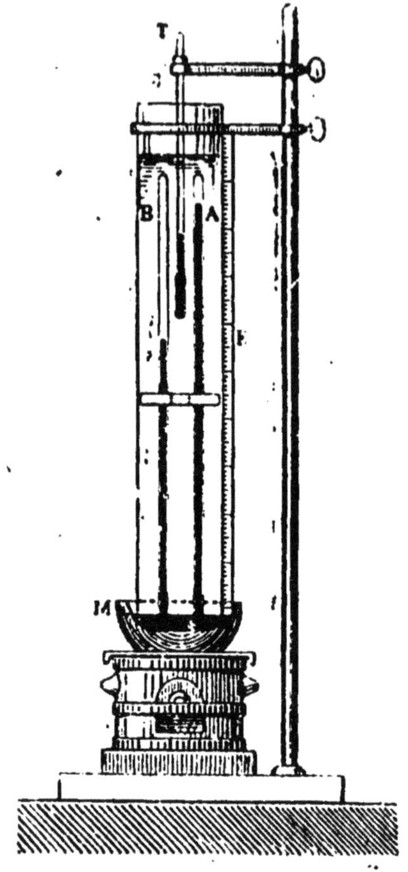

Fig. 135. — Tension d'une vapeur à différentes températures.

de M. Regnault. Ils nous montrent que la tension maxima de la vapeur d'eau augmente avec la température, mais beaucoup plus vite que la température. Ainsi :

à 100°	la pression	de la vapeur d'eau	est de	1 atm.
121°	—	—	—	2
131°	—	—	—	3
160°	—	—	—	6
180°	—	—	—	10

TENSION MAXIMUM DE LA VAPEUR D'EAU EN MILLIMÈTRES.

TEMPÉR.	TENSION	TEMPÉR.	TENSION	TEMPÉR.	TENSION
— 30	0,39	60	148	150	3581
— 20	0,9	70	233	160	4651
— 10	2,1	80	354	170	5961
0	4,6	90	525,4	180	7546
10	9,1	100	760	190	9443
20	17,4	120	1491	200	11689
30	31,6	130	2030	210	14325
40	55,0	140	2717	220	17390
50	92			230	20926

185. Formation des vapeurs dans les gaz. — Loi du mélange des gaz et des vapeurs. — Gay-Lussac a imaginé un appareil qui lui a permis d'étudier la formation des vapeurs dans les gaz. Deux tubes A et B (fig. 136) sont réunis à leur partie inférieure par une garniture en fer munie d'un robinet, le tube B est ouvert; A porte à sa partie supérieure une garniture à robinet sur laquelle on peut visser des pièces différentes; A est divisé en parties d'égal volume, les divisions de B correspondent à des longueurs égales. Pour faire une expérience, le robinet R étant fermé, R' ouvert, on remplit l'appareil de mercure et l'on visse en haut de A un ballon rempli d'air sec. On ouvre le robinet R, le mercure s'écoule et une partie de l'air pénètre dans A; on enlève le ballon après avoir fermé R', et en versant du mercure dans la branche ouverte on amène le niveau à être sur un même plan horizontal dans l'une et l'autre branche; la pression de l'air intérieur est donc celle de l'atmosphère. On visse alors en A le robinet à entonnoir représenté plus en grand en C (fig. 137) ; ce robinet ne porte qu'une cavité *a*. On met un liquide dans la capsule supérieure, il pénètre dans la

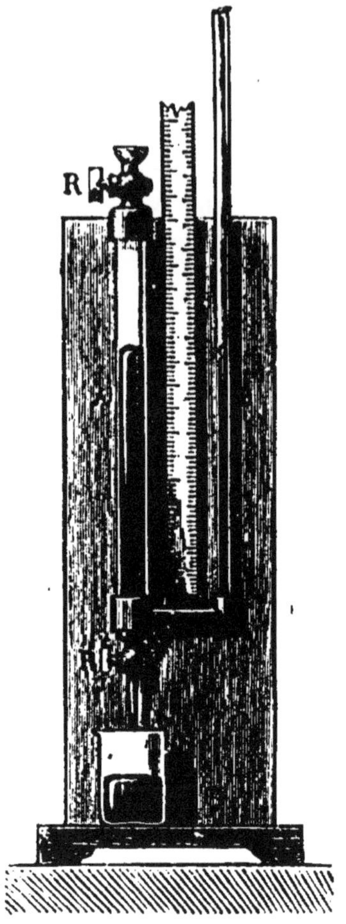

Fig. 136. — Appareil de Gay-Lussac pour le mélange des gaz et des vapeurs.

cavité *a*; en tournant le robinet d'un demi-tour, on fait tomber cette petite quantité de liquide dans le tube A. On peut ainsi en introduire autant qu'on veut ; pendant que le liquide arrive dans le gros tube, le niveau du mercure s'abaisse en A, mais lentement et il monte en B, ce qui tient à la pression de la vapeur formée peu à peu.

On fait entrer du liquide jusqu'à ce que l'espace soit *saturé*, ce que l'on reconnaît à ce qu'il reste une petite couche

Fig. 136 *bis*.

de liquide sur le mercure. Si l'on verse alors du mercure dans la branche B jusqu'à ce que le volume occupé par l'air et la vapeur soit le même que celui qu'avait l'air quand il était seul, la différence de niveau mesurera la tension de la vapeur. On trouve que cette pression est précisément

Fig. 137.

celle qu'aurait la vapeur dans le vide pour la même température. On peut donc conclure de cette expérience : 1° que les vapeurs se forment dans les gaz plus lentement que dans le vide ; 2° que la pression d'un mélange de gaz et de vapeur est égale à la somme des pressions qu'auraient séparément le gaz et la vapeur, si chacun d'eux occupait seul le volume du mélange. Ce n'est pas autre chose que la loi du mélange des gaz qui se trouve ainsi vérifiée pour les vapeurs

186. Résumé des propriétés des vapeurs. — L'étude que nous venons de faire des vapeurs, confirme de tous points la remarque exprimée plus haut que les vapeurs ne sont que des gaz voisins de leur point de liquéfaction. Lorsque la vapeur est en contact avec son liquide, l'espace où elle se trouve est saturé; dans ce cas, si l'on augmente le volume de l'espace, une partie du liquide se vaporise et la tension reste constante; si on diminue le volume, une partie de la vapeur se condense et la tension reste constante Si la température s'élève, une partie du liquide se vaporise, la tension de la vapeur augmente, mais plus rapidement que ne le ferait la pression d'un gaz dans les mêmes circonstances. Si la température s'abaisse, une partie de la vapeur se condense et la pression diminue plus que celle d'un gaz dans les mêmes circonstances. Dans le cas où l'espace n'est pas saturé, la vapeur se comporte exactement comme un gaz : quand on fait varier le volume, elle suit la loi de Mariotte ; si le volume augmente, la pression diminue; si on diminue le volume, la pression augmente; seulement cette augmentation n'est pas indéfinie: quand la pression est devenue égale à la tension maxima correspondante à la température de l'espace, elle reste constante, l'espace est alors saturé et une nouvelle diminution de volume détermine la condensation d'une partie de la vapeur. Eu égard aux variations de la température, la vapeur non saturante se comporte encore comme un gaz: si la température s'élève, le volume ou la pression de la vapeur augmentent comme il arriverait pour un gaz; si la température baisse, le volume ou la pression de la vapeur diminuent; il arrive un moment où l'espace est saturé, et à partir de ce moment un nouvel abaissement de température amène la condensation d'une partie de la vapeur.

Les vapeurs se comportant comme des gaz, les calculs que nous avons indiqués pour déterminer le poids d'un volume de gaz à une température et sous une pression données, peuvent s'appliquer aux vapeurs. On rapporte les densités des vapeurs à l'air.

Densité de quelques vapeurs :

Eau..................	0,6235
Alcool..	1,613
Ether...................	2,565
Iode........	8,716
Mercure.. . . .. ,	6,976
Soufre	2,22

CHAPITRE IV.

HYGROMÉTRIE. — PLUIE. — NEIGE. — ROSÉE

187. Présence de la vapeur d'eau dans l'atmosphère. — L'atmosphère renferme toujours une certaine quantité de vapeur d'eau. Si dans un vase fermé, flacon ou ballon, on met de la glace ou un mélange réfrigérant, et qu'on l'expose à l'air, on voit la surface extérieure se recouvrir rapidement de gouttelettes d'eau, dues à la condensation de la vapeur contenue dans l'atmosphère. Un morceau de potasse solide, ou un morceau de chlorure de calcium abandonnés à l'air augmentent de poids; la vapeur d'eau qu'ils condensent les dissout : ces substances, qui à l'air deviennent liquides, sont dites *déliquescentes*. De l'acide sulfurique placé dans un vase ouvert à l'air augmente de poids par suite de l'absorption de la vapeur d'eau; toutes les substances avides d'humidité donneraient lieu aux mêmes phénomènes. La vapeur d'eau qui se trouve dans l'atmosphère provient de l'évaporation continuelle de l'eau à la surface des mers, des fleuves, de la respiration de l'homme et des animaux, de l'exhalation des végétaux, et des combustions.

La quantité de vapeur renfermée dans l'air est très variable, plus grande en été, moindre en hiver, et cependant on dit que l'air est plus humide en hiver qu'en été.

Nous disons que l'air est *humide*, lorsque pour un faible abaissement de température, il y a condensation de vapeur; l'air est alors tout près d'être saturé. L'air est *sec* quand il est éloigné de son point de saturation. Le degré d'humidité de l'air dépend non pas de la quantité absolue de vapeur d'eau qu'il renferme, mais de la distance à laquelle il se trouve de son point de saturation.

188. État hygrométrique. — On appelle *état hygrométrique de l'air le rapport du poids p de vapeur d'eau renfermé dans un certain volume d'air au poids P de vapeur qui s'y trouverait, s'il était saturé.* Si on appelle f la tension de la vapeur d'eau dans l'air et F la tension maxima, à la température à laquelle il se trouve, c'est-à-dire la tension qu'aurait la vapeur si l'espace était saturé, le rapport $\frac{p}{P}$ est égal à $\frac{f}{F}$, puisque les poids de volumes égaux de gaz ou de vapeur sont dans le même rapport que les pressions. On peut donc encore définir l'état hygrométrique de l'air : *Le rapport de la tension actuelle de la vapeur d'eau dans l'air à la tension maxima à la même température.*

La connaissance de l'état hygrométrique de l'air permet de déterminer à chaque instant la tension de la vapeur d'eau dans un espace donné. Si, par exemple, l'état hygrométrique est $\frac{3}{4} = 0,75$ et la température 20°, comme à 20° les tables nous apprennent que la tension maxima de la vapeur d'eau est $17^{mm},4$, la tension actuelle f sera donnée par $\frac{f}{17,4} = 0,75$, d'où $f = 17,4 \times 0,75$. Par suite de la définition même, l'état hygrométrique sera toujours exprimé par un nombre < 1. Quand l'espace est saturé, l'état hygrométrique est égal à 1.

189. Hygromètres. — Les appareils qui servent à mesurer l'état *hygrométrique*, s'appellent des *hygromètres* (ὑγρός μέτρον). On fait souvent usage d'appareils qui, sans mesurer l'état hygrométrique, indiquent si l'air est plus ou moins humide ; ce sont des *hygroscopes*. Ils sont fondés sur les changements de forme ou de volume qu'éprouvent certains corps sous l'influence de l'humidité. Les cordes à boyau se tordent par la sécheresse, et se détordent par l'humidité. On prend une de ces cordes, dont on fixe une extrémité, à l'autre extrémité est attaché un plateau ou le capuchon d'une figurine; si l'humidité vient à varier, la corde se tord ou se détord, les pièces sont entraînées par la torsion de la corde dans un sens ou dans l'autre et leurs mouvements servent à montrer si l'air est plus ou moins humide.

Nous indiquerons rapidement les différents hygromètres employés. Ils ont été classés en *hygromètre chimique*, *hygromètres d'absorption* et *hygromètres de condensation*.

190. Hygromètre chimique. — De tous les hygromètres, l'hygromètre chimique est le meilleur et le

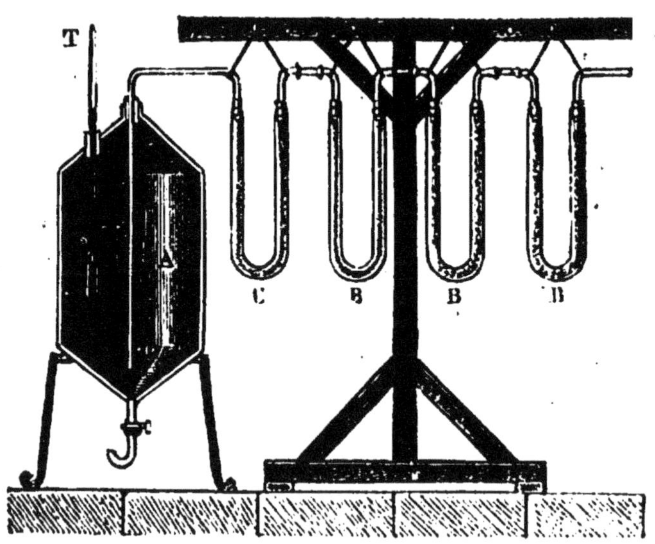

Fig. 138. — Hygromètre chimique.

plus précis. Il se compose d'un aspirateur A dont le volume est connu une fois pour toutes, par exemple, de 70 à 80 litres; il communique avec une série de tubes en U remplis de ponce sulfurique. On a pesé les tubes B; on dispose l'appareil, puis, le vase A ayant été rempli d'eau, on ouvre le robinet R, l'eau s'écoule, elle est remplacée par de l'air, qui, traversant les tubes en U, y abandonne la vapeur d'eau qu'il contient; on pèse les tubes B quand l'écoulement a cessé; l'augmentation de poids p qu'ils ont subie est le poids de vapeur d'eau qui se trouvait dans un volume d'air égal à celui de l'aspirateur. Par le calcul on détermine le poids P de vapeur qui se trouverait dans ce même volume s'il était saturé, et le rapport $\frac{p}{P}$ est l'état hygrométrique cherché.

191. Hygromètres d'absorption. Hygromètre à cheveu. — Les hygromètres de cette catégorie sont

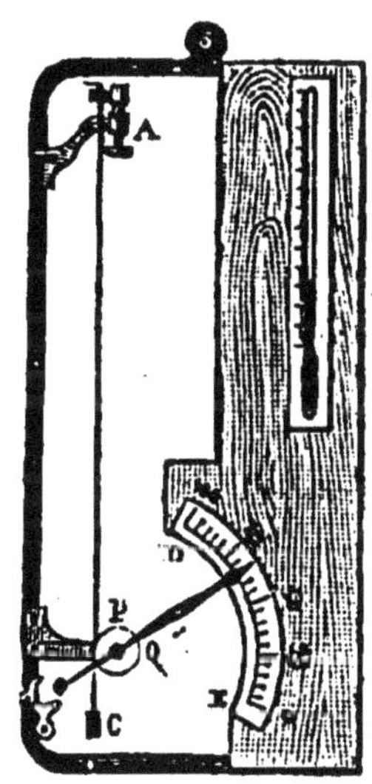

Fig. 139. — Hygromètre à cheveu.

fondés sur les changements de volume qu'éprouvent certains corps par suite de l'absorption de la vapeur d'eau.

Ces corps absorbent d'autant plus d'humidité que l'air est lui-même plus humide, et cela sans que l'état hygrométrique de l'atmosphère en soit modifié. D'ailleurs les variations de volume de ces corps dues à cette absorption sont très grandes par rapport aux variations que produiraient des changements de température. Le bois se gonfle par l'humidité, se contracte par la sécheresse, nos portes et nos fenêtres nous en donnent un exemple. Les cheveux s'allongent par l'humidité, se resserrent par la sécheresse. H.-B. de Saussure (1740-1799), physicien de Genève, a construit un hygromètre qui porte son nom, et qui est fondé sur cette propriété. On prend un cheveu suffisamment long, qu'on dégraisse, soit en le laissant séjourner pendant 24 heures dans l'éther, soit en le faisant bouillir pendant 30 minutes dans une dissolution de carbonate de soude. Ainsi préparé, le cheveu est maintenu par une de ses extrémités dans une pince A (fig. 139), l'autre extrémité est fixée à une poulie P à double gorge, un poids C sert à tenir le cheveu toujours tendu, une aiguille, dont le centre de gravité est sur l'axe de la poulie, et dont l'extrémité se meut devant un arc divisé, sert à amplifier les mouvements du cheveu. Pour graduer l'appareil, on le place sous une cloche dont les parois ont été mouillées et qui repose sur une assiette contenant un peu d'eau ; l'air y est saturé d'humidité, le cheveu s'allonge, l'aiguille marche vers D, et quand elle est immobile, au point où elle s'arrête on marque 100. Puis on place l'appareil sous une cloche renfermant un peu d'acide sulfurique ou de chlorure de calcium ; l'air y est sec ; le cheveu se raccourcit, l'aiguille marche vers E, et quand elle est immobile, ce qui demande un temps assez long, au point où elle s'arrête on marque zéro. On partage l'intervalle compris entre ces deux points fixes en cent parties égales qu'on appelle *degrés de l'hygromètre*. Malheureusement on a reconnu que les indications données par l'hygromètre à cheveu ne sont pas proportionnelles à l'état hygrométrique du milieu où il se trouve. Ainsi quand l'appareil marque 50, l'état hygrométrique n'est pas $\frac{50}{100}$ ou 1/2, mais beaucoup moindre ; l'hygromètre marque à peu près 72° pour un état hygrométrique égal à 1/2. On est obligé d'avoir recours à des tables, construites spécialement pour chaque appareil, qui donnent l'état hygrométrique correspondant à chaque degré de l'hygromètre. Nous ne pouvons exposer ici la construction de ces tables. La nécessité d'y avoir recours et la difficulté de les établir ont fait abandonner l'hygromètre à cheveu comme instrument de mesure; il peut néanmoins servir pour indiquer les variations du degré d'humidité de l'air.

192. Hygromètres de condensation. — Ces appareils reposent sur le principe suivant que Ch. Leroy, physicien français (1726-1791), a appliqué. On place dans l'air un vase métallique renfermant de l'eau dont on peut abaisser la température en y introduisant de petits morceaux de glace. La couche d'air qui entoure ce vase se refroidit, sans que *la tension de la vapeur qui s'y trouve soit modifiée.* Il arrive un moment où cet air est saturé, et le moindre abaissement de température détermine un dépôt de rosée sur le vase; la tension f de la vapeur est alors la tension maxima correspondante à la température t de la couche d'air et du vase, laquelle est donnée par un thermomètre plongeant au milieu de l'eau. Si un thermomètre placé dans l'air en donne la température T, on aura, à l'aide des tables, les tensions maxima f et F de la vapeur d'eau correspondantes aux températures t et T, le quotient $\frac{f}{F}$ représentera l'état hygrométrique au moment de l'expérience.

193. Hygromètre de Daniell. — En s'appuyant sur ce principe, Daniell (1790-1845) imagina pour son hygromètre la disposition suivante, qui permet de faire rapidement les observations. Un tube deux fois recourbé se termine par deux boules A et B (fig. 140): l'une A est en verre bleu, l'autre B en verre incolore; la boule B étant ouverte on introduit dans l'instrument de l'éther qu'on fait arriver en A, on le chauffe, l'éther bout, sa vapeur chasse l'air, et quand tout l'air est sorti, on ferme à la lampe la boule B; on a eu soin de placer dans la boule A un petit thermomètre *t* qui, plongeant dans l'éther, en donne à

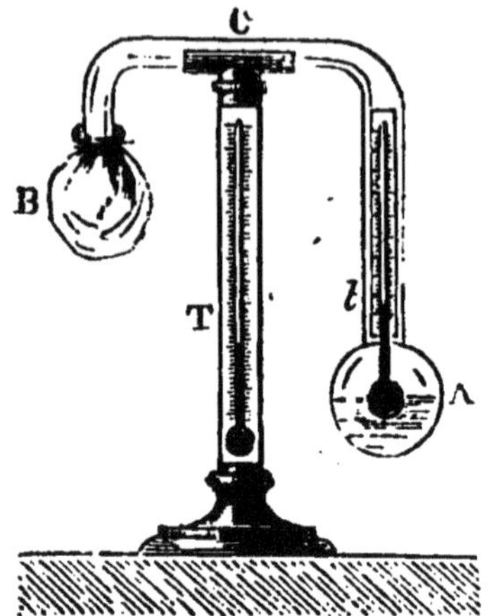

Fig. 140. — Hygromètre de Daniell.

chaque instant la température. Un thermomètre T porté par le pied de l'appareil sert à indiquer la température de l'air. Pour faire une expérience, on verse un peu d'éther sur la gaze qui recouvre la boule B; cet éther se vaporise, refroidit la boule B, une partie de la vapeur qui s'y trouve se condense, une petite quantité d'éther de la boule A passe à l'état de vapeur et vient se condenser en B. Cette vaporisation refroidit la boule A et la couche d'air qui l'entoure, et quand l'air est suffisamment refroidi, un dépôt de rosée se produit sur la boule A, ce dont on est immédiatement averti parce que la surface du verre cesse d'être brillante. On note alors les températures t_1 et T_1, données par les deux thermomètres *t* et *T*, on cherche dans les tables les tensions maxima correspondantes, on en déduit comme plus haut l'état hygrométrique cherché. Si on laisse l'appareil se réchauffer, on voit le dépôt de rosée disparaître sur la boule A, qui redevient brillante, la température t_2 donnée à ce moment par le thermomètre intérieur t est un peu supérieure à t_1; on prend pour température du point de rosée la moyenne $\frac{t_1 \times t_2}{2}$; on diminue ainsi les erreurs qui peuvent tenir à la difficulté d'observer le moment précis où commence le dépôt de rosée, et à la mauvaise conductibilité du verre.

194. Hygromètre Regnault. — Regnault a perfectionné l'appareil de Daniell. Deux tubes de verre A et B (fig. 141) sont terminés par deux dés métalliques en argent

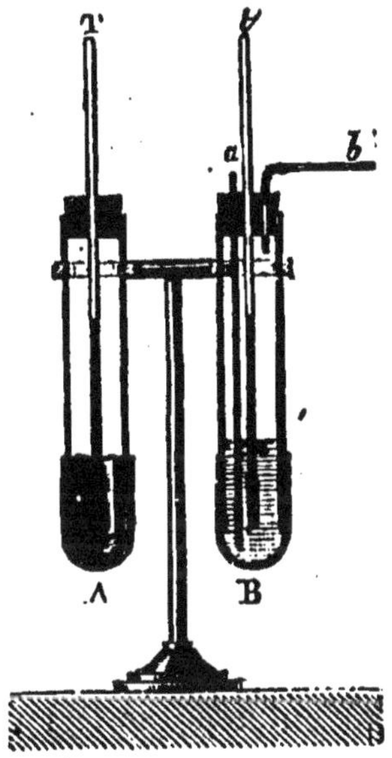

Fig. 141. — Hygromètre Regnault.

bien poli. Le tube A ne renferme qu'un thermomètre T qui donne la température de l'air extérieur; le tube B renferme de l'éther dans lequel plonge un thermomètre t; deux autres tubes *a* et *b* s'engagent dans le bouchon qui ferme le tube; l'un *a* est un tube droit ouvert à ses deux extrémités, qui descend jusqu'au fond de B, l'autre *b* partant de la partie supérieure peut être mis en communication avec un aspirateur. Pour faire une expérience, l'aspirateur, étant ouvert, détermine un courant d'air qui pénètre par *a*, barbote dans l'éther, on active la vaporisation, la température s'abaisse en B et bientôt on voit le dépôt de rosée apparaître sur B. Le voisinage de A qui reste brillant permet de saisir plus exactement le moment précis où le dépôt de rosée a lieu. On observe les températures t, et T, données par le thermomètre t et T comme plus haut, et à l'aide des tables on déduit l'état hygrométrique. En faisant usage de l'aspirateur, Regnault enlève la vapeur d'éther qui, répandue dans l'air, pourrait en modifier l'état hygrométrique. Il évite ainsi un des inconvénients de l'hygromètre Daniell; de plus, à cause de la bonne conductibilité des métaux, la température donnée par le thermomètre t diffère très peu de celle de l'air environnant le dé; aussi quand on arrête l'écoulement de l'aspirateur, la température t_2 de la disparition de la rosée sur le dé B, diffère-t-elle très peu de t_1, ce qui n'a pas lieu avec l'hygromètre Daniell. M. Alluard, directeur de l'observatoire météorologique du Puy-de-Dôme, a remplacé les deux dés de Regnault par deux vases métalliques; le vase qui renferme l'éther est entouré par l'autre, qui n'est pas en contact immédiat avec lui; il est plus facile de déterminer le moment précis du dépôt de rosée. Le reste de la disposition est tout à fait analogue à celle de l'hygromètre Regnault.

195. Résultats des observations. — Les observations de l'hygromètre ont appris qu'en un même lieu l'état hygrométrique varie constamment : il diminue quand la température s'élève et devient plus grand quand la température s'abaisse. C'est l'inverse qui a lieu pour la quantité absolue de vapeur d'eau contenue dans l'air, plus grande si la température croît, et moindre pour les basses températures. C'est ainsi que le maximum de l'état hygrométrique a lieu en hiver et le minimum en été, tandis que la quantité de vapeur d'eau est maxima en été, minima en hiver. Les variations de l'état hygrométrique sont comprises entre 1/4 et 1.

Par les grandes pluies l'état hygrométrique est moindre

que 1 ; ce n'est que par certains brouillards ou dans les temps de dégel qu'il atteint cette valeur ; l'état hygrométrique moyen est environ 1/2.

196. Observations relatives à la formation des brouillards. — Lorsqu'on fait arriver dans l'air, à la température ordinaire de la vapeur, provenant d'un vase qui contient de l'eau en ébullition, la quantité de vapeur ainsi introduite dans un espace donné est plus grande que celle qui est nécessaire pour le saturer, une partie repasse à l'état liquide sous forme de gouttelettes très fines ayant l'apparence d'une fumée blanche ; c'est ce que nous observons au-dessus de la cheminée d'une locomotive. Si le récipient d'une machine pneumatique renferme de l'air voisin de son point de saturation et si on raréfie cet air rapidement, on voit apparaître un nuage : le fait de la diminution subite de pression donne lieu à un abaissement de température qui détermine la condensation d'une partie de la vapeur. C'est à des causes semblables que sont dus les phénomènes que nous allons étudier.

197. Brouillards. — Les brouillards résultent de la condensation de la vapeur d'eau sous forme de gouttelettes très fines, qui rendent l'air plus ou moins opaque. Cette condensation est due au refroidissement de l'atmosphère. C'est, en effet, le matin que nous observons les brouillards, et surtout en automne, alors que les journées étant chaudes, une grande quantité de vapeur a pu se répandre dans l'air ; la température de la nuit étant bien différente de celle du jour, l'air se sature, et le matin, au moment de la plus basse température, apparaît le brouillard, qui disparaît peu à peu après le lever du soleil à mesure que l'air se réchauffe. Quand le brouillard est très épais, on lui donne le nom de *brume*. Si la condensation est assez abondante pour que les gouttes d'eau tombent à mesure qu'elles se forment, on dit qu'il *bruine*. C'est en hiver que les brouillards sont le plus fréquents, la température étant alors plus basse qu'à toute autre époque de l'année; le brouillard que nous trouvons le matin disparaît dans la journée, et reparaît le soir après le coucher du soleil.

Les brouillards s'observent là où il y a une grande quantité de vapeur, en même temps qu'il y a abaissement de température; c'est au-dessus des ruisseaux, des rivières, des prairies humides, au fond des vallées que chaque matin, en automne, on observe des brouillards ; la terre s'est plus refroidie que l'eau pendant la nuit, l'air qui a pris la température du sol ne peut renfermer toute la vapeur donnée par l'eau plus chaude des rivières; de là, condensation et formation de brouillards, que dissipent les premiers rayons du soleil.

Les brouillards prennent encore naissance dans d'autres circonstances : lorsque deux courants d'air se rencontrent, l'un étant humide et chaud, l'autre sec et froid, ils se mélangent, la température moyenne qui résulte de leur mélange peut être telle que l'air est plus que saturé, une partie de la vapeur se condense et il se forme un brouillard.

198. Givre. — La température de l'eau condensée dans les brouillards peut être inférieure à zéro ; elle est alors *surfondue* (170), et dès que les gouttelettes d'eau rencontrent un corps solide, elles passent à l'état solide, deviennent de la glace et donnent lieu au phénomène connu sous le nom de *givre*. Les petits cristaux ainsi formés, présentent souvent un aspect très élégant dû aux facettes réfléchissantes des aiguilles de glace.

199. Serein. — En été, après une journée très chaude, l'air renfermant une grande quantité de vapeur d'eau, il arrive souvent qu'un peu après le coucher du soleil, il se produit une petite pluie fine, alors qu'aucun nuage ne se trouve à l'horizon; le soleil ayant disparu, l'air se refroidit, il ne peut plus contenir toute la vapeur qui s'y trouve, une partie se condense, et donne lieu au phénomène que nous indiquons, et qui est connu sous le nom de *serein*.

200. Nuages. — Les nuages ne sont que des brouillards qui existent à une certaine hauteur dans l'atmosphère, comme il est facile de s'en convaincre, quand on fait des ascensions dans les montagnes, ou qu'on s'élève en ballon. Les causes de production des nuages sont donc les mêmes que celles des brouillards. En vertu de la loi du mélange des gaz, la vapeur d'eau tend à se répandre dans l'atmosphère en repos de la même manière que si elle était seule, si l'air ne s'y trouvait pas. Or, pour l'équilibre, à une hauteur quelconque, la pression de la vapeur d'eau doit être égale au poids de la vapeur qui se trouve au-dessus d'elle; mais, à cause de la décroissance de la température avec l'altitude, la tension de la vapeur en un point quelconque est toujours plus grande que le poids de vapeur qui pourrait se trouver au-dessus en supposant toutes les couches de l'atmosphère saturées. Il en résulte que la vapeur d'eau tend toujours à s'élever; or, à mesure qu'elle monte, sa pression devenant moindre elle se dilate, par suite elle se refroidit; elle arrive dans des régions où, à cause de la basse température, elle ne peut rester à l'état de gaz, se condense, et donne lieu à un *nuage*. Ne voyons-nous pas, en effet, souvent par une belle journée d'été, des nuages se former, naître pour ainsi dire, au milieu d'un ciel très pur et très calme? La vapeur d'eau qui se produit abondamment à la surface de la terre, peut encore être entraînée à une grande hauteur par les courants ascendants. Du matin jusque vers midi, le sol s'échauffe au fond des vallées, l'air, chaud et saturé de vapeur, monte alors le long des flancs des collines ou des montagnes, et, arrivé dans les régions supérieures, se transforme en nuage; il est très fréquent, en effet, de voir les sommets des montagnes s'envelopper de nuages, et le ciel très pur jusqu'à midi s'obscurcir tout-à-coup à cette heure. Une autre cause de la formation des nuages est la rencontre de courants d'air : le vent qui nous arrive du Sud-Ouest a traversé l'Océan; il provient de régions où la température est plus élevée qu'en nos pays, il est chaud et saturé de vapeur. Qu'il rencontre sur son trajet des montagnes qui le forcent à s'élever, à gagner des couches où le froid est souvent très grand, il déposera sous forme de nuages une partie de la vapeur qu'il contient. Ce même courant d'air, en arrivant sur nos côtes, rencontre de l'air dont la température est moindre, et du mélange de ces deux masses d'air résulte encore une température qui ne permet pas à toute la vapeur de rester à l'état de gaz; une partie se condense en produisant des nuages.

Chaque gouttelette d'eau, en se condensant, dégage une petite quantité de chaleur, qui réchauffe un peu la vapeur et en retarde la liquéfaction. Nous pouvons donc comprendre que dans un nuage, chaque gouttelette est entourée d'une petite atmosphère de vapeur qui, avec l'eau, forme une espèce d'aérostat, dont le poids est moindre ou, au plus, égal à celui du volume d'air déplacé, et qui peut ainsi rester suspendu dans l'air; le mouvement continuel de l'air dans ces régions suffit d'ailleurs à expliquer la suspension des nuages, qui seraient comme les corps légers entraînés par le vent. Fresnel (1798-1827) assimile un nuage à un ballon : Le soleil, en l'échauffant, le dilate et son volume est tel que le poids de l'air déplacé est plus grand que le poids total du nuage.

Les gouttelettes d'eau qui composent un nuage sont très fines d'abord, mais leur volume va en augmentant et il arrive un moment où elles ne peuvent plus rester suspendues : elles tombent; en descendant elles traversent des couches d'air de plus en plus chaudes, elles peuvent alors repasser à l'état de vapeur et ne pas arriver jusqu'au sol; mais si les couches d'air sont humides et saturées, les gouttes d'eau, loin de se vaporiser en tombant, grossissent encore, et atteignent la terre; on dit alors qu'il *pleut*. Cette diminution continuelle des nuages explique le fait, facile à observer, de la disparition de nuages, qu'on voit pour ainsi dire se dissoudre dans le ciel. La partie supérieure du nuage, étant fortement échauffée par le soleil, fournit une certaine quantité de vapeur qui s'élève dans l'air ; cette vapeur va se condenser un peu plus haut et elle donne lieu à un second étage de nuages, comme on l'observe fréquemment.

201. Noms donnés aux nuages. — On a donné aux nuages des noms différents suivant leur forme : Les

Fig. 141 *bis*. — Formes des nuages.

cirrus (fig. 141 *bis*, 5) se présentent sous la forme de flocons légers, ou de filaments très déliés; ils donnent au ciel l'aspect *pommelé*. La présence des cirrus est souvent un indice de pluie prochaine. Les *cumulus* (2) sont des nuages blancs, à contours arrondis, qu'on a comparés à des balles de coton; ces nuages, très communs quand il fait chaud, ont reçu le nom de *nuages d'été*. Les *stratus* (3) ont l'aspect de bandes horizontales; ils se produisent au coucher du soleil et disparaissent à son lever. Les *nimbus*(1) sont les gros nuages sombres, très étendues et qui, le plus souvent, nous donnent la pluie.

Les nuages se trouvent à des hauteurs variables dans l'atmosphère; la hauteur moyenne est de 600 à 3,000 mètres; les cirrus qui sont les plus élevés peuvent se trouver à des hauteurs qui dépassent 8,000 mètres, comme on a pu le constater dans des ascensions en ballon. La température dans ces hautes régions étant très basse, les cirrus sont formés de petites aiguilles de glace qui donnent lieu à des phénomènes lumineux très curieux connus sous le nom de *halos* et de *Parhélies*. La présence des aiguilles de glace dans les cirrus a été constatée également par les aéronautes qui ont atteint ces hautes régions.

202. Pluie. — Quand les gouttelettes d'eau qui composent les nuages ont atteint une grosseur suffisante, elles ne peuvent plus rester suspendues dans l'atmosphère; en tombant elles produisent la *pluie*.

Les cumulus ne donnent pas de la pluie, elle nous vient ordinairement des *nimbus*. Les gouttes d'eau n'arrivent jusqu'à terre, comme on l'a déjà dit, que si elles rencontrent en tombant des couches d'air voisines de la saturation : c'est pour cela qu'un état hygrométrique élevé de l'air peut être regardé comme un indice d'une pluie prochaine; si l'air renferme peu de vapeur d'eau, les gouttes d'eau peuvent repasser à l'état de vapeur avant d'arriver à terre, et il ne pleut pas.

203. Pluviomètres. — A cause de l'importance du rôle de la pluie à la surface de la terre au point de vue de l'agriculture on mesure la quantité de pluie qui tombe en chaque lieu. On se sert pour cela de *pluviomètres* ou *udomètres*. On leur a donné des formes différentes ; une des plus simples consiste en un vase V en laiton (fig. 142) ou en fer blanc, portant à sa partie supérieure un entonnoir ; l'eau qui y tombe s'accumule dans la partie inférieure, qui communique avec un tube portant une graduation en centimètres et millimètres ; le 0 de la graduation

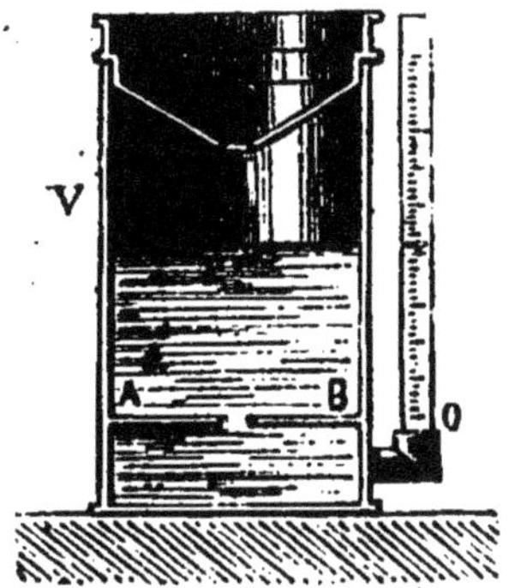

Fig. 142. — Pluviomètre.

correspond au fond percé AB, jusqu'où l'appareil doit être rempli d'eau quand on le met en expérience. La section du vase V, y compris celle du tube, est égale à la section de l'entonnoir à sa partie supérieure. Si le niveau s'élève à 30^{mm}, on dit qu'il est tombé 30^{mm} de pluie : c'est ainsi qu'on évalue les quantités de pluie en chaque lieu.

204. Neige. — Quand les nimbus se forment dans des régions très froides, la vapeur se condense en donnant naissance à de petites aiguilles de glace. Ces aiguilles se réunissent et composent des étoiles régulières, de formes très diverses. On a alors la *neige* (fig. 143). Les flocons de neige ainsi formés tombent très lentement, et il peut arriver qu'ils se liquéfient avant d'atteindre le sol. On voit souvent, en effet, la neige tomber sur le haut des montagnes, tandis qu'il pleut dans les vallées. Si les nuages où se forme la neige sont animés de mouvements rapides, les aiguilles de glace se rassemblent en petites masses arrondies, spongieuses, qui constituent *le grésil.*

— Nous ne ferons que mentionner la grêle, qui est aussi de l'eau à l'état solide, mais dont la production, liée sans

Fig. 143. — Formes des flocons de neige.

doute aux phénomènes électriques, n'est pas encore bien expliquée.

205. Verglas. — Quand la température de l'atmosphère est au-dessous de zéro, et qu'il vient à pleuvoir, la pluie, en atteignant le sol, passe à l'état solide et recouvre ainsi la terre et les objets d'une couche de glace transparente et unie, à laquelle on donne le nom de *verglas*. Les gouttes d'eau qui tombent sont à l'état de *surfusion*, leur température étant moindre que zéro, et elles se congèlent dès qu'elles rencontrent un corps solide.

206. Rosée. — On donne le nom de *rosée* à des gouttelettes d'eau qu'on trouve souvent le matin sur les corps exposés à l'air libre. La véritable théorie de la rosée est due au docteur anglais Wells, qui la fit connaître en 1818.

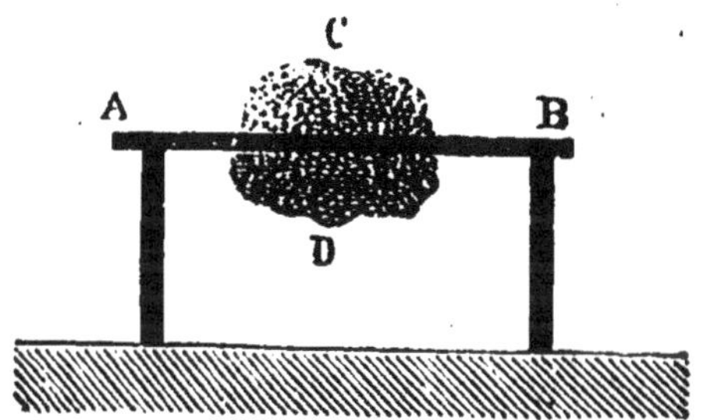

Fig. 144. — Différence du dépôt de rosée.

Ce dépôt de gouttelettes d'eau ne provient pas, comme on l'avait cru, d'une pluie fine, puisqu'il est d'autant plus abondant que la nuit est plus claire; il ne provient pas non plus d'une émanation du sol, car de deux corps C et D (fig. 144) abandonnés la nuit à quelque distance du sol l'un au-dessus de la planche AB, l'autre au-dessous, c'est celui de dessus qui se recouvre le plus de rosée. La rosée est due à la condensation d'une partie de la vapeur d'eau de l'atmosphère, par suite du refroidissement de l'air dans le voisinage des corps solides. Wells démontra, par des observations nombreuses, que pendant la nuit, la température du sol et des corps qui le recouvrent est bien inférieure à celle de l'air à une certaine hauteur. La couche d'air qui se trouve en contact avec le sol se refroidit comme lui, il arrive un moment où il est saturé, puis il laisse condenser une partie de la vapeur qu'il contient. L'air qui se trouve plus haut n'est pas assez froid pour participer à cette condensation de la vapeur : autrement il y aurait formation d'un brouillard, et l'on sait que la rosée a lieu sans qu'il y ait brouillard.

207. Circonstances qui influent sur la production de la rosée. — Toutes les causes qui favoriseront le refroidissement favoriseront également le dépôt de rosée. Toutefois la première condition à citer, c'est que l'air renferme de la vapeur d'eau, et, en effet, nous n'observons pas de rosée en hiver ; il n'y a pas non plus dépôt de rosée au Sahara, l'air y étant presque sec. — Le dépôt de rosée est plus abondant en automne qu'en été, parce que, à cette époque, la différence de température entre le jour et la nuit est très grande. Les corps qu'un écran naturel ou artificiel protège contre le rayonnement et qui par conséquent se refroidissent peu, se couvrent peu de rosée : ainsi sous les arbres, à l'abri des murs, on n'en observe que peu ou point, alors qu'elle est abondante au milieu d'un espace nu. La présence de nuages agit comme un écran, la rosée est plus abondante pendant les nuits claires que lorsque le ciel est couvert. Les corps qui se refroidissent beaucoup, comme l'herbe, sont plus couverts de rosée que ceux qui se refroidissent peu, comme les métaux. Un vent modéré favorise le dépôt de rosée, tandis qu'un vent violent l'empêche ; dans le second cas, la couche d'air en contact avec le sol n'y reste pas assez longtemps pour se refroidir jusqu'à son point de saturation, tandis que dans le premier cas, l'air se renouvelant lentement, chaque couche a le temps de se refroidir et de contribuer au dépôt de la rosée.

208. Gelée blanche. — Si la température du sol atteint zéro et descend au-dessous, ce n'est plus sous forme de gouttes liquides que la vapeur se condense, c'est à l'état de petites aiguilles de glace, qui recouvrent les objets : on a alors la *gelée blanche*. Ce phénomène se produit souvent pendant les nuits froides de mars ou d'avril, il a lieu quand le temps est très clair, que *la lune brille*. Les habitants de la campagne, qui ont remarqué cette coïncidence, ont attribué à la lune le mal que les gelées tardives causent aux végétaux ; on a donné le nom de *lune rousse* à la lune d'avril, à cause de la couleur *rousse* que prennent les bourgeons ainsi frappés.

En hiver nous trouvons souvent le matin les vitres de nos fenêtres recouvertes d'aiguilles de glace, formant des dessins d'une finesse remarquable. La vapeur d'eau qui se trouve répandue dans l'air intérieur de nos appartements s'est condensée en partie sur les vitres, qui se sont refroidies par le rayonnement nocturne. Si la fenêtre est protégée par un volet le dépôt se fait beaucoup plus difficilement.

CHAPITRE V.

ÉVAPORATION. — ÉBULLITION. — DISTILLATION.

209. Deux formes de la vaporisation. — Nous avons appelé vaporisation le passage d'un liquide à l'état de vapeur. Cette vaporisation peut se produire de deux manières différentes; tantôt la vapeur se forme seulement à la surface du liquide, et le liquide disparaît peu à peu sans aucun phénomène apparent : on dit que le liquide *s'évapore*, il y a *évaporation*. Quand le liquide, étant placé sur le feu, on voit se former dans l'intérieur des bulles qui viennent crever à la surface, et donnent un mouvement tumultueux à toute la masse, on dit qu'il se vaporise par *ébullition*.

210. Évaporation. — Si l'espace dans lequel peut se répandre la vapeur est limité, l'évaporation s'arrête quand l'espace est saturé, quand la vapeur a acquis la tension maxima correspondante à la température. Mais si l'espace est illimité, la vapeur continue à se produire jusqu'à ce que tout le liquide ait disparu. Plusieurs circonstances peuvent faire varier la rapidité de l'évaporation. Plus la température est élevée, plus l'évaporation est rapide, ce qui tient à ce que la tension maxima de la vapeur augmente avec la température. Les objets mouillés ou humides sèchent beaucoup plus vite en été qu'en hiver.

La quantité de vapeur produite en un temps donné est d'autant plus grande que la surface libre est plus étendue.

On favorise l'évaporation dans les marais salants, en donnant aux bassins une surface considérable et peu de profondeur.

Dalton a formulé cette loi : « La quantité de liquide évaporée dans un temps donné est proportionnelle à la différence entre la tension actuelle de la vapeur et la tension maxima de la vapeur correspondante à la température de l'espace. » Cette loi n'est pas tout à fait exacte.

L'agitation de l'air favorise l'évaporation, puisque les couches d'air en contact avec le liquide, étant sans cesse renouvelées, n'ont pas le temps de se saturer. Un grand vent qui succède à la pluie sèche très rapidement nos rues et nos places. Tous les séchoirs dont on se sert dans l'industrie, sont disposés de manière à ce que les courants d'air puissent s'y produire facilement.

211. Froid produit par l'évaporation. — Un liquide, pour se vaporiser, exige une certaine quantité de

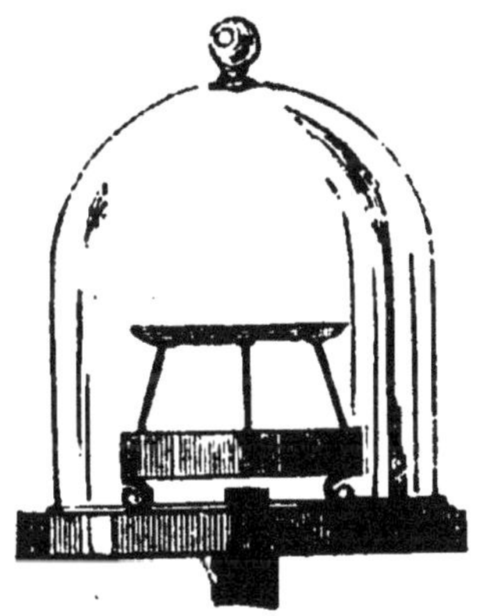

Fig. 145. — Expérience de Leslie.

chaleur; en l'absence de tout foyer calorifique, il prendra à lui-même ou aux corps voisins la chaleur nécessaire pour sa vaporisation. Si du coton imbibé d'éther est placé autour du réservoir d'un thermomètre, on voit le mercure descendre rapidement et indiquer un abaissement de température. On réussit à maintenir frais les liquides destinés à la boisson, en enveloppant d'un linge mouillé les vases qui les contiennent; l'eau, pour s'évaporer, prend au vase et au liquide une certaine quantité de chaleur et se refroidit.

Leslie, physicien écossais (1766-1832), a indiqué l'expérience suivante pour démontrer l'absorption de chaleur due à l'évaporation : « Sous le récipient de la machine pneumatique, on place une petite capsule (fig. 145) de métal ou mieux de liège enfumé, qui contient un peu d'eau et qui repose au-dessus d'un vase renfermant de l'acide sulfurique ; on fait jouer la machine, l'air est enlevé, l'eau s'évapore plus rapidement, l'acide sulfurique absorbant la vapeur d'eau, l'évaporation est encore activée; l'eau qui fournit la chaleur nécessaire pour la formation de la vapeur est bientôt assez froide pour se congeler.

212. Cryophore. — Un petit appareil, imaginé par Wallaston (1766-1828), *le cryophore* (κρυος φερω), prouve le même fait plus simplement. Un tube à trois branches

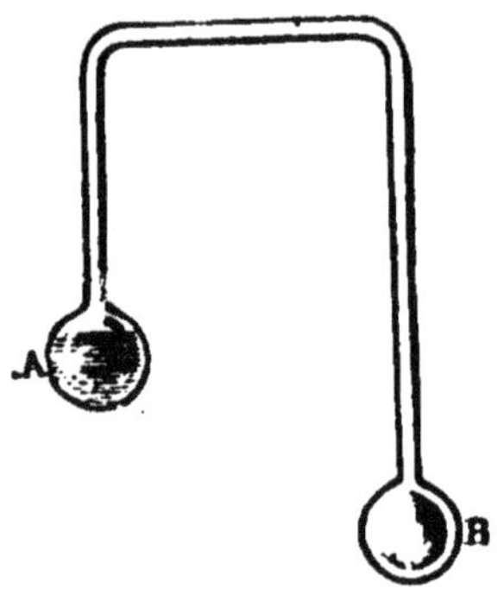

Fig. 146. — Cryophore.

(fig. 146), terminé par deux boules A et B, renferme de l'eau; c'est seulement après avoir fait bouillir l'eau, de manière à chasser l'air de l'appareil, qu'on a fermé la boule B. On fait arriver l'eau dans la boule A et on place l'autre boule dans un mélange réfrigérant ; peu de temps après, on voit l'eau se congeler en A. Par suite de la différence de température des deux boules, de la vapeur se produit constamment en A et vient se condenser en B ; de là, refroidissement et congélation de l'eau dans la boule A.

213. Appareil de M. E. Carré. — M. Ed. Carré a disposé un appareil qui permet de faire en grand l'expé-

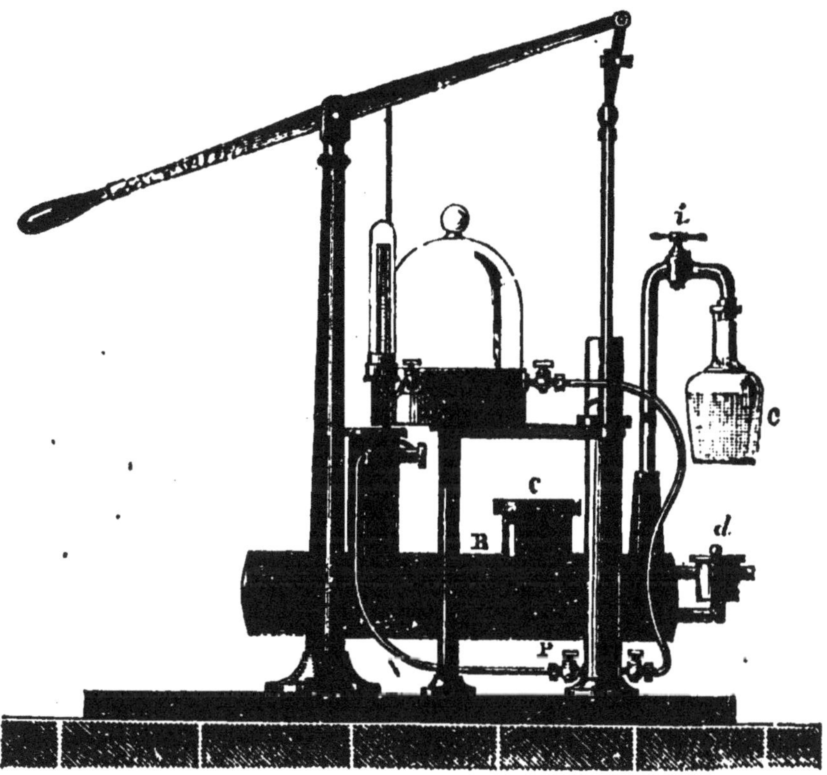

Fig. 147. — Machine pneumatique de M. E. Carré.

rience de Leslie et d'obtenir rapidement une carafe d'eau congelée.

Un corps de pompe P (fig. 147), comme celui de la machine pneumatique, communique avec la carafe C renfermant l'eau qu'on veut congeler; entre le corps de pompe et la carafe se trouve un réservoir R en plomb antimonié renfermant de l'acide sulfurique. Quand on fait jouer le piston, l'évaporation de l'eau a lieu; elle est encore activée parce que l'acide sulfurique, constamment agité, l'absorbe au fur et à mesure qu'elle se produit; de là abaissement de température: au bout de quelques instants, on voit la glace apparaître dans la carafe et envahir bientôt toute la masse.

214. Évaporation de l'acide sulfureux liquide. — Si l'on verse de l'acide sulfureux liquide sur de l'eau, la chaleur absorbée par l'acide sulfureux en passant à l'état de gaz est telle que l'eau se congèle immédiatement.

Si on active l'évaporation de cet acide en faisant le vide, on peut abaisser la température au-desous de 40° et solidifier le mercure.

215. Appareil de F. Carré. — F. Carré a utilisé le froid produit par l'évaporation de l'ammoniaque liquide pour fabriquer la glace industriellement. M. R. Pictet se sert actuellement de l'acide sulfureux liquide pour le même usage. L'appareil Carré se compose de deux vases A et B (fig. 148) hermétiquement fermés, et communiquant entre eux. A contient une dissolution saturée de gaz ammoniac; quand on la chauffe, l'ammoniaque se dégage, soulève la soupape *a* et va se condenser dans l'espace annulaire C du vase B qu'on a soin de maintenir dans de l'eau froide.

On cesse de chauffer quand un thermomètre T indique 130°; à ce moment, toute l'ammoniaque de A est venue se liquéfier en C. On plonge alors A dans de l'eau froide, l'ammoniaque repasse à l'état de gaz et revient se dissoudre en A, en passant par le tube *t*, muni d'une soupape *b* qui s'ouvre de bas en haut. La chaleur nécessaire à cette vaporisation est prise au liquide qu'on a placé dans le cylindre D, et qui peut être amené à — 30°. On a soin d'entourer le vase B de drap ou de flanelle pour éviter l'action de la chaleur extérieure. On peut obtenir ainsi des températures très basses. Les choses étant redevenues ce qu'elles étaient en commençant, la même expérience peut

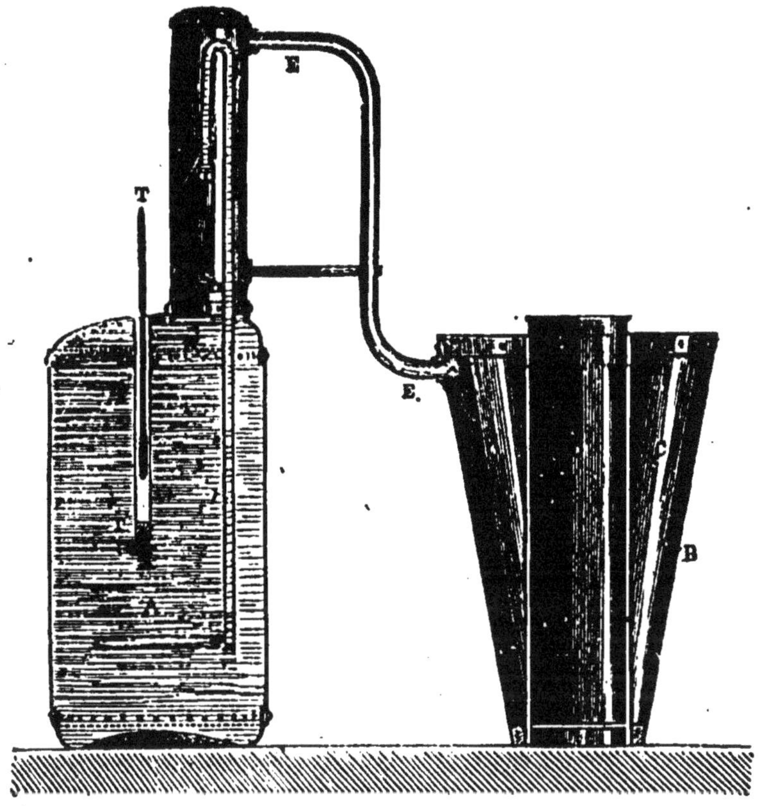

Fig. 148. — Appareil de F. Carré.

être répétée indéfiniment ; la seule dépense à faire consiste dans le charbon nécessaire pour chauffer le vase A.

216. Fabrication de la glace au Bengale. — La production artificielle de la glace au Bengale est encore une application des principes que nous avons énoncés. On expose à l'air, pendant la nuit, des bassins plats contenant une légère couche d'eau, on a soin de les placer sur de la paille ; l'eau se refroidit par rayonnement ; en même temps une partie passe à l'état de vapeur, emprunte de la chaleur à celle qui reste et on abaisse assez la température pour que la glace se produise. On a remarqué que le succès de l'opération exige des nuits claires, pendant lesquelles il apparaît très peu de rosée. Les nuits claires favorisent, en effet, le refroidissement, et l'absence de rosée indique que l'air renferme peu de vapeur, ce qui est une condition favorable à l'évaporation.

217. Ébullition. — La vaporisation d'un liquide avec dégagement de *bulles*, dans toute la masse et avec mouvement tumultueux, est le phénomène connu sous le nom d'*ébullition*.

Pour l'étudier complètement, plaçons sur le feu un vase renfermant de l'eau; les parties du liquide qui se trouvent au fond du vase étant échauffées les premières diminuent de densité et montent à la surface, tandis que celles qui sont à la surface descendent à la partie inférieure : il se produit ainsi dans toute la masse un mouvement gyratoire, facile à constater au moyen d'un peu de sciure de bois mise dans l'eau. On voit bientôt de petites bulles gazeuses très fines monter jusqu'en haut et disparaître, c'est le gaz dissous dans l'eau qui s'échappe. Puis, des bulles plus grosses se forment en certains points du vase, montent jusqu'à une certaine hauteur dans le liquide et disparaissent; à ce moment on entend un bruit particulier, appelé *chant du liquide*, qui annonce que l'ébullition est prochaine. Ces bulles de vapeur crèvent avant d'arriver à la surface, parce qu'elles rencontrent des couches où la température est trop peu élevée pour qu'elles restent à l'état de vapeur ; elles se condensent en abandonnant une certaine quantité de chaleur, qui échauffe le liquide, et bientôt la température est partout assez élevée pour que la vapeur puisse exister, les bulles atteignent le niveau, le liquide est alors en pleine ébullition. Le chant du liquide qui précède ainsi l'ébullition est dû au choc des molécules liquides qui comblent le vide laissé par la condensation des bulles, et à l'agitation qui en résulte ; un certain poids d'eau occupe, en effet, à l'état de vapeur un volume à peu près 1,600 fois plus grand que lorsqu'il est à l'état liquide.

218. Point d'ébullition. — Si l'on suit avec soin la marche d'un thermomètre placé dans le liquide depuis le moment où l'on a commencé à chauffer jusqu'à celui où l'ébullition s'est produite, on reconnaît que la température va d'abord en s'élevant et qu'elle reste stationnaire pendant tout le temps que le liquide bout. Cette température constante, qu'on observe lorsque l'ébullition est régulière et que les bulles qui se dégagent ne sont pas trop grosses, est ce qu'on appelle le *point d'ébullition du liquide.*

Le point d'ébullition varie avec la nature du liquide; ainsi sous la pression de l'atmosphère, cette pression étant de 760^{mm}, l'eau bout à 100°, l'alcool à 78°, l'éther à 35°5, le sulfure de carbone à 48°, le mercure à 350°, l'acide sulfureux à — 10°, etc.

219. Influence de la pression sur le point d'ébullition. — Pour un même liquide, le point d'ébullition dépend de la pression de l'atmosphère qui surmonte le liquide. En effet, pour qu'une bulle de vapeur puisse exister au sein du liquide et s'élever, il faut que la pression soit au moins égale à la pression que l'atmosphère exerce sur la surface du liquide, augmentée de la pression due à la colonne liquide qui est comprise depuis la bulle de vapeur jusqu'au niveau. Donc, plus la pression de l'atmosphère sera considérable, plus la pression de la vapeur devra être grande; mais la pression de la vapeur ne peut augmenter que si la température devient plus élevée : on comprend donc que le point d'ébullition doive varier avec la pression, devenir plus haut pour une pression plus forte, et s'abaisser pour une pression moindre. C'est en effet ce qu'on vérifie par plusieurs expériences que nous allons passer en revue. Rappelons d'abord les appareils des n°s 184 et 185, avec lesquels on démontre que, pour augmenter la tension de la vapeur, il faut élever la température. Les mêmes appareils peuvent servir à reconnaître que la tension de la vapeur d'eau ou de tout autre liquide est égale à la pression de l'atmosphère extérieure lorsque la température est celle où il serait nécessaire de porter le liquide pour le faire bouillir à l'air libre : il s'ensuit que cette température d'ébullition doit être d'autant plus élevée que la pression extérieure est plus grande.

Le nombre que l'on donne pour chaque liquide comme représentant sa température d'ébullition se rapporte toujours à une pression atmosphérique de 760 millimètres.

220. Marmite de Papin. — Cet appareil (fig. 148 *bis*) consiste en une chaudière cylindrique en bronze à parois

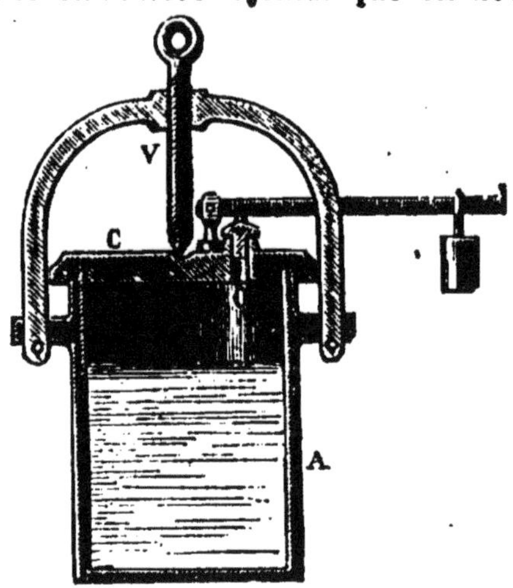

Fig. 148 *bis*. — Marmite de Papin.

très résistantes ; un couvercle C, maintenu à l'aide d'une vis V, la ferme ; une ouverture O sur laquelle s'appuie un levier permet à la vapeur de s'échapper avant qu'elle ait atteint une pression à laquelle ces parois ne pourraient résister. On introduit de l'eau dans la chaudière et on chauffe, la vapeur qui se forme reste au-dessus du liquide et empêche l'ébullition de se produire ; si un thermomètre est placé dans l'appareil, on voit, en effet, la température s'élever constamment jusqu'au moment où la tension de la vapeur est capable de soulever la soupape : l'ébullition n'a donc pas lieu ; si on débouche l'ouverture O, la vapeur s'élance sous forme de jet à une grande hauteur. Papin, physicien français de Blois (1647-1710), avait imaginé cet appareil pour obtenir du bouillon de gélatine avec les os, ce qui exige une température de 130° ; l'eau peut facilement atteindre et dépasser cette température dans le *digesteur* ou *marmite de Papin.*

221. Ébullition sous de faibles pressions. — Une expérience faite par Otto de Guericke, puis par Boyle, montre que si la pression devient moindre, le point d'ébullition est avancé. De l'eau portée à la température de 70 degrés et placée sous le récipient de la machine pneumatique, se met à bouillir dès qu'on a donné quelques coups de piston et diminué ainsi la pression. Quand on fait l'expérience de la congélation de l'eau dans le vide au moyen de l'appareil de M. E. Carré (213), on voit l'eau entrer en pleine ébullition un peu avant le moment où se montrent les premières aiguilles de glace.

222. Bouillant de Franklin. — Franklin (1706-1790)

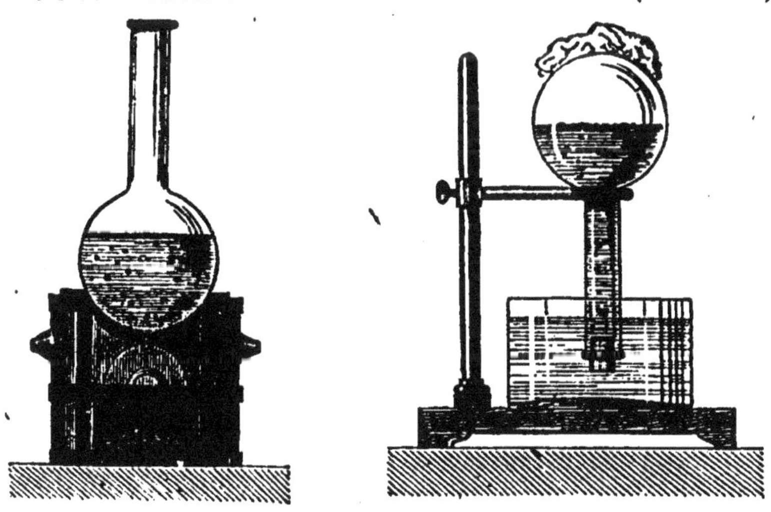

Fig. 149. — Bouillant de Franklin.

a indiqué, pour établir le même fait, une expérience simple et facile à répéter. On fait bouillir de l'eau dans un matras à long col (fig. 149), et quand la vapeur a chassé à peu près tout l'air, on le bouche rapidement et on le retourne en faisant plonger le col dans un vase contenant de l'eau, pour éviter la rentrée de l'air. Au-dessus du niveau, se trouve de la vapeur, qui presse sur le liquide : si on verse de l'eau froide sur le ballon, une partie de la vapeur se condense, la pression diminue, l'ébullition recommence à la condition qu'il ne reste que très peu d'air dans le ballon, on peut faire bouillir le liquide pendant très longtemps, alors que sa température s'est beaucoup abaissée. Cette expérience est connue sous le nom de *Bouillant de Franklin*.

223. Applications. — Le sirop de sucre qu'on fait bouillir quelque temps sous la pression de l'atmosphère éprouve une altération qui modifie le sucre et en diminue de beaucoup la valeur vénale; dans les raffineries, pour concentrer les sirops de sucre, on les place dans une chaudière en cuivre dont la partie supérieure communique avec une pompe pneumatique, qui diminue constamment la pression au-dessus du liquide; de cette manière, le point d'ébullition est avancé et l'altération de la matière ne se produit pas.

Quand il s'agit de déterminer le point 100 du thermomètre, il est indispensable de tenir compte de la pression de l'atmosphère ; car, selon qu'elle sera plus ou moins forte, la température obtenue dans la vapeur d'eau bouillante sera plus ou moins élevée : on ne la prend pour 100° que si la pression atmosphérique est de 760 millimètres. L'appareil qui sert pour marquer le point 100 est muni d'un manomètre à eau, afin qu'on soit sûr que la pression de la vapeur est égale à la pression de l'atmosphère; d'un autre côté, on observe le baromètre au moment de l'expérience : s'il indique 760 millimètres, on marque 100 au point où arrive le mercure dans le thermomètre; si la pression de l'atmosphère est moindre que 760 millimètres, qu'elle soit, par exemple, 752 millimètres, on cherche dans les tables quelle est la température pour laquelle la vapeur d'eau a cette tension; on trouve 99°,7 et c'est ce nombre qu'on marquera au point où s'arrête le mercure du thermomètre.

La pression de l'atmosphère diminuant à mesure qu'on s'élève en altitude, l'eau doit bouillir plus tôt sur les montagnes que dans la plaine : c'est, en effet, ce que vérifie l'expérience. Puisque, pendant tout le temps de l'ébullition, la température est constante, que la pression de la vapeur d'eau est égale à la pression de l'atmosphère et qu'elle est précisément égale à la tension maxima correspondante à la température de l'ébullition, il sera facile de déduire la pression de l'atmosphère en observant le point d'ébullition de l'eau. En un lieu donné, on observe, par exemple, que l'eau bout à 92°; les tables apprennent qu'à cette température la tension maxima de la vapeur d'eau est $566^{mm},8$: telle serait la hauteur qu'indiquerait un baromètre au moment de l'expérience. On peut donc remplacer l'observation du baromètre par l'observation d'un thermomètre dans la mesure des hauteurs. On emploie pour cela un thermomètre dans lequel la masse de mercure est considérable, de manière que, les degrés ayant une grande longueur, on puisse facilement évaluer les dixièmes. Le point d'ébullition de l'eau est avancé de 1° quand on s'élève de 324 mètres environ.

224. Influence de la nature du vase. — La nature du vase semble avoir une influence sur le point d'ébullition du liquide. Ainsi, dans un vase de verre qu'on a pris soin de laver préalablement avec de l'acide sulfurique, l'eau bout plus tard que dans un vase de métal. Si le fond du vase est uni, le retard est plus prononcé que s'il présente des aspérités. Gay-Lussac, pour montrer le fait, prenait un vase de verre dans lequel il faisait bouillir de l'eau pendant quelque temps, il le retirait du feu, y projetait de la limaille de fer et l'ébullition, qui avait cessé, reprenait aussitôt.

225. Influence de la présence des gaz au sein des liquides. — Elle est démontrée par des expériences nombreuses; nous en rapporterons quelques-unes : M. Donny, professeur de physique à Gand, prend un tube

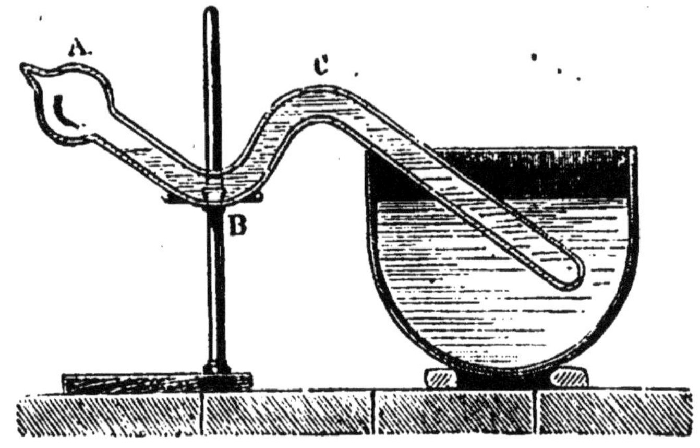

Fig. 150. — Expérience de M. Donny.

de la forme ci-contre (fig. 150), y introduit de l'eau et après l'avoir fait bouillir pendant quelque temps pour chasser l'air dissous et l'air qui se trouve dans le tube, il le ferme à la lampe; il plonge alors la partie CD dans une dissolution concentrée de chlorure de calcium, qu'il chauffe : malgré la faible pression qui existe dans le tube, le liquide peut être porté jusqu'à 135°, sans qu'il y ait ébullition. Mais à cette température, il se produit tout à coup une grosse bulle de vapeur qui projette tout le liquide dans les boules. Ainsi, il a suffi que le liquide ait été privé des gaz qu'il tenait en dissolution, pour que l'ébullition soit considérablement retardée.

M. L. Dufour met en communication le col d'une cornue tubulée, renfermant de l'eau, avec une machine pneumatique et un manomètre; dans la tubulure pénètre un thermomètre et deux fils de platine; il chauffe la cornue, en même temps qu'il fait jouer la machine; l'air en dissolution dans l'eau étant enlevé, la pression du gaz restant étant très faible, il chauffe; l'ébullition ne se produit pas, quoique la température soit bien supérieure à celle où la tension maxima de la vapeur est égale à la pression intérieure; puis, maintenant cette température constante, il détermine la décomposition de l'eau à l'aide des fils de platine qu'il fait communiquer avec les pôles d'une pile, les gaz se dégagent sur les fils, et immédiatement l'ébullition commence, souvent avec une vivacité telle qu'une partie de l'eau est projetée.

M. Gernez introduit dans de l'eau privée de gaz, qu'il chauffe, une petite cloche renversée et contenant une très petite quantité d'air, et il reconnaît que les bulles de vapeur se forment toutes à l'orifice de la petite cloche.

226. L'ébullition n'est qu'un cas particulier de l'évaporation. — Il résulte de ces expériences que la vapeur se forme dans l'intérieur du liquide, non pas en tous les points, mais seulement là où le liquide se trouve en contact avec une atmosphère gazeuze, quelque petite qu'elle soit. On peut remarquer que lorsqu'un liquide bout, les bulles de vapeur se montrent en certains points et non en d'autres : ces points sont ceux où le liquide ne mouille pas la paroi, où il reste une petite bulle d'air entre la paroi et le liquide; quand tout l'air a disparu, les bulles cessent de se produire en ce point. Cela explique ce fait que l'ébullition, après avoir été maintenue pendant longtemps, finit quelquefois par s'arrêter, tandis que la température s'élève au-dessus du point normal d'ébullition. Quand on projette de la limaille de fer dans de l'eau dont la température est voisine de 100°, l'ébullition recommence parce qu'un peu d'air est entraîné par les parcelles de métal et introduit dans le liquide. Dans l'expérience de M. Donny, si l'ébullition se produit subitement à une température très élevée, c'est qu'à ce moment un peu de gaz qui restait encore en dissolution a repassé à l'état gazeux et fourni à la vapeur l'atmosphère qui lui est nécessaire pour se former : on peut donc dire que l'ébullition n'est qu'un cas particulier de l'évaporation. Quand on chauffe un liquide, il se vaporise par sa surface à toute température, puis il arrive un moment où de la vapeur peut se produire aussi dans l'intérieur du liquide : c'est lorsque la température est telle que la tension maxima correspondante est égale à la pression supportée en ce point. Mais, si l'ébullition est alors possible, elle n'a lieu cependant qu'aux points où le liquide est en contact avec une atmosphère gazeuse. Les liquides qui sont ainsi amenés au-dessus de leur point d'ébullition sans que l'ébullition ait lieu sont dits *surchauffés*.

227. Ebullition des liquides visqueux. — Dans les liquides visqueux, comme l'acide sulfurique, la bulle de vapeur a à vaincre, non seulement la pression qui s'exerce au point où elle prend naissance, mais aussi la résistance due à la viscosité du liquide; il en résulte un retard dans le point d'ébullition du liquide. De plus, à mesure que la bulle de vapeur s'élève dans le liquide et se rapproche du niveau, la pression qu'elle supporte va en diminuant ; quand elle arrive au niveau, elle détermine souvent des projections du liquide et peut donner lieu à de graves accidents. On les évite en chauffant, non plus le fond du vase, mais la surface même du liquide au moyen d'une grille annulaire : l'ébullition est alors remplacée par l'évaporation. On introduit quelquefois dans le liquide des fils de platine le long desquels se dégagent les bulles de vapeur.

228. Influence des corps solides tenus en dissolution. — La présence des corps solides en dissolution dans les liquides retarde en général leur point d'ébullition; ainsi l'eau renfermant des sels en dissolution bout plus tard que l'eau pure. Le retard est d'autant plus grand que la quantité de sel dissoute est plus considérable. Si une dissolution n'est pas saturée et qu'on la fasse bouillir, on verra le point d'ébullition s'élever jusqu'à ce que la dissolution soit saturée; à partir de ce moment, le point d'ébullition reste constant. Nous donnons ici les points d'ébullition de quelques dissolutions saturées :

Sel dissous.	Point d'ébullition.
Chlorure de potassium.	104
Chlorure de sodium.	108
Chlorure de calcium.	179.5
Carbonate de soude	105
Carbonate de potasse.	135
Azotate d'ammoniaque.	180
Azotate de soude.	121
Azotate de chaux.	151

Quand on fait bouillir une dissolution saline, l'eau seule passe à l'état de vapeur; des expériences de Rudberg et de Regnault ont montré que la température de cette vapeur est la même que si l'on faisait bouillir de l'eau pure dans les mêmes circonstances. Cette remarque nous montre que, pour la détermination du point 100 du thermomètre, il n'est pas nécessaire d'opérer avec de l'eau pure, pourvu que le thermomètre soit plongé exclusivement dans la vapeur.

229. Caléfaction. État sphéroïdal. — Lorsque sur une plaque métallique portée au rouge, on projette un peu d'eau, on voit le liquide prendre une forme globulaire, il est animé de mouvements gyratoires, mais il ne bout pas ; il se vaporise très lentement. Si on laisse la plaque se refroidir, il arrive un moment où le globule s'aplatit et disparaît presque subitement. On a donné à ce phénomène le nom de *caléfaction* et on dit que le liquide prend l'état *sphéroïdal*. On explique ce phénomène en remarquant que le liquide ne touche pas la plaque, comme on a pu s'en convaincre par des expériences précises; entre le liquide et la plaque chaude se trouve une espèce de matelas de vapeur qui empêche le contact, et le liquide ne mouillant pas la plaque, prend une forme sphéroïdale comme une goutte de mercure sur du verre. La chaleur de la plaque traverse la goutte liquide sans l'échauffer; la température y reste donc inférieure au point d'ébullition : la vérification en a été faite. On comprend ainsi la lenteur avec laquelle disparaît le liquide. Quand la plaque se refroidit, la couche de vapeur ne soutient plus la goutte, celle-ci vient alors en contact avec la plaque, dont la haute température détermine une vaporisation subite du liquide.

230. Distillation. — La distillation est une opération qui a pour but de séparer une substance volatile d'avec d'autres substances qui le sont moins qu'elle. Ainsi, par la distillation, on sépare l'eau des sels qu'elle tient en dissolution; ou encore, étant donné un mélange d'eau et d'alcool, on sépare l'alcool de l'eau. L'opération repose sur les principes suivants: Si l'on chauffe un mélange de deux corps inégalement volatils, ou dont l'un est fixe, le plus volatil passe d'abord à l'état de vapeur; si l'on fait arriver la vapeur ainsi produite dans un espace froid, elle se condense et on peut recueillir le liquide.

231. Alambic. — On se sert ordinairement pour la distillation d'un appareil appelé *alambic* (fig. 151). Il se compose de plusieurs parties : la *cucurbite* A reçoit le liquide à distiller, qu'on introduit par l'orifice N; elle est placée dans un fourneau qui fait passer le liquide à l'état de vapeur; cette vapeur monte dans le *chapiteau* B et par le tube C arrive dans le *serpentin* S; celui-ci est un tube contourné en spirale, qui se trouve au milieu du *réfrigérant* R, rempli d'eau froide; la vapeur cède à l'eau du réfrigérant une partie de sa chaleur, se liquéfie et tombe goutte à goutte par l'extrémité D dans le vase V. L'eau du réfrigérant s'échauffe et au bout d'un certain temps ne

Fig. 151. — Alambic.

pourrait plus servir à condenser la vapeur; un tube T arrivant jusqu'au fond du réfrigérant sert à amener de l'eau froide qui chasse l'eau chaude par l'ouverture F.

Tous les appareils distillatoires ont une disposition ana-

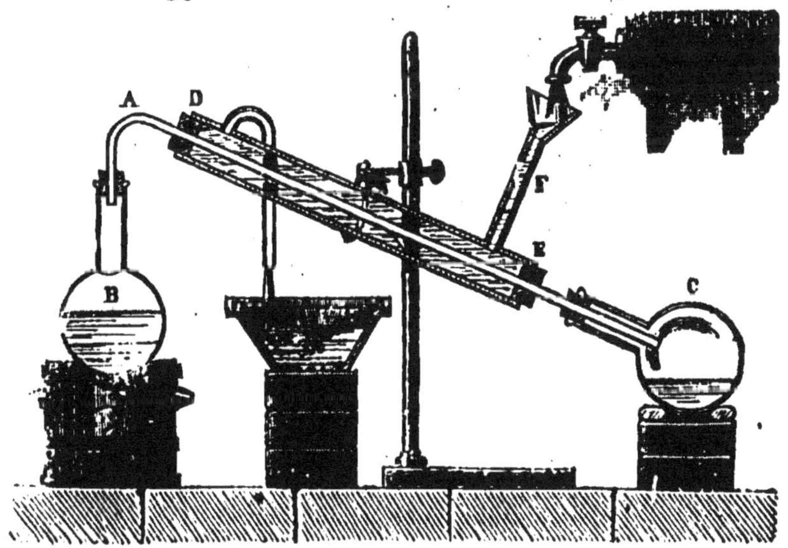

Fig. 152. — Appareil distillatoire de Gay-Lussac.

logue. Gay-Lussac a indiqué l'appareil dont nous donnons le dessin (fig. 152), qui est souvent employé en chimie. Le ballon B renferme le liquide à distiller ; la vapeur formée s'échappe par le tube AC ; ce tube est entouré d'un tube en métal ED, dans lequel circule un courant d'eau froide, qui arrive en F et s'échappe par G, de façon que la vapeur en marchant de A en C rencontre de l'eau de plus en plus froide ; le liquide provenant de la condensation de la vapeur est recueilli dans le ballon en

232. Liquéfaction des gaz. — Les gaz n'étant que des vapeurs très éloignées de leur point de liquéfaction, on comprend que, si l'on refroidit suffisamment un gaz, on pourra l'obtenir à l'état liquide. C'est, en effet, comme cela que certains gaz ont pu être liquéfiés. L'acide sulfureux bout à la température de — 10° : qu'on fasse arriver ce gaz dans un vase entouré d'un mélange réfrigérant formé de glace et de sel qui peut abaisser la température jusqu'à — 20°, et l'acide sulfureux se liquéfie : c'est le procédé des laboratoires.

Quelquefois on liquéfie les gaz en les soumettant à une forte pression, soit que l'on refoule le gaz au moyen d'une pompe (appareil de Natterer), soit qu'on l'oblige à se produire dans un espace limité où il se comprime lui-même (tube de Faraday, appareil de Thilorier pour l'acide carbonique). Enfin, en combinant les deux moyens, c'est-à-dire en faisant arriver le gaz sous une forte pression dans un vase fortement refroidi, on a pu liquéfier des gaz réputés permanents jusqu'à ces derniers temps. On verra dans le cours de chimie les applications de ces divers procédés, que nous nous bornons à indiquer ici.

CHAPITRE VI.

CALORIMÉTRIE.

233. Objet de la Calorimétrie. Principes. — L'objet de la *Calorimétrie* est de mesurer les quantités de chaleur que les corps absorbent quand ils éprouvent une élévation donnée de température, aussi bien que les quantités qu'ils absorbent ou qu'ils dégagent quand ils changent d'état. La Calorimétrie repose sur quelques principes que nous allons d'abord énoncer. Il est évident que si un corps, ayant un poids donné, se refroidit d'un certain nombre de degrés, il abandonne une quantité de chaleur précisément égale à celle qu'il a prise pour s'échauffer du même nombre de degrés. Ainsi un kilogramme de fer à la température de 15° abandonne, en passant à la température de 10°, une quantité de chaleur égale à celle qu'il a fallu lui donner pour le faire passer de 10° à 15°. Il est évident également que la quantité de chaleur nécessaire à un corps pour élever sa température d'un certain nombre de degrés est proportionnelle au poids du corps ; elle est 10 fois plus grande pour 10 kilogrammes que pour un.

Voici maintenant quelques résultats fournis par l'expérience : Si on prend 1 kilogramme d'eau à 50° et 1 kilogramme d'eau à 30° et qu'on les mélange, le kilogramme d'eau qui était à 30° s'échauffe, l'autre se refroidit, et on trouve deux kilogrammes à la température de 40° : la chaleur perdue par un des kilogrammes pour s'abaisser de 50 à 40° a élevé de 30° à 40° la température de l'autre.

kilogramme; on a le même résultat avec tout autre corps que l'eau, pourvu que la différence des températures des deux portions ne soit par trop considérable, on trouve toujours que la température du mélange est la moyenne arithmétique des températures primitives; nous pouvons donc conclure *que la quantité de chaleur nécessaire pour élever de 1° la température d'un corps est toujours la même, quelle que soit la température initiale.* Cette loi, qui n'est pas absolument vraie, est suffisamment exacte dans la plupart des cas. Si on mélange ensemble deux corps de nature différente, le résultat est tout autre. Par exemple, on prend 1 kilogramme de mercure à 113° et on le mélange avec 1 kilogramme d'eau à 10°; la température du mélange est 13°: La quantité de chaleur capable d'élever de 100° degrés la température d'un kilogramme de mercure, ne produit donc sur un kilogramme d'eau qu'une élévation de température de 3°. Des poids égaux de corps diffé-

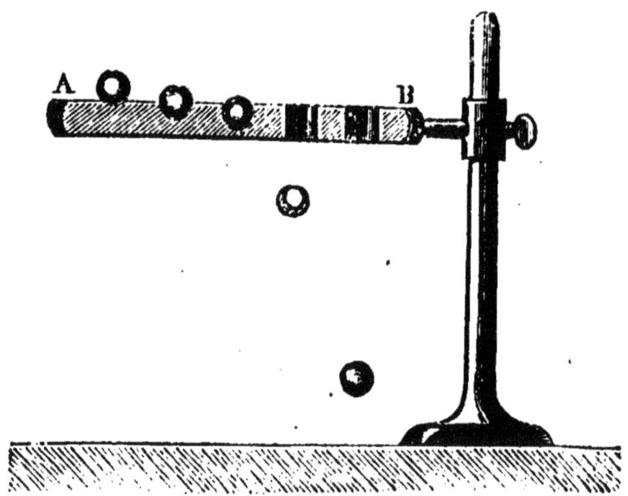

Fig. 153. — Expérience de M. Tyndall. — Différence de capacité calorifique.

rents exigent donc des quantités de chaleur différentes pour que leur température soit élevée d'un même nombre de degrés. On exprime cela en disant que les corps ont des *capacités calorifiques* différentes.

Une expérience de M. Tyndall montre bien cette différence de capacité calorifique. Il prend un gâteau AB (fig. 153) de cire d'abeilles de 12 millimètres d'épaisseur, sur lequel il place des balles de métaux différents, fer, plomb, bismuth, étain et cuivre ayant toutes même poids, et qu'il a laissées séjourner pendant quelque temps dans un bain d'huile chaude, de manière qu'elles soient toutes à la même température, celle de l'huile. Elles font fondre la cire, mais inégalement : les boules de fer et de cuivre traversent le gâteau, l'étain s'y enfonce presque complètement, mais le plomb et le bismuth y pénètrent très peu. Ces corps, quoiqu'ayant tous été portés à la température de l'huile, avaient donc pris des quantités de chaleur bien différentes.

234. Calorie. Chaleur spécifique. — On a adopté pour unité de chaleur *la calorie : c'est la quantité de chaleur nécessaire pour élever de 0° à 1° la température d'un kilogramme d'eau.* Comme nous avons vu que la quantité de chaleur absorbée par un poids donné d'un corps quand il s'échauffe de 1°, est indépendante de la température initiale, on peut dire que la *calorie* est la quantité de chaleur nécessaire pour élever de 1° la température d'un kilogramme d'eau, quelle que soit la température initiale.

On appelle *chaleur spécifique* d'un corps la *quantité de chaleur nécessaire pour élever de 1° la température d'un kilogramme de ce corps.* Par suite du choix qu'on a fait de l'unité de chaleur, ou calorie, on voit que la chaleur spécifique de l'eau est égale à 1.

235. Détermination des chaleurs spécifiques. Méthode des mélanges. — Plusieurs procédés ont été employés pour mesurer la chaleur spécifique des corps ; une des plus précises est la méthode des mélanges qui est due au physicien écossais Black (1728-1799). Un exemple va nous permettre de bien comprendre cette méthode. 200 grammes de cuivre sont portés à la température de 100°, et introduits dans 600 grammes d'eau dont la température est de 15°; le mélange arrive à une température finale de 17°6. La chaleur perdue par le cuivre a servi à échauffer l'eau, dont la température s'est élevée de 17°6 — 15°) et par conséquent le nombre de calories gagnées par l'eau a été de 0,600 (17.6 — 15). Si nous appelons x la chaleur spécifique inconnue du cuivre, on peut avoir facilement une expression de la chaleur perdue par ce corps, car la température du cuivre s'est abaissée de (100 — 17,6) degrés; chaque kilogramme de cuivre, dont la température s'abaisse de 1°, perd x calories, les 0k,200 auront donc perdu 0,200 x (100 — 17,6) pour passer de 100 à 17°,6. En égalant les deux quantités de chaleur, on a l'équation

$$0{,}600\ (17{,}6 - 15) = 0.200.\ x\ (100 - 17{,}6)$$

du 1er degré qui permet d'avoir x; on trouve $x = 0{,}095$.

Nous ne décrirons pas ici les appareils qui sont employés, pour ce genre de recherches; nous indiquerons seulement quelques résultats. L'expérience a appris que l'eau est de tous les corps celui dont la chaleur spécifique est la plus grande; cela justifie l'emploi qu'on en fait pour le chauffage, aussi bien dans certains calorifères, que dans les boules destinées aux wagons. La chaleur spécifique d'un corps dépend de l'état sous lequel il se trouve, c'est à l'état liquide que la chaleur spécifique est la plus grande. La chaleur spécifique de l'eau est 1, celle de la glace 0,5, celle de la vapeur d'eau 0,475.

CHALEURS SPÉCIFIQUES DE QUELQUES CORPS SOLIDES ET LIQUIDES.

Argent	0,05701
Bismuth	0,03084
Cuivre	0,09515
Etain.	0,05623
Plomb..	0,0314

Fer.	0,11379
Fonte.	0,12983
Laiton	0,09391
Mercure.	0,03332
Nickel	0,10860
Or	0,03244
Phosphore	0,18870
Platine	0,03243
Soufre	0,20259
Verre.	0,19768
Zinc	0,09555

En nous reportant aux nombres donnés dans cette liste, il est facile de se rendre compte de l'expérience de M. Tyndall et de comprendre que le cuivre et le fer qui ont des chaleurs spécifiques supérieures à celles des autres corps doivent traverser le gâteau de cire, et non le bismuth dont la chaleur spécifique est très faible.

236. Chaleur latente de fusion. — On appelle *chaleur latente la quantité de chaleur nécessaire à 1 kilogramme d'un corps pour changer d'état, sa température demeurant invariable.*

La chaleur latente de fusion ou plus simplement *la chaleur de fusion, est la quantité de chaleur qu'il faut donner à 1 kilogramme d'un corps pour le faire fondre sans changer de température.*

La méthode des mélanges, qui a servi pour mesurer les chaleurs spécifiques, peut être employée aussi pour déterminer la chaleur latente de fusion des corps. S'il s'agit de la glace, par exemple, on prend 50 grammes de glace à zéro, qu'on introduit dans 600 grammes d'eau à 15° ; la glace fond en prenant de la chaleur à l'eau; quand elle est entièrement fondue à zéro, l'eau qui en provient s'échauffe, jusqu'à une température qui devient commune à toute l'eau du vase; supposons que cette température finale soit 35°,40 : il est facile d'en déduire la chaleur latente cherchée, en égalant, comme plus haut, la chaleur gagnée et la chaleur perdue. La chaleur gagnée se compose de deux parties : celle qu'a prise la glace pour se fondre en restant à zéro, et celle qui a servi à élever la température de l'eau de 0° à 35°,46 ; Si x représente la chaleur latente, 0 050. x, représente la première partie, et 0,050. 35,46 représente la seconde. La chaleur perdue est évidemment 0,600 (45 — 35,46); on a donc l'équation

$$0.050.\ x,\ + 0,050.\ 35,46 = 0.600\ (45 - 35,46),$$

d'où $x = 79,02$.

Des expériences précises ont donné pour chaleur de fusion de la glace 79.25.

On a obtenu de la même manière la chaleur de fusion des autres corps. Nous donnons quelques-uns de ces résultats.

Eau	79,25
Phosphore	5,034
Soufre	9.368
Etain.	14,252
Bismuth	12,640
Plomb	5,369
Zinc	28,13
Argent	21,07
Mercure	2,83

237. Détermination des chaleurs spécifiques au moyen de la fusion de la glace. — La connaissance de la chaleur de fusion de la glace a conduit à une méthode très simple pour mesurer les chaleurs spécifiques ; elle a été employée par Black et plus tard par Lavoisier et Laplace. Voici le procédé de Black connu sous le nom du *Puits de glace* : On prend un gros bloc de glace qu'on sépare en deux parties A et B (fig. 154), et dans l'une d'elles on creuse une cavité C ; c'est là qu'on introduit, par exemple, un morceau de cuivre du poids de 250 grammes porté à 100°. Le cuivre se refroidit, détermine la fusion d'une certaine quantité de glace et arrive à zéro.

Si 31^g,55 est le poids de la glace fondue, la chaleur gagnée par la glace pour se fondre est $0{,}03155 \times 79{,}25$; la cha-

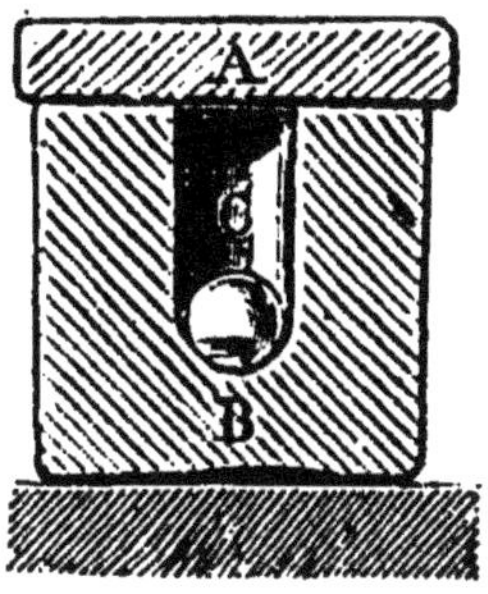

Fig. 154. — Puits de glace.

leur perdue par le cuivre dont la température s'est abaissée à zéro est $0{,}250 \times x\ 100$, x étant la chaleur spécifique du cuivre. En écrivant que la chaleur gagnée est égale à la chaleur perdue, on a

$$0{,}03155 \times 79{,}25 = 0{,}250 . x\ 100,$$

d'où $x = 0{,}1$.

Cette méthode est peu employée maintenant; on fait surtout usage de la méthode des mélanges.

238. Chaleur latente de vaporisation. — On appelle *chaleur latente de vaporisation* ou plus simplement *chaleur de vaporisation, la quantité de chaleur qu'il faut donner à 1 kilogramme d'un corps pour le vaporiser sans changer sa température.* On la détermine encore par la méthode des mélanges. On a obtenu la chaleur de vaporisation de l'eau en faisant arriver un poids connu de vapeur dans un serpentin placé dans un réfrigérant renfermant un certain poids d'eau. Dans 2 kilogrammes d'eau à 10°, on fait condenser 30 grammes de vapeur d'eau à 100°, la température finale du mélange est 25°. On écrit que la chaleur gagnée par l'eau est égale à la chaleur perdue par la vapeur. La chaleur gagnée par l'eau est $2 \times (25 - 10)$; la chaleur perdue par la vapeur se compose de deux parties : celle qui est due au changement d'état, et qui est est 0,030.x, si x est la chaleur de vaporisation de l'eau, celle que perd l'eau provenant de la condensation de la vapeur pour passer de 100° à 25°, et qui est 0,030 × (100 — 25). On a l'équation

$$0{,}030\,x + 0{,}030\,(100 - 25) = 2.\,(25 - 10).$$

D'où $x = 536$ à peu près.

Le nombre 536 représente la chaleur de vaporisation de l'eau à 100°. La vapeur peut se former à toute température et l'expérience a appris que la chaleur latente de vaporisation varie avec la température, qu'elle est plus grande à 80° qu'à 100° et qu'en général moins la température de vaporisation est élevée, plus la chaleur latente de vaporisation est grande.

239. Chaleur totale.— Dans l'industrie, ce qui est important à connaître, c'est ce qu'on appelle *la chaleur totale*, c'est-à-dire la quantité de chaleur qu'il faut donner à 1 kilogramme d'eau à zéro, pour l'amener à l'état de vapeur à une température donnée t. M. Regnault a trouvé que pour l'eau, la chaleur totale pouvait être représentée par la formule $L = 606 + 0{,}30\,t$.

Dans le cas de $t = 100$, elle devient $L = 606 + 0{,}30.100 = 636$; mais pour élever 1 kilogramme d'eau de 0° à 100°, il faut 100 calories, la chaleur de vaporisation est donc 636 — 100 = 536, nombre que nous avons donné plus haut.

Nous donnons ici la chaleur de vaporisation de quelques liquides à la température d'ébullition de ces liquides :

Eau.	536
Alcool	208,0
Esprit de bois.	263,8
Ether sulfurique.	91,1
Essence de térébenthine .	69

240. Chaleur dégagée dans les actions chimiques. Pouvoir calorifique d'un combustible. — Toutes les actions chimiques, combustion, respiration, etc., sont accompagnées d'un dégagement de chaleur. Si on évalue le nombre de degrés dont s'élève la température d'un poids donné d'eau, au milieu de laquelle se produisent ces phénomènes, on a le nombre de calories qu'ils ont dégagées. C'est ainsi qu'on détermine le *pouvoir calorifique* des divers combustibles. La houille a un pouvoir calorifique représenté par 7000 : cela veut dire que 1 kilogramme de houille, en brûlant, dégage une quantité de chaleur capable d'élever de 1° la température de 7000 kilogrammes d'eau. Il est inutile d'insister sur l'importance de pareilles déterminations au point de vue de l'industrie.

241. Applications — Nous avons déjà vu (236) que l'eau est de tous les corps, celui qui a la plus grande

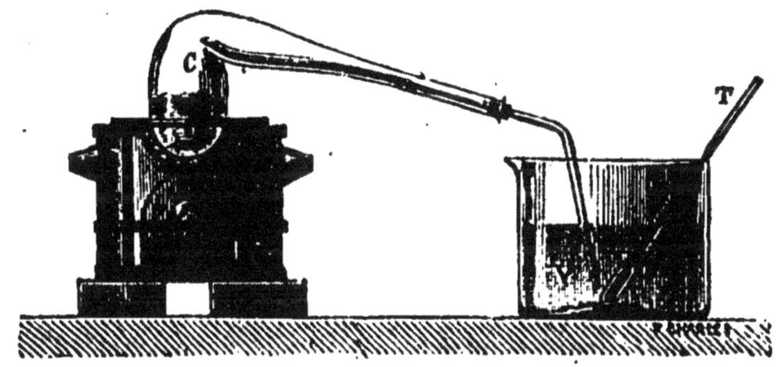

Fig. 165. — Echauffement de l'eau par la condensation de la vapeur.

chaleur spécifique et qu'on utilise cette propriété dans plusieurs circonstances. L'eau a aussi la plus grande chaleur de fusion (236) et la plus grande chaleur de vaporisation (239). On profite de celle-ci dans l'industrie pour chauffer à la vapeur, par exemple, un bain de teinture, une dissolution qu'on veut concentrer, etc. A cet effet, on fait arriver la vapeur d'eau dans un serpentin de cuivre placé au fond du vase contenant la dissolution; la vapeur se condense et abandonne une grande quantité de chaleur au liquide environnant; l'eau provenant de la condensation s'écoule au dehors.

Dans les cours, on montre l'échauffement produit par la condensation de la vapeur d'eau au moyen de l'appareil ci-contre (fig. 155); de l'eau bout dans une cornue, la vapeur est conduite dans un vase V, renfermant de l'eau, et l'on voit la température indiquée par un thermomètre T monter rapidement et atteindre 100°, sans que le volume de l'eau ait beaucoup augmenté.

La grande chaleur spécifique de l'eau, et sa grande chaleur de vaporisation nous permettent de comprendre la constance de température des îles ou des pays situés sur le bord de la mer ou des grands fleuves, tels que l'Amazone. Si la température tend à s'élever, une certaine quantité d'eau se vaporise et empêche ainsi la chaleur de devenir trop forte; si la température tend à s'abaisser, une partie de la vapeur d'eau que contient l'air, toujours saturé, passe à l'état liquide, dégage de la chaleur et prévient ainsi un refroidissement très grand. C'est parce que la chaleur latente de fusion de la glace est si considérable qu'au moment du dégel, nous croyons ressentir un nouvel abaissement de température. Les nombres suivants donneront une juste idée du rôle de l'eau à la surface de la terre comme régulateur de la température.

Quand la température de 1 kilogramme d'eau s'abaisse de 1°, la chaleur qu'il abandonne élèverait de 1° la température de 3080 litres ou 3 mètres cubes d'air.

Quand 1 kilogramme de glace se forme, il s'en dégage une quantité de chaleur capable d'élever de 1° la température de 244 mètres cubes d'air.

Quand 1 kilogramme de vapeur se condense, il dégage une quantité de chaleur capable d'élever de 1° la température de 1660 mètres cubes d'air.

EXERCICES

1. 750 grammes de fer à 100° sont plongés dans 1k,425 d'eau à 10°, la température finale est 15°. Quelle est la chaleur spécifique du fer?

2. 100 grammes de cuivre, dont la chaleur spécifique est 0,0951, plongés dans 800 grammes d'eau, en ont élevé la température de 10° à 12°. Quelle était la température du cuivre?

3. Quel est le poids de platine à 95° qu'il faut porter dans 600 grammes d'eau à 10°, pour que la température finale soit 13°,5? La chaleur spécifique du platine est 0,032.

4. Dans 350 grammes d'eau à 60°, on introduit 100 grammes de glace à zéro. Quelle est la température finale? La chaleur de fusion de la glace est 79,25.

5. Quelle est la quantité de vapeur d'eau à 100° qu'il faut employer pour porter de 15° à 100°, la température de 1000 litres d'eau?

6. Quelle est la quantité de vapeur d'eau à 100°, qu'il faut employer pour porter de 10° à 50° la température de 300 litres d'eau?

7. La chaleur spécifique du cuivre étant 0,095, on place 2k,5 de ce métal dans un puits de glace à zéro, il fond 600 grammes de glace. Quelle était la température du cuivre?

8. Quel doit être le poids de l'eau à 10°,5, dans lequel on plonge 475 grammes de cuivre à 97°,7, pour que la variation de température soit de 5°,5? La chaleur spécifique du cuivre est 0,095.

9. Quel est le poids de glace à — 10° qu'il faut mélanger à 8 kilogrammes d'eau à 25°, pour que la température du mélange soit 12? La chaleur spécifique de la glace est 0,5.

10. On a 800 grammes de vapeur à 100°; combien faut-il d'eau à 12° pour que le mélange soit à 40° ?

11. Quel est le poids d'eau à 40° dont la température sera portée à 100° et qui sera vaporisé par la combustion de 1 kilogramme de houille, dont le pouvoir calorifique est 7,050?

CHAPITRE VII

MACHINES A VAPEUR

242. Définition. — Les machines à vapeur sont des appareils dans lesquels on fait usage de la pression exercée par la vapeur pour obtenir un mouvement. On emploie presque toujours la vapeur d'eau. On s'est servi également de la vapeur d'autres liquides, par exemple, de la vapeur d'éther.

243. Historique. — On peut citer l'*éolipyle* (Αἴολος πύλη) de Héron d'Alexandrie (IIIe siècle av. J.-C.) comme le pre-

Fig. 156. — Eolipyle de Héron.

mier exemple de l'emploi de la vapeur comme force motrice. Qu'on se représente une sphère creuse S (fig. 156) pouvant tourner autour d'un axe horizontal M N, et dans laquelle un tube creux amène la vapeur provenant d'une chaudière. Elle est munie de deux tubes *t* et *t'* recourbés en sens contraire et placés suivant un diamètre perpendiculaire à M N. La vapeur, en s'échappant par les orifices O et O', détermine la rotation de la sphère de la même manière que l'eau qui s'écoule d'un tourniquet hydraulique.

En 1615, l'ingénieur français Salomon de Caus (mort en 1626) montre que la pression exercée par la vapeur d'eau peut servir à élever l'eau à une certaine hauteur : un ballon en cuivre (fig. 156 bis) est muni de deux tubes A et B, le

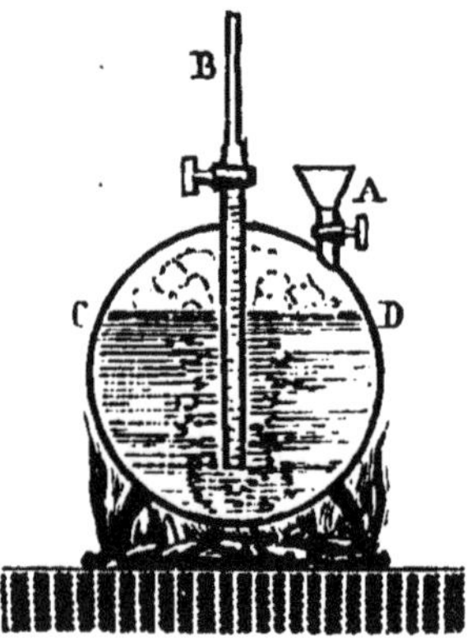

Fig. 156 *bis*. — Appareil de Salomon de Caus.

premier sert à l'introduction de l'eau, le second, qui descend jusqu'au fond, sert à la sortie de l'eau. Le robinet de A étant fermé, et l'appareil étant placé sur un foyer, la vapeur qui se produit presse sur le niveau C D et fait monter l'eau par B à une hauteur d'autant plus grande que la pression est plus considérable.

En s'appuyant sur ce principe, les Anglais Somerset, marquis de Worcester (XVIIe siècle) et Savery (1650-1716) construisirent des machines qui devaient servir à l'épuisement de l'eau dans les mines ; Savery seul obtint quelques résultats.

Vers la même époque, en 1690, Papin eut l'idée de faire

agir la vapeur sur un piston, et aussi de s'en servir pour produire le vide dans un espace donné. Il fit quelques essais heureux, mais les ennuis continuels auxquels il était en butte ne lui permirent pas de construire la première machine à vapeur véritablement utile.

Les anglais Newcomen et Cawley établirent, au commencement du XVIIIe siècle, la machine connue sous le

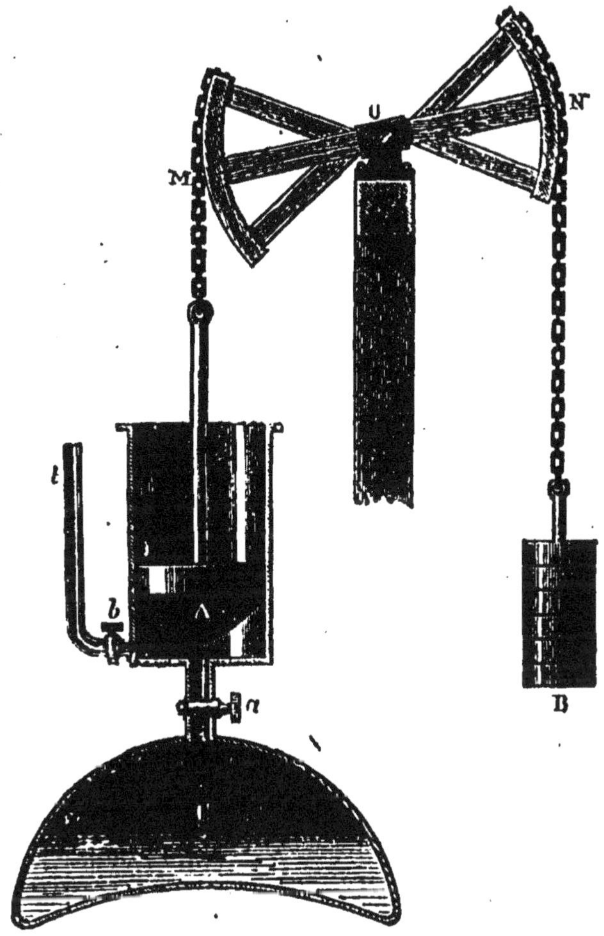

Fig. 157. — Machine atmosphérique.

nom de *machine atmosphérique*. Nous n'en indiquerons que le principe. Un piston P (fig. 157), mobile dans le cylindre A, est attaché par une chaîne à l'extrémité d'un balancier MN, mobile autour du point O; à l'autre extrémité N est attachée la tige d'une pompe B, la tige de cette pompe a un poids un peu supérieur à celui du piston. Le cylindre A communique avec une chaudière C, destinée à produire la vapeur. Si le robinet *a* est ouvert, la vapeur se répand dans le cylindre, et le piston, également pressé sur ses deux faces, monte, entraîné par le poids de la tige de la pompe. Quand il est arrivé au haut de sa course, on ferme le robinet *a*, on ouvre *b*, un peu d'eau froide, amenée par le tube *t*, condense la vapeur dans le cylindre A, et le piston redescend, poussé par la pression atmosphérique, qui s'exerce sur sa face supérieure. Le mouvement, dans ces machines, est dû en réalité à la pression exercée par l'atmosphère, de là le nom de *machine atmosphérique;* la vapeur n'agit que sur une des faces du piston, et à cause de cela on les appelle machines *à simple effet.*

James Watt (1736-1819) apporta d'abord quelques améliorations à la machine de Newcomen; mais, après avoir étudié les propriétés de la vapeur d'eau, il modifia complètement la machine à vapeur et parvint, non sans de grandes difficultés matérielles, à créer la machine à vapeur telle que nous l'avons actuellement. C'est cette machine que nous allons étudier.

Dans cette étude, nous nous occuperons successivement de la production de la vapeur, puis de la manière dont elle est employée pour produire un mouvement utile. La vapeur est produite par le *générateur;* la pression de la vapeur est utilisée dans la *machine* proprement dite.

§ 1. CHAUDIÈRES A VAPEUR OU GÉNÉRATEURS

241. Générateurs à vapeur. — Le *générateur* ou *chaudière à vapeur* a reçu des formes bien différentes. On appelle *surface de chauffe* la portion de la surface du générateur qui est touchée directement par la flamme du foyer ou les gaz chauds qui s'en dégagent. On comprend qu'il y a avantage à augmenter la surface de chauffe, parce qu'ainsi on utilise mieux la chaleur produite. Pour les machines fixes, on emploie le plus souvent le *généra-*

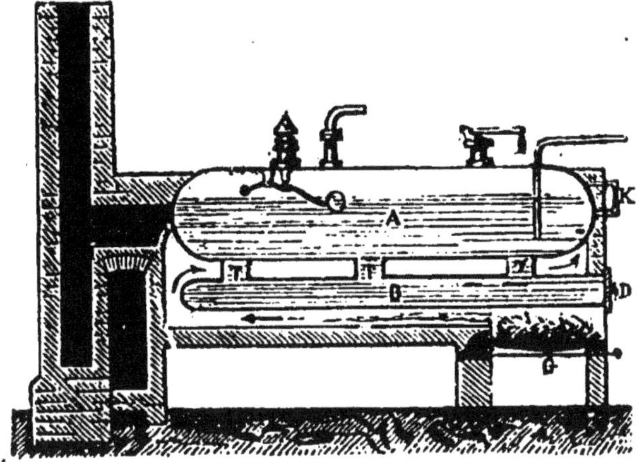

Fig. 158. — Générateur à vapeur.

teur à bouilleurs (fig. 158). Il se compose d'un cylindre A, terminé par deux calottes sphériques, communiquant par

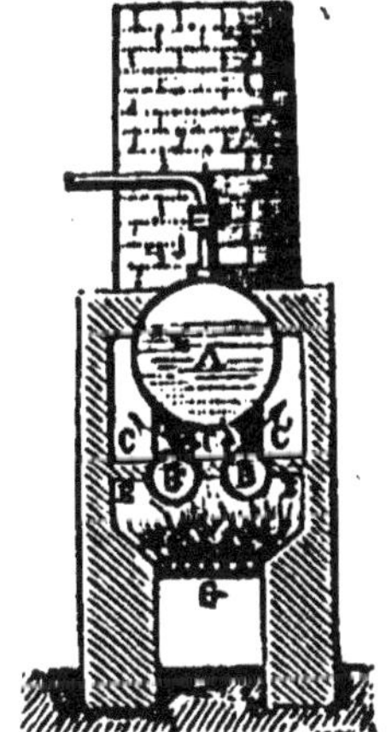

Fig. 159. — Générateur à vapeur.

les tubulures T, T, avec deux cylindres B, d'un moindre diamètre et un peu plus longs, appelés *bouilleurs*. Le tout est dans un massif de maçonnerie en briques, de manière à éviter toute déperdition de chaleur par rayonnement. Les bouilleurs, plus longs que les cylindres, sont fermés en D par des plaques qu'on peut enlever afin de les nettoyer. En G (fig. 159) se trouve la grille où se place le combustible; une cloison horizontale E F, et deux autres verticales construites suivant la ligne des tubulures T et T, partagent le fourneau en plusieurs compartiments ou carneaux. La flamme et les gaz chauds circulent au-dessous des bouilleurs de l'avant à l'arrière du générateur, reviennent d'arrière en avant par l'espace C, lèchent la partie inférieure du cylindre et des bouilleurs, et gagnent par les carneaux C'C' la cheminée par laquelle ils s'échappent : cette circulation des gaz chauds équivaut à une augmentation de la surface de chauffe.

145. Chaudières tubulaires. — Les générateurs des machines mobiles, pour les bateaux et les locomo-

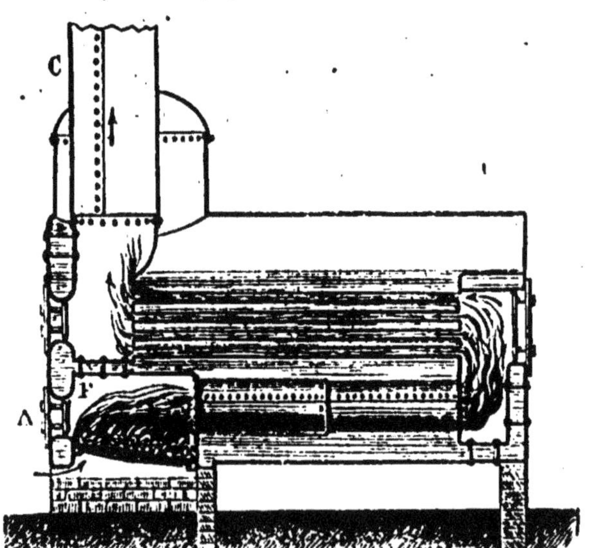

Fig. 160. — Chaudière tubulaire.

tives, et souvent même ceux des machines fixes, sont des *chaudières tubulaires*, dont l'invention est due à l'ingénieur français Marc Séguin (1827). A la partie antérieure, en A (fig. 160), se trouve la *boîte à feu;* c'est là qu'est le foyer qui est lui-même entouré d'eau; la flamme et les gaz chauds, après avoir traversé les tubes *t t*, arrivent dans la boîte à fumée et s'échappent par la cheminée C. Grâce à ces tubes, la surface de chauffe peut devenir très considérable, par exemple, 80 ou 100 mètres carrés.

246. Appareils indicateurs du niveau. — Flotteur, Sifflet d'alarme. — Dans tout générateur à vapeur, il est nécessaire que le niveau de l'eau ne s'abaisse jamais au-dessous des points touchés par la flamme, car si l'eau manquait dans les points correspondants à la surface de chauffe, à l'intérieur ils s'échaufferaient beaucoup, ils pourraient même rougir; et lorsque l'eau viendrait à

Fig. 161. — Flotteur, sifflet d'alarme.

les toucher au moment d'une introduction nouvelle, la vapeur, produite en grande quantité, risquerait d'amener une explosion. L'appareil le plus simple permettant au chauffeur de savoir à chaque instant où est le niveau de l'eau dans la chaudière consiste en un tube de verre K (fig. 158), qui communique par ses deux extrémités avec l'intérieur du générateur, en haut et en bas, de manière à former avec lui un système de vases communiquants; le niveau est donc dans le tube à la même hauteur que dans le générateur.

On emploie souvent aussi le *flotteur ;* il consiste en un flotteur B (fig. 161), qui est relié à un contre-poids A, par la tige A O B, pouvant tourner autour du point O. Cette tige presse contre l'ouverture *C* et empêche la vapeur de s'échapper, mais si le niveau de l'eau vient à baisser dans le générateur, le flotteur descend, la vapeur s'élance par l'ouverture *C* devenue libre, et fait résonner le sifflet S

247. Appareils de sûreté. — Soupapes. — Chaque générateur, avant d'être livré, a été soumis à un essai

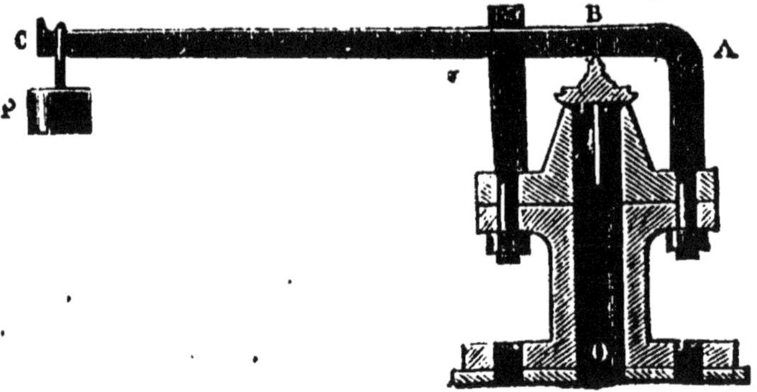

Fig. 162. — Soupape de sûreté.

qui a fait connaître la pression maxima que peuvent supporter ses parois.

Pour éviter que la tension de la vapeur n'atteigne ce maximum, on munit les chaudières de soupapes de sûreté; une ouverture *O* (fig. 162), placée à la partie supérieure du générateur, est fermée par un petit bouchon métallique D, contre lequel s'appuie un levier A B C, fixe au point A et portant en C un poids P, calculé de manière que la soupape s'ouvre, si la pression de la vapeur atteint une valeur déterminée. Papin imagina les soupapes de sûreté en 1681, lors de la construction de son digesteur.

248. Manomètres. — Tout générateur à vapeur est muni de *manomètres*, qui indiquent à chaque instant la valeur de la pression de la vapeur. Les manomètres les plus employés actuellement sont les manomètres métalliques (117).

249. Prise de vapeur. — Alimentation. — La *chambre à vapeur* est l'espace dans lequel se répand la vapeur au-dessus du niveau de l'eau dans le générateur. C'est là que la vapeur est prise pour être conduite à la machine. Le tube par lequel elle sort du générateur s'ouvre aussi loin que possible du niveau de l'eau, souvent même dans un dôme qui surmonte la chaudière : de cette manière, la vapeur est plus sèche et, dans le cas où elle entraînerait avec elle quelques gouttes d'eau, cette eau se vaporiserait dans le tube pendant le trajet qu'on lui fait faire au milieu de la vapeur. Pour remplacer la vapeur qui est ainsi constamment enlevée, on alimente la chaudière à l'aide d'une pompe foulante, qui envoie l'eau par un tube débouchant à la partie inférieure du générateur. Cette *pompe alimentaire* est remplacée dans la plupart des machines actuelles par un appareil appelé *injecteur Giffard*, du nom de son inventeur.

§ II. MACHINE A VAPEUR

250. Mode d'action de la vapeur. — Machine à double effet. — La machine à vapeur de Watt est une machine à *double effet*, c'est-à-dire une machine dans laquelle la vapeur agit successivement sur l'une et sur l'autre face du piston. Le cylindre est fermé, la tige du piston passe à frottement à travers la boîte à étoupes E (fig. 163) qui empêche la vapeur de s'échapper au dehors. La vapeur arrive par l'ouverture 1, fait monter le piston, et la vapeur

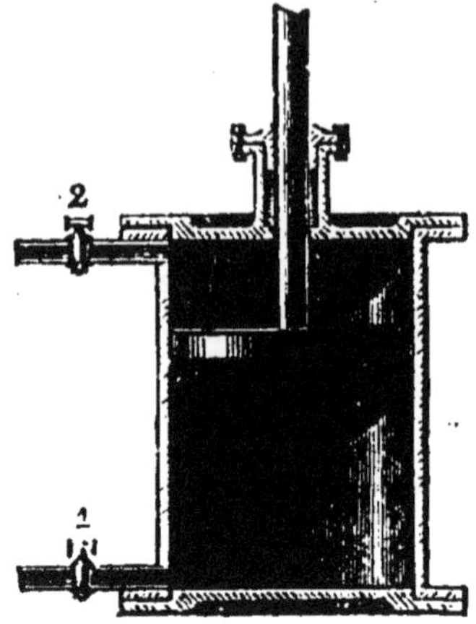

Fig. 163. — Action de la vapeur sur le piston.

qui a agi sort par l'ouverture 2. Quand le piston est au haut de sa course, la vapeur arrive par l'ouverture 2, le piston descend, et par l'ouverture 1 s'échappe la vapeur qui a agi. Cette *distribution* de la vapeur s'obtient au moyen d'un appareil nommé le *tiroir*, que met en mouvement l'*excentrique*.

251. Distribution de la vapeur. Tiroir. — La vapeur provenant du générateur est amenée par le tube T (fig. 164) dans la boîte à vapeur B ; celle-ci est munie de 3 ouvertures, *a*, *b* et *o*, les deux premières communiquant l'une avec la partie inférieure, l'autre avec la partie supérieure du cylindre où se meut le piston, la troisième communiquant avec l'extérieur. Une pièce MN peut se mouvoir dans la boîte à vapeur, grâce à la tige F ; dans la position indiquée par la figure, la vapeur arrivée en B, suit le conduit *a d*, arrive au-dessous du piston, le fait monter, la vapeur qui se trouve au-dessus du piston passe par *c b* et s'échappe par l'ouverture O.

Quand le piston est arrivé au haut de sa course, la pièce M N prend la position indiquée dans la figure voisine, la vapeur passe de la boîte à vapeur par le tube *b c*, arrive

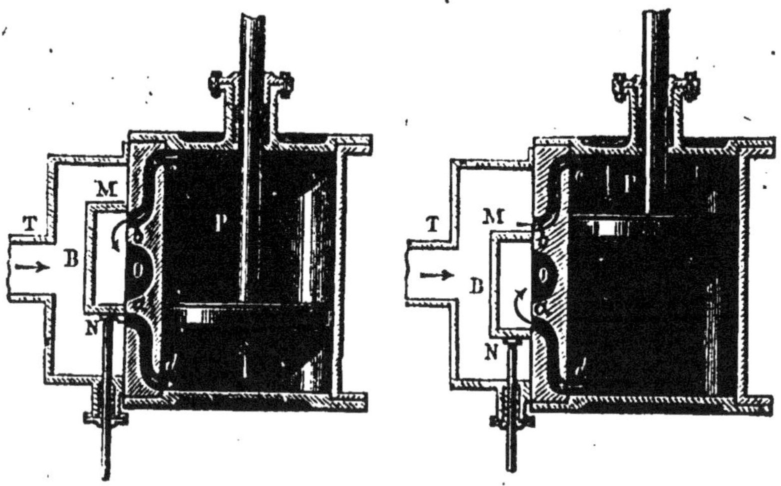

Fig. 164. — Distribution de la vapeur.

au-dessus du piston, le fait descendre, celle qui se trouve au-dessous suit le canal *da* et s'échappe en O.

Cette pièce M N qui réalise la distribution de la vapeur s'appelle le *tiroir;* Watt, qui en eut l'idée, lui avait donné une disposition un peu différente; celui que nous avons décrit et qu'on appelle *le tiroir à coquille* est dû à Murray de Leeds, qui l'indiqua en 1801.

252. Excentrique — Le tiroir doit avoir un mouvement alternatif de va-et-vient, que lui donne la machine par l'intermédiaire de *l'excentrique* (fig. 165). L'arbre de couche A porte un disque circulaire, appelé *l'excentrique*, qui lui est perpendiculaire, mais dont le centre O ne coïncide pas avec le sien; un collier BB', dans lequel le disque peut tourner, est relié à deux tiges, qui, réunies à leurs extrémités C, agissent sur l'un des bras d'un petit levier EDF, mobile autour du point D; c'est au point F qu'est articulée la tige T du tiroir. Lorsque l'arbre de couche tourne il entraîne dans son mouvement l'excentrique O, qui, en tournant dans le collier BB', donne à celui-ci un mouvement de va-et-vient, dans le sens KK', l'extrémité E du

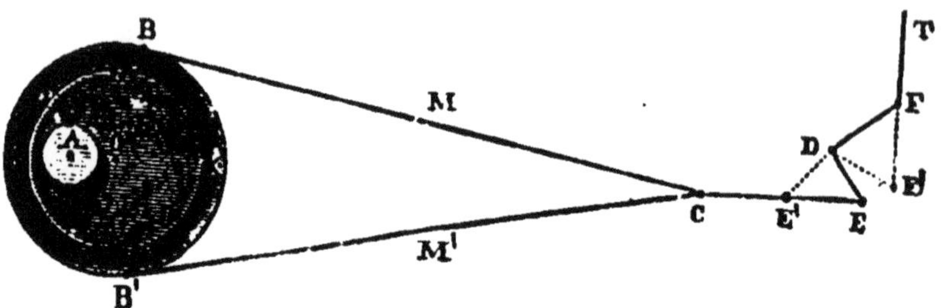

Fig. 165. — Excentrique.

bras du petit levier a le même mouvement; le point F, et la tige du tiroir ont aussi un mouvement de va-et-vient, mais vertical. A chaque tour de l'arbre de couche le tiroir exécute un mouvement d'aller et un de retour, ce qui correspond précisément à une allée et à une venue du piston.

253. Condenseur. — La marche du piston dans le cylindre est déterminée par la différence des pressions exercées sur l'une et sur l'autre face. Si la vapeur a dans le générateur une pression de 2 atmosphères, la face du piston sur laquelle la vapeur arrive supporte cette même pression; mais la vapeur qui a agi et qui s'échappe par l'ouverture O dans l'atmosphère, exerce sur l'autre face une pression d'une atmosphère. Il en résulte que le mouvement du piston n'est déterminé, en réalité, que par une pression de 1 atmosphère; grâce à l'invention capitale du *condenseur* par Watt, on peut augmenter de beaucoup la force motrice, sans augmenter la tension de la vapeur et par suite la dépense en combustible (1). Le condenseur

(1) Le principe sur lequel repose le condenseur a été indiqué par Watt; il est connu en physique sous le nom de *principe des parois froides*. Il consiste en ceci : Si deux espaces A et B (fig. 166) ayant des tempéra-

est un espace hermétiquement clos et vide d'air, dans lequel arrive, par une pomme d'arrosoir, de l'eau froide provenant d'un grand réservoir. Un tube partant de l'orifice O (fig. 161), fait arriver dans cet espace la vapeur qui a servi. Elle s'y condense d'après le principe des parois froides. La pression est considérablement diminuée dans la partie du cylindre mise en communication avec le condenseur. En général la température de l'eau du condenseur est de 40 à 45°; à cette température la pression maxima de la vapeur d'eau est à peine de $\frac{1}{10}$ d'atmosphère : La force qui fera mouvoir le piston sera donc $\left(2 - \frac{1}{10}\right)$ atmosphères ou 1, 9 atm. Ainsi, dans le cas actuel, l'emploi du condenseur a presque doublé la force motrice. On comprend que l'avantage dû au condenseur sera d'autant plus grand que la tension de la vapeur employée sera moins élevée.

---

tures différentes t et t', communiquant entre eux renferment un liquide, ce liquide émet des vapeurs qui se répandent en A et en B; t étant plus grand que t', la tension en A est plus grande qu'en B, l'équilibre ne

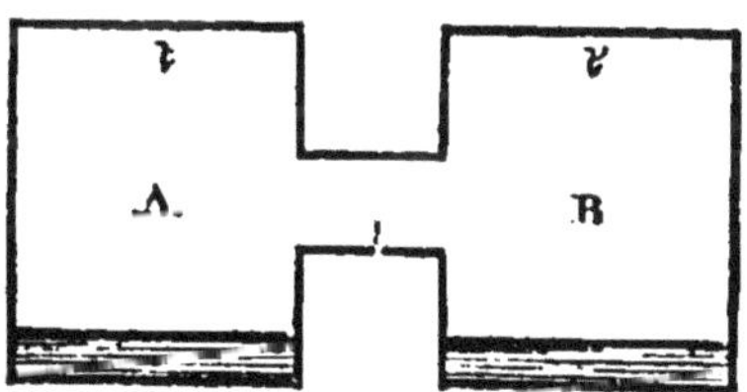

Fig. 166. — Principe des parois froides.

peut exister, un peu de vapeur passe de A en B; s'il reste du liquide en A, une nouvelle quantité se vaporise et va se condenser en B, où l'espace est saturé; l'équilibre n'existera que lorsque la vapeur aura partout la même tension, celle qui correspond à la température la plus basse t'. *La vapeur répandue dans un espace dont toutes les parties ne sont pas à la même température a, pour l'équilibre, la tension qui correspond à la température la plus basse.*

254. Pompe à Air. — La vapeur en se condensant abandonne une certaine quantité de chaleur; la température va donc s'élever dans le condenseur, et la tension de la vapeur qui s'oppose à la marche du piston deviendra plus grande; de plus, l'eau froide introduite dans le condenseur vide laissera dégager un peu d'air, qu'elle tient en dissolution, air dont la pression augmentera encore la résistance opposée à la marche du piston. Pour remédier à ces inconvénients, une pompe aspirante retire à chaque instant du condenseur l'eau chaude et l'air qui s'y trouvent. Cette pompe est appelée *pompe à air ;* une partie de l'eau chaude ainsi retirée est employée à l'alimentation de la chaudière.

255. Détente. — Quand la vapeur arrive dans le cylindre pendant toute la durée de la course du piston, celui-ci, animé d'une vitesse qui va en augmentant, vient frapper avec force la base du cylindre ; de là des chocs qui augmentent l'usure de la machine. Un perfectionnement apporté par Watt a empêché cet inconvénient, en même temps qu'il a donné lieu à une économie considérable, c'est la *détente.* La vapeur n'arrive dans le cylindre que pendant une partie de la course du piston, supposons la moitié ; la vapeur introduite continue, en vertu de sa force expansive ou de sa *détente,* à presser le piston pendant la seconde partie de sa course, mais sa pression va en diminuant à mesure que le volume qu'elle occupe devient plus grand ; le piston arrive donc à l'extrémité de sa course, avec une vitesse beaucoup moindre que si la vapeur eût continué à agir avec la même pression.

Si nous voulons nous rendre compte de l'économie, considérons seulement une course du piston ; remarquons que dans le cas de la détente, nous n'employons que la moitié de la vapeur. Or, pendant la première partie de la course du piston, l'effet est le même que si la machine marchait à pleine vapeur, et quand le piston est arrivé à moitié de sa course, la moitié de l'effet correspondant à une course entière est obtenue; mais à cela s'ajoute ce que produit la détente de la vapeur pendant la seconde partie de la course du piston; ainsi, moitié moins de vapeur employée, et un effet supérieur à la moitié de l'effet obtenu dans les circonstances ordinaires. On réalise la détente à l'aide de dispositions particulières que nous ne pouvons indiquer ici.

256. Transmission du mouvement du piston à l'arbre de couche. Balancier. Parallélogramme de Watt. Bielle. Manivelle. — Le piston a un mouve-

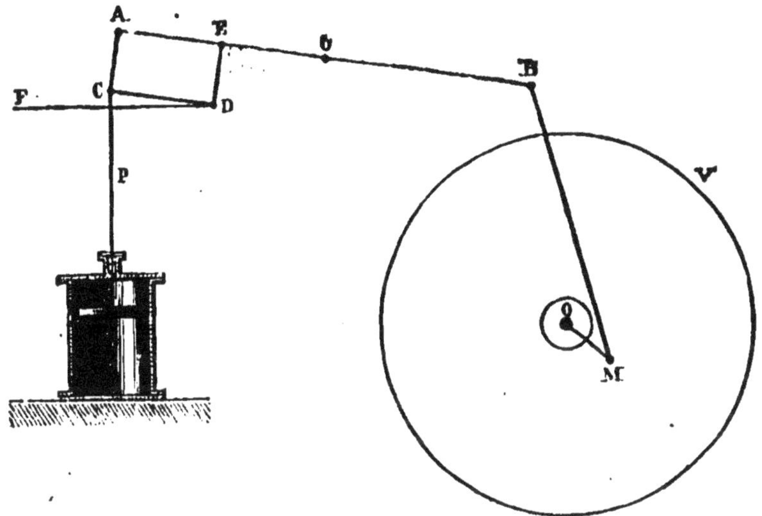

Fig. 167. — Transmission du mouvement du piston. — Parallélogramme de Watt.

ment de va-et-vient; c'est ce mouvement qu'on transforme en un mouvement de rotation. La tige du piston P, qui ne peut se mouvoir qu'en ligne droite, est reliée au *balancier* AB (fig. 167) par l'intermédiaire *du parallélogramme articulé de Watt CDEA*, du nom de son inventeur, le point A décrit un arc de cercle dont le centre est en O; le sommet D, grâce à la tige FD, décrit un arc de cercle autour du point fixe F; la théorie démontre et l'expérience vérifie que dans ces conditions le point C décrit une ligne droite. L'autre extrémité B du balancier est articulée à la bielle BM ; celle-ci agit sur la manivelle OM, à laquelle elle est articulée en M, pour faire tourner l'arbre de couche O, qui met en mouvement toutes les pièces de l'usine.

Dans certaines machines, l'extrémité C de la tige du piston (fig. 168), guidée dans son mouvement rectiligne

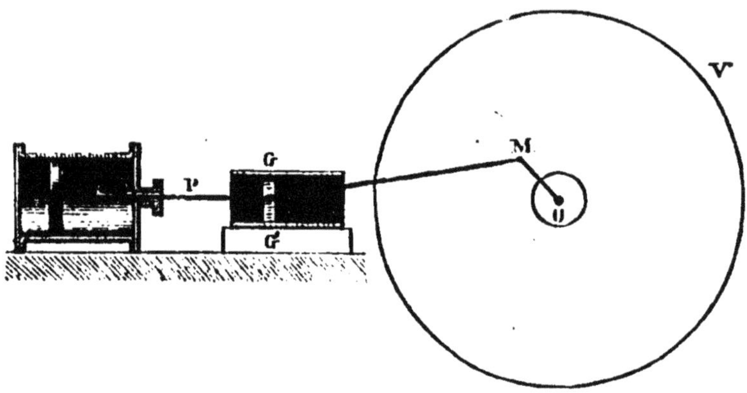

Fig. 168. — Transmission directe du mouvement du piston.

par les deux glissières GG', est articulée directement à la bielle CM, qui agit sur la manivelle OM.

257. Volant. Régulateur à force centrifuge. — Dans l'une et l'autre disposition, l'angle formé par la bielle CM et la manivelle OM, varie à chaque instant; il en résulte que l'action exercée sur la manivelle n'est pas toujours la même, elle est nulle aux *points morts*, c'est-à-dire quand la bielle et la manivelle sont en ligne droite; le mouvement ne peut donc être uniforme; on le régularise au moyen du *volant* : c'est une grande roue V, fixée sur l'arbre de couche et dont la circonférence est très lourde.

Il peut arriver que les résistances à vaincre éprouvent des variations; dans ce cas, malgré la présence du volant, la machine prend un mouvement très irrégulier, tantôt très rapide, tantôt trop lent. A cet inconvénient on remédie au moyen du *régulateur à force centrifuge*, dû à Watt. Une tige AB (fig. 169) est animée d'un mouvement de

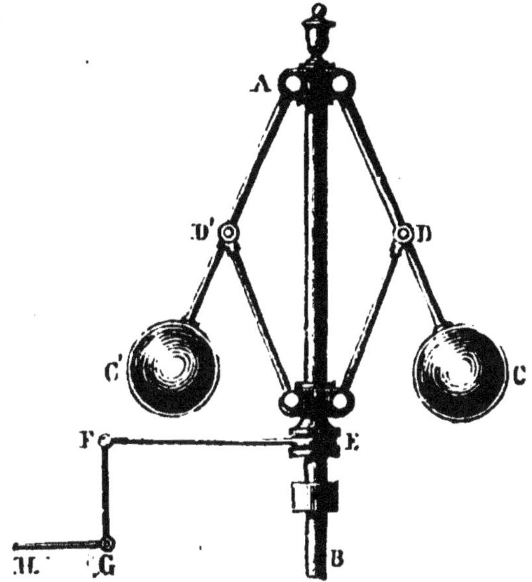

Fig. 169. — Régulateur à force centrifuge.

rotation qui lui est communiqué par l'arbre de couche. En A sont articulées deux tringles AC, AC' portant à leurs extrémités deux boules métalliques très pesantes; deux autres tringles DE, D'E, articulées en D et D', sont reliées à l'anneau E, qui peut glisser le long de la tige AB.

Lorsque le mouvement de la machine s'accélère, la tige AB tourne plus vite, les deux boules C et C' s'écartent davantage; elles retombent, si le mouvement de la machine et par suite celui de la tige AB se ralentit; l'anneau E monte ou descend le long de la tige, et, comme il est articulé au levier coudé EFG, mobile autour du point F, FG marche dans un sens ou dans l'autre, tire ou pousse la tige GH, qui agit sur une valve placée à l'entrée de la boîte à vapeur. Lorsque les boules s'écartent, la tige GH tirée de gauche à droite fait fermer la valve, la vapeur arrive en moins grande quantité dans le cylindre et le mouvement de la machine se ralentit; c'est l'inverse qui se produit, quand les boules se rapprochent de la tige AB.

Fig. 170. — Machine de Watt.

Nous donnons ici un dessin de la machine de Watt qui fera comprendre la disposition des pièces que nous venons de décrire.

258. Bateaux à vapeur. — Papin, en 1707, réussit à faire marcher un bateau par la vapeur sur la Fulda; mais les mariniers de la Weser mirent en pièces ce premier bateau à vapeur. Depuis cette époque, de nombreux essais furent tentés en France, en Ecosse, en Amérique. Mais à cause de l'absence d'encouragements ils ne conduisirent pas à des résultats heureux; ce fut Fulton qui, en 1807, eut la gloire de construire en Amérique le premier bateau à vapeur, *Le Clermont*, qui fit un service régulier.

En Europe, le premier bateau à vapeur ne parut qu'en 1812.

Le mouvement du bateau est obtenu à l'aide de roues à aubes, qui sont placées de chaque côté du vaisseau et adaptées sur le même arbre de couche, auquel une machine à vapeur donne un mouvement de rotation. On emploie aussi l'hélice surtout pour les vaisseaux de guerre, et pour les bateaux destinés à aller sur mer. Nous pouvons nous la représenter comme une portion d'un énorme tire-bouchon, animé d'un mouvement très rapide de rotation, qui en pénétrant dans l'eau entraîne le bâtiment. L'axe de l'hélice est dans le sens de l'axe du bateau, elle est placée à l'arrière et complètement plongée dans l'eau.

259. Locomotives. — L'idée d'employer la vapeur pour faire marcher les voitures sur les routes, date de l'invention de la machine à vapeur; aussi de nombreux essais furent-ils tentés dès le milieu du XVIIIe siècle, non seulement en Europe, mais aussi en Amérique. On n'obtint une réussite complète que lorsqu'on établit des rails pour y faire rouler les voitures et qu'on augmenta le poids de la machine, afin d'augmenter en même temps le frottement et par suite l'adhérence des roues sur les rails. L'invention des chaudières tubulaires due à Marc Seguin, en augmentant considérablement la surface de chauffe, permit enfin de faire de longs voyages. C'est à l'ingénieur anglais Georges Stephenson (1781-1848) que revient l'honneur d'avoir construit la première locomotive (1814), et les premiers appareils employés en Angleterre sortirent de l'atelier dirigé par son fils Robert Stephenson (1801-1859).

Une locomotive se compose d'une chaudière tubulaire fournissant la vapeur à deux cylindres, où se meuvent des pistons dont les tiges agissent pour faire tourner l'essieu auquel sont adaptées les roues motrices. Nous trouvons ici les mêmes pièces que nous avons décrites dans la machine à vapeur. Une voiture appelée *tender*, rattachée à la locomotive, emporte le combustible et l'eau, nécessaire à l'alimentation du générateur. La quantité d'eau ainsi emportée étant nécessairement limitée, la machine n'a pas de condenseur, et la vapeur est employée sous une forte pression.

260. Coulisse Stephenson. — Dans les bateaux à vapeur, les locomotives aussi bien que dans bon nombre de machines fixes, il est nécessaire que le mécanicien puisse à volonté, faire marcher la machine dans un sens ou dans l'autre. Il y parvient en se servant de deux excentriques calés sur l'arbre de couche (fig. 171), qui font mouvoir en sens contraire les tringles S et S'; les extrémités G et G' de ces tringles sont réunies par une coulisse dans laquelle s'engage un bouton fixé à l'extrémité de la tige du tiroir. Cette coulisse a la forme d'un arc de cercle dont le centre est en O; à l'aide du système de levier MDCBF,

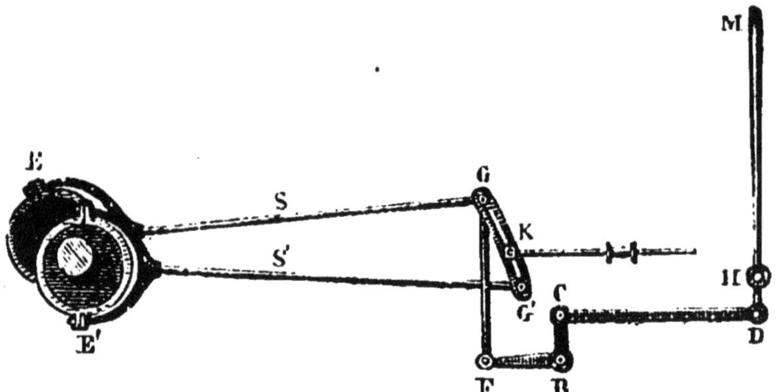

Fig. 171. — Coulisse de Stephenson.

on peut l'élever ou l'abaisser; si on pousse M vers la gauche, le levier M D, tournant autour de H, pousse D et C vers la droite, le levier coudé CBF fixe au point B, fait monter F et G, de sorte que G' étant venu en K, le tiroir est commandé par l'excentrique E'; si on donnait à M un mouvement vers la droite, on amènerait G en K, le tiroir commandé par l'excentrique E aurait un mouvement contraire de celui que lui donnerait l'excentrique E', le piston et par suite la machine marcheraient en sens contraire. Cette disposition est connue sous le nom de *coulisse Stephenson*.

261. Classification des machines à vapeur. — On a classé les machines d'après la pression de la vapeur qu'on emploie :

1° Machines *à basse pression*, où la force élastique de la vapeur ne dépasse guère une atmosphère et demie;

2° Machines à *moyenne pression*, où la force élastique atteint jusqu'à 4 atmosphères.

3° Machines *à haute pression*, où la tension de la vapeur dépasse 4 atmosphères. A cause de la haute tension de la vapeur, ces machines n'ont pas de condenseur.

Les machines à moyenne pression sont à condensation ou sans condensation.

Les machines à basse pression sont toutes à condensation.

Les bateaux à vapeur ont en général des machines à condensation, à basse ou à moyenne pression.

Les locomotives et les locomobiles sont à haute pression.

262. Cheval-vapeur. — On évalue la force d'une machine à vapeur au moyen *du cheval-vapeur*. On dit qu'une machine a une force d'*un cheval-vapeur*, quand elle est capable d'élever en une seconde 75 kilogrammes à un mètre de haut. Une machine de 200 chevaux est une machine capable d'élever en une seconde 75 kilogrammes $\times$ 200 = 15000 kilogrammes à un mètre de haut, ou encore 1 kilogamme à une hauteur de 200 $\times$ 75 = 15000 mètres.

CHAPITRE VIII.

CONDUCTIBILITÉ

263. Corps bons conducteurs. — Mauvais conducteurs. — Une tige de fer dont une extrémité est portée au rouge ne peut être prise par l'autre extrémité sans occasionner une brûlure. Au contraire un morceau de bois de mêmes dimensions peut être impunément saisi par un bout tandis que l'autre bout est enflammé. Cette différence est due à ce que la chaleur ne se propage pas également bien dans le bois et dans le fer. On dit que ces corps *conduisent* inégalement la chaleur : le fer est *bon conducteur*, le bois est *mauvais conducteur*. On appelle *conductibilité*, la propriété que possèdent les corps de transmettre la chaleur de proche en proche dans leur masse. — La conductibilité dépend de la nature des corps. Nous l'étudierons successivement, sans la mesurer, dans les solides, les liquides, les gaz.

264. Conductibilité des solides. — Plusieurs expériences permettent de comparer la conductibilité des corps solides. Une des plus simples, indiquée par M. Tyndall, consiste à faire avec des corps qu'on veut étudier de petits cylindres égaux, de 2 centimètres de diamètre et de 5 centimètres de long. On les interpose successivement entre le réservoir d'un thermomètre très sensible et un même corps toujours également chaud, et l'on compare les effets produits sur le thermomètre. Si le cylindre interposé est en argent le thermomètre monte immédiatement ; s'il est en verre, le niveau du mercure ne bouge pas : l'argent conduit bien la chaleur, le verre la conduit mal.

265. Appareil d'Ingenhousz. — Franklin proposa pour ce sujet une méthode qui fut essayée par le physicien hollandais Ingenhousz (1730-1799). Son appareil consiste

Fig. 172. — Appareil d'Ingenhousz.

en une caisse en laiton (fig. 172) ayant la forme d'un parallélipipède. Sur l'une de ses faces sont implantées des tiges de diverses substances. On les plonge dans de la cire fondue, on les retire, et il reste sur chacune d'elles une légère couche de cire solidifiée. On verse alors de l'eau bouillante dans la caisse; chaque tige se trouve ainsi avoir une de ses extrémités à 100 degrés. La chaleur se propage dans chacune d'elles et fait fondre la cire d'autant plus loin que la conductibilité de la tige est plus grande.

En faisant varier la nature des substances on peut obtenir l'ordre de conductibilité des divers corps. Nous indiquerons les résultats obtenus et quelques-unes de leurs conséquences.

266. Résultats. — Parmi les substances minérales, ce sont les métaux qui conduisent le mieux la chaleur, mais à des degrés différents. Voici l'ordre de conductibilité des métaux d'après MM. Wiedeman et Franz, en commençant par le plus conducteur : *Argent*, *cuivre*, *or*, *laiton*, *étain fer*, *acier*, *plomb*, *platine*, *maillechort*, *bismuth*.

Les autres substances minérales sont plus ou moins conductrices : le marbre, le calcaire conduisent assez bien, mais l'argile cuite, les briques conduisent très peu. Le soufre, le verre conduisent mal la chaleur, ce qui nous explique pourquoi ces corps chauffés inégalement se cassent si facilement.

Les substances organiques, comme le bois, le charbon conduisent médiocrement la chaleur ; les tissus, surtout ceux qui proviennent de matières animales, la conduisent moins bien encore ; le chanvre, le lin, le coton, la laine, et la soie, tel est l'ordre dans lequel on doit placer ces substances, en mettant les dernières celles qui conduisent le moins.

L'expérience a appris que certains corps ne propagent pas la chaleur de la même manière dans toutes les directions : le cristal de roche en est un exemple. De la Rive, de Candolle et un peu plus tard Tyndall ont montré que le bois conduit mieux la chaleur parallèlement à ses fibres que perpendiculairement à leur direction, que l'écorce conduit la chaleur plus mal que le bois, ce qui nous explique pourquoi les arbres ne gèlent que par de très grands froids.

267. Conséquences. — Applications. — La différence de conductibilité des corps nous permet de nous rendre compte de nombreux phénomènes que nous observons journellement. Si nous pénétrons dans une pièce où la température est très basse, nous n'éprouvons pas la même sensation au contact de tous les corps qui s'y trouvent. Les uns nous paraissent très froids, ce sont les corps bons conducteurs parce qu'ils prennent et transportent dans toute leur masse la chaleur de la main ; les autres, les mauvais conducteurs, nous semblent être à une température peu inférieure à celle de la main, parce qu'ils conservent au point touché la chaleur qui leur est fournie. C'est l'inverse que nous éprouvons, si nous entrons dans un lieu où la température est très élevée ; les corps bons conducteurs nous paraissent beaucoup plus chauds que les corps mauvais ou médiocres conducteurs. Si sur une boule de métal poli on applique exactement une fine gaze et qu'on y pose un charbon ardent, la toile n'est nullement endommagée, la chaleur donnée par le charbon étant aussitôt enlevée par le métal, qui la répand dans toute sa masse. Sur un morceau de bois ou de verre la gaze est immédiatement brûlée, parce que la mauvaise conductibilité du bois ou du verre maintient la chaleur au point touché.

268. Toiles métalliques. — Lampe de Davy. — La conductibilité rend compte de la propriété que possèdent les toiles métalliques de couper les flammes. Si au-dessus d'un bec de gaz allumé ou d'une bougie on place une toile métallique à mailles serrées, la flamme ne subsiste qu'au-dessous de la toile. Le gaz pour brûler a besoin d'une certaine température; or, en traversant la toile, il lui cède une grande quantité de chaleur qui se répand dans tout le tissu, et ainsi il se trouve trop refroidi pour continuer à brûler au-dessus de la toile. Si on lui rend cette chaleur en approchant un corps en ignition, il s'enflamme et brûle comme si la toile n'était pas là. Lorsqu'on maintient la toile pendant longtemps immobile, elle s'échauffe et bientôt elle cesse d'éteindre le gaz.

En s'appuyant sur cette propriété des toiles métalliques, le chimiste anglais Davy (1778-1829) a imaginé la *lampe des mineurs* ou *lampe de Davy*. Dans la plupart des mines de houille, il se dégage un gaz, le *grisou*, qui, mélangé avec l'air, s'enflamme à l'approche d'un corps allumé et donne lieu à des explosions terribles. En 1814 de nombreux accidents de ce genre se produisirent; Davy, consulté sur le moyen de les éviter, inventa sa lampe, dont Stephenson eut aussi l'idée à la même époque. C'est une lampe ordinaire à huile, A (fig. 173), dont la flamme est complètement entourée par une toile métallique C; si le grisou vient à se répandre dans la galerie de la mine et à pénétrer dans l'espace E, il se produit une petite explosion, qui, grâce à la présence de la toile métallique, ne se propage pas dehors. L'ouvrier est même par là prévenu du danger d'asphyxie auquel il est exposé, le grisou n'étant pas un gaz respirable.

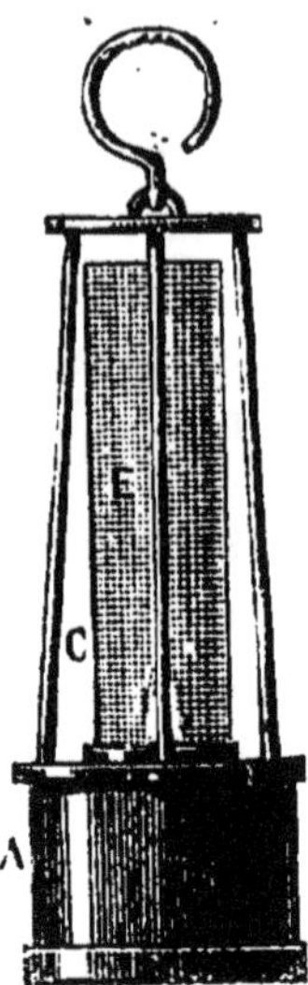

Fig. 173. — Lampe de Davy.

Quand cette explosion éteint la flamme, un fil de platine enroulé en spirale reste incandescent pendant quelque temps, et éclaire assez l'ouvrier pour lui permettre de se guider dans les galeries et de sortir de la mine. La lampe de Davy devrait être employée dans tous les endroits où peut se dégager un gaz ou des vapeurs susceptibles de s'enflammer et capables d'occasionner des incendies.

269. Conductibilité des matériaux de construction. — Dans les constructions, on doit tenir compte de la conductibilité des matériaux. Les briques sont employées pour envelopper les générateurs à vapeur, parce qu'elles conduisent mal la chaleur et maintiennent la température du foyer et de la chaudière; les briques sont aussi employées pour le revêtement des parois des glacières; elles empêchent alors la chaleur extérieure de pénétrer au dedans et de venir fondre la glace — Les maisons construites en briques sont, pour la même raison, chaudes en hiver, parce qu'elles conservent la chaleur de l'intérieur, et fraîches en été, parce qu'elles arrêtent la chaleur extérieure. Le calcaire conduisant mieux la chaleur, les maisons construites avec cette substance doivent avoir les murs plus épais que les maisons construites en briques.

270. Dépôts dans les générateurs. Causes d'explosions. — L'eau dont on fait usage pour alimenter les générateurs renferme en dissolution des sels qui se déposent à mesure que l'eau s'en va à l'état de vapeur. Ces dépôts se font souvent sous forme d'une masse continue qui adhère fortement aux parois de la chaudière. A cause de leur mauvaise conductibilité, la chaleur du foyer arrive difficilement à l'eau, la production de la vapeur se ralentit, le mécanicien qui voit baisser la pression, force le feu, les parois du générateur sont portées au rouge, une fissure se produit dans la croûte, l'eau y pénètre, arrive en contact avec la paroi fortement chauffée, donne lieu à une grande quantité de vapeur, par suite à une augmentation subite de pression, d'où il résulte souvent une explosion. Il est donc indispensable d'enlever ces dépôts de temps en temps pour qu'ils n'aient jamais qu'une très faible épaisseur, ou mieux, de faire en sorte que ces dépôts soient pulvérulents et non sous forme d'une croûte continue et adhérente.

271. Outils, vêtements. — Les manches des outils qui doivent être portés à une température élevée, ainsi que les poignées qui servent à saisir les vases renfermant des liquides fortement chauffés, sont faits en bois ou avec des substances conduisant mal la chaleur; quelquefois, si la poignée est en métal, on interpose entre elle et le vase une petite couche d'un corps mauvais conducteur; une lame même très mince d'un pareil corps suffit pour empêcher la chaleur de se communiquer.

Pour nos vêtements, nous faisons usage de laine et de

soie en hiver, de chanvre et de lin en été, les substances comme la laine et la soie conduisant la chaleur beaucoup moins que le chanvre et le lin.

272. Corps en poudre. — Les corps en poudre conduisent fort mal la chaleur; il en est de même des matières filamenteuses, comme l'asbeste et la paille. Des charbons allumés restent très longtemps incandescents quand ils sont couverts par les cendres. C'est sur du sable ou du plâtre en poudre que l'on transporte le boulet rouge de la forge à la pièce de canon; c'est dans de la sciure de bois ou des balles d'avoine que l'on apporte la glace provenant des régions froides, et qu'on la conserve dans les laboratoires. On pourrait multiplier beaucoup les exemples de ce genre. Cette propriété des corps en poudre peut tenir à la difficulté qu'éprouve la chaleur de passer d'un fragment à un autre, aussi bien qu'à l'air emprisonné au milieu des parcelles ou des filaments de la substance.

273. Conductibilité des liquides. — La mobilité des liquides rend difficile l'étude de leur conductibilité. En effet, si on chauffe par la partie inférieure un vase A ren-

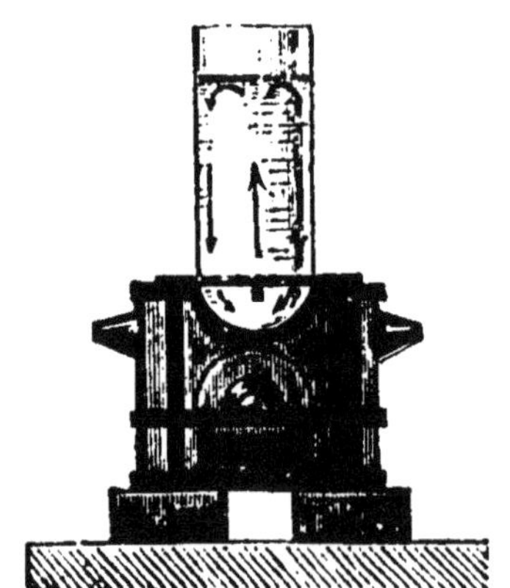

Fig. 174. — Conductibilité des liquides.

fermant un liquide, il se produit dans toute la masse des courants indiqués par les flèches (fig. 174), l'eau chauffée au fond du vase s'élève en vertu de sa faible densité, et elle est remplacée par l'eau plus froide et plus dense de la partie supérieure.

Si donc on observe une élévation de température en haut, ce n'est pas par *conductibilité* que la chaleur y est arrivée : elle y a été transportée par le mouvement de l'eau. On donne à ce mode de communication de la chaleur le nom de *convection*.

Pour se mettre à l'abri de cette cause d'erreur, Despretz chauffait le liquide à la partie supérieure : un vase V (fig. 175) cylindrique, en bois, contenant de l'eau, était

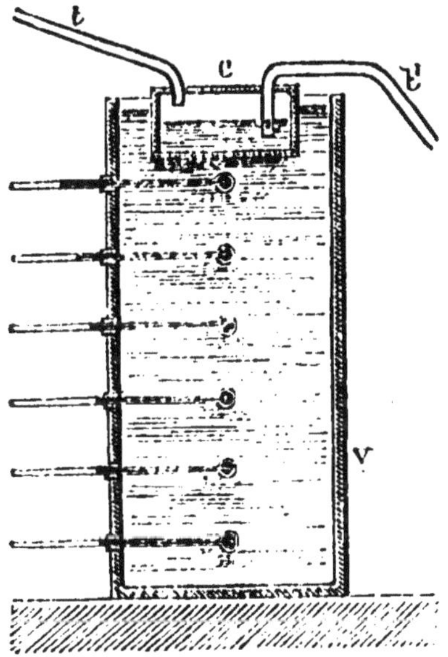

Fig. 175. — Conductibilité des liquides.

muni de plusieurs thermomètres, disposés de manière à avoir leur réservoir sur l'axe du cylindre ; une caisse C en cuivre renfermait de l'eau chaude, qu'on pouvait renouveler par les tubes *t* et *t'*; il reconnut que les thermomètres indiquaient une faible augmentation de température. Donc l'eau conduit la chaleur, mais la conduit très peu.

Tous les liquides sont mauvais conducteurs. Le mercure seul, qui est un métal, la conduit bien. On peut, par une expérience bien simple, mettre en évidence la mauvaise conductibilité de l'eau. Dans un tube renfermant de l'eau, on introduit un morceau de glace, qu'on maintient au fond à l'aide d'un corps assez lourd. Puis, avec une lampe à alcool, on chauffe près du niveau, l'eau bout à la partie supérieure, et la glace reste à l'état solide au fond du tube.

274. Conductibilité des gaz. — Les gaz étant plus mobiles que les liquides, il est plus difficile encore d'étudier leur conductibilité. Les expériences qui ont été faites à ce sujet ont montré que les gaz sont mauvais conducteurs, et que l'hydrogène est de tous les gaz celui qui est le moins mauvais conducteur : il ne faut pas oublier que l'hydrogène est classé parmi les métaux. Une expérience assez facile peut mettre en évidence cette propriété de ce gaz. Deux gros fils de cuivre A et B (fig. 176) sont réunis par un

Fig. 176. — Conductibilité de l'hydrogène.

fil fin de platine C D ; on les fait traverser par un courant suffisamment intense pour porter le fil de platine à l'incandescence, on le recouvre alors d'une éprouvette remplie d'hydrogène, et le fil de platine devient immédiatement obscur; il y a donc abaissement de température dû à la substitution de l'hydrogène à l'air; l'hydrogène, assez bon conducteur; enlève la chaleur que l'air ne conduisait pas.

L'air (ou les gaz), maintenu immobile, conduit mal la chaleur; c'est ce que démontrent un grand nombre de faits. C'est à l'air emprisonné que les fourrures, les édredons, la ouate doivent surtout la propriété de maintenir la chaleur. Quand on a chassé l'air de ces corps en les comprimant et les aplatissant, nous ne les trouvons plus aussi chauds. Si nous voulons conserver un morceau de glace, enveloppons-le d'une étoffe de laine au milieu de laquelle nous laisserons un peu d'air; la glace sera mise ainsi à l'abri de la chaleur extérieure. Dans les pays froids, un des moyens employés pour conserver la chaleur dans les appartements c'est de les munir de doubles fenêtres : l'air interposé forme une sorte de matelas non conducteur qui s'oppose à la déperdition de la chaleur. Dans nos pays, nous donnons à nos serres une double enveloppe de verre capable d'empêcher la chaleur intérieure d'en sortir, tout en permettant à la chaleur solaire d'y pénétrer.

TABLE DES MATIÈRES

LIVRE II.

Chaleur.

Paris. — Soc. d'imprimerie PAUL DUPONT. — 72 (1.95).